"广东森林土壤"系列图书

广东森林土壤

韶关卷

主 编 ◎ 丁晓纲

中国林业出版社
China Forestry Publishing House

审图号：粤 FS（2025）0049 号

图书在版编目（CIP）数据

广东森林土壤. 韶关卷／丁晓纲主编. —北京：中国林业出版社，2024. 12
ISBN 978-7-5219-2624-8

Ⅰ. ①广… Ⅱ. ①丁… Ⅲ. ①森林土-研究-韶关 Ⅳ. ①S714

中国国家版本馆 CIP 数据核字（2024）第 033518 号

责任编辑：于界芬

出版发行 中国林业出版社（100009，北京市西城区刘海胡同 7 号，电话 83143549）
网 址 www. forestry. gov. cn/lycb. html
印 刷 北京博海升彩色印刷有限公司
版 次 2024 年 12 月第 1 版
印 次 2024 年 12 月第 1 次印刷
开 本 787mm×1092mm 1/16
印 张 12. 25
字 数 285 千字
定 价 138. 00 元

《广东森林土壤》
（韶关卷）
编 委 会

前　言

为贯彻落实《国务院关于印发土壤污染防治行动计划的通知》(国发〔2016〕31号)、《广东省人民政府关于印发广东省土壤污染防治行动计划实施方案的通知》(粤府〔2016〕115号)文件精神,由广东省林业局立项、广东省林业科学研究院组织实施了省林业科技计划项目——林地土壤调查(韶关、河源)。项目依次开展了资料收集、技术培训、野外调查、质量检查及土壤样品检测与保存等工作,完成了数据库建设、土壤标本库建设等目标任务。

本次土壤调查结合大尺度森林土壤采样技术、多参数与高精度土壤属性提取技术和土壤属性点面尺度转换空间预测技术,全面清查了韶关市的森林土壤资源类型、分布和属性,并应用土壤高精度系统移动终端建立了土壤环境基础数据库。全市共布设样点1456个,完成土壤取样28836份,完成测试土壤样品18639份,分析了12项土壤理化指标,获取有效土壤属性数据259558个。《广东森林土壤·韶关卷》是对韶关市森林土壤调查项目的总结成果之一,是广东省森林土壤著作中最为全面地详细论述韶关市森林土壤情况的科学著作。《广东森林土壤·韶关卷》全书共分为五章,第一章介绍韶关市的自然地理和社会经济概况;第二章是土壤形成条件及分布状况;第三章介绍各县(区)森林土壤剖面情况;第四章论述韶关市森林土壤的基本性质和土壤肥力,包括土壤质地、土壤pH、土壤养分及土壤重金属元素等;第五章为土壤理化属性空间分布特征,主要介绍土壤养分以及土壤重金属元素含量的空间分布情况。

全书较全面地反映了韶关市森林土壤调查成果,有充分的科学数据和较强的生产性、实用性。书中有小比例尺的彩色土壤养分、重金属含量空间分布图以及土壤剖面、植被等照片,有数据分析图和数据统计表等。可供林业科学、地理、地球科学、生物科学、农业科学,以及环境科学等学科领域指导生产、科研和教学。

本书撰写过程中得到了广大林业工作者的支持,特别感谢广东省林业局对广东省韶关市森林土壤调查工作的支持及关怀。

由于编者水平有限,错漏难免,敬请读者批评指正。

编　者

2024年10月于广州

目　录

第一章
自然地理与社会经济概况

第一节 地理位置与地貌地势

韶关市位于广东省北部，1983 年设立地级市。地理坐标处于北纬 23°53′~25°31′、东经 112°53′~114°45′之间。东起南雄市界址镇界址村，西至乐昌市三溪镇丫告岭村，北自乐昌市白石镇三界圩村，南至新丰县马头镇路下村。截至目前，韶关市辖 3 个区(武江区、浈江区、曲江区)、4 个县(始兴县、仁化县、翁源县、新丰县)、1 个自治县(乳源瑶族自治县)，代管 2 个县级市(乐昌市、南雄市)。全市土地总面积 184.59 万 hm²，居广东省第二位，武江区、浈江区、曲江区、始兴县、仁化县、翁源县、新丰县、乳源瑶族自治县、乐昌市、南雄市的面积分别是 677.85 km²、572.10 km²、1620.77 km²、2131.00 km²、2223.00 km²、2175.00 km²、2299.00 km²、2015.20 km²、2419.00 km²、2326.18 km²。韶关市森林覆盖率 74.5%，森林蓄积量 10066.94 万 m³(表 1-1)。

表 1-1 韶关市各区(县)林地面积

地区	区域面积 (km²)	林地面积 (万 hm²)
武江区	677.85	4.87
浈江区	572.10	3.74
曲江区	1620.77	12.64
始兴县	2131.00	17.29
仁化县	2223.00	18.34
翁源县	2175.00	16.30
乳源瑶族自治县	2299.00	19.50
新丰县	2015.20	14.95
乐昌市	2419.00	18.54
南雄市	2326.18	15.86
合计	18459.10	144.64

注：引自各区(县、市)人民政府官网及《韶关年鉴》。

韶关市地处南岭山脉南部，全境在大地构造上处于华厦活化陆台的湘粤褶皱带。地质构造复杂，火成岩分布极广，地层发育基本齐全，岩溶地貌广布、种类多样，岩类以红色砂砾岩、砂岩、变质岩、花岗岩和石灰岩为主。峡谷众多、山地陡峻以及发育成各级夷平面。地貌以山地丘陵为主，河谷盆地分布其中，平原、台地面积约占20%。自北向南三列弧形山系排列成向南突出的弧形构成粤北地貌的基本格局：北列为蔚岭、大庾岭山地，长140 km；中列为大东山、瑶岭山地，长250 km；南列为起微山、青云山山地，长270 km。其间分布两行河谷盆地，包括南雄盆地、仁化董塘盆地、坪石盆地、乐昌盆地、韶关盆地和翁源盆地。红色岩系构成的丘陵、台地分布较广，特征显著。仁化丹霞山一带以独特的红岩地貌闻名于世，是中国典型的"丹霞地貌"所在地和命名地，面积约280 km²，山群呈峰林结构，有各种奇峰异石600多座。南雄、坪石等盆地属红岩类型，南雄盆地幅员较广，岩层有十分丰富的古生物化石。全市境内山峦起伏，高峰耸立，中低山广布。北部地势为全省最高，位于广东乳源、阳山和湖南省交界的石坑崆，海拔1902 m，为广东省第一高峰。南部地势较低，市区海拔最低35 m。

韶关市河流主要属珠江水系北江流域，北江以浈江为干流，自北向南贯穿全境，大小支流密布，呈羽状汇入北江。主要支流有武江、墨江、锦江、翁江、凌江、南水。新丰县部分属东江流域(韶关市自然资源局，2018)。

第二节　土地利用与森林资源

一、土地利用

2022年韶关市土地利用类型构成中(表1-2)，农用地面积为173.41万 hm²，占全市土地总面积的93%；非农建设用地面积8.44万 hm²，占全市土地总面积的5%；未利用地面积3.91万 hm²，占全市土地总面积的2%(《韶关年鉴》，2022)。农用地以林地为主，在全市均匀分布；耕地则主要分布于市域范围内的河谷平原及台地，以灌溉水田和旱地为主；园地、草地面积较小，在全市呈零星状分布。建设用地占比小，分布较为分散，大多集中于各县(市、区)中心城区所在地和中心城镇，以城乡建设用地为主要用地类型。农用地中，耕地面积16.06万 hm²，占全市土地总面积的8.65%；园地面积5.46万 hm²，占全市土地总面积的2.94%；林地面积145.53万 hm²，占全市土地总面积的78.34%；草地面积1.63hm²，占全市土地总面积的0.88%；其他农用地面积4.73万 hm²，占全市土地总面积的2.55%。建设用地中，城镇及工矿用地面积6.78万 hm²，占全市土地总面积的3.65%；交通运输用地面积1.53万 hm²，占全市土地总面积的0.82%；水工建筑用地面积0.13万 hm²，占全市土地总面积的0.07%。未利用地面积3.91万 hm²，占全市土地总面积的2%。

表 1-2　韶关市土地利用类型

土地利用类型		面积（万 hm²）	占比（%）
农用地	耕地	16.06	8.65
	园地	5.46	2.94
	林地	145.53	78.34
	草地	1.63	0.88
	其他	4.73	2.55
非农建设用地	城镇及工矿用地	6.78	3.65
	交通运输用地	1.53	0.82
	水工建筑用地	0.13	0.07
未利用地		3.91	2.10
合计		185.76	100.00

注：引自《韶关年鉴》，2022。

二、森林资源

韶关市是南方重点集体林区，广东的林业大市，是广东省重要的用材林、水源林、天然林基地及重点毛竹基地，拥有丰富的森林资源和独特的森林生态系统，野生动植物资源极其丰富，素有"南岭生物基因库"和"珠江三角洲生态屏障"之称。全市有林地面积 127.86 万 hm²，疏林地 0.23 万 hm²，灌木林地 7.03 万 hm²，未成林地 3.52 万 hm²，无林地 4.86 万 hm²，非林地 39.50 万 hm²，森林覆盖率 74.50%，林木绿化率 74.95%，森林蓄积量 10066.94 万 m³（《韶关年鉴》，2022）。

全市现调查到陆生野生动物共 25 目 113 科 575 种（两栖类、爬行类、鸟类、兽类），其中两栖类 2 目 9 科 30 属 40 种，爬行类 2 目 20 科 60 属 103 种，鸟类 13 目 57 科 335 种，兽类共 8 目 27 科 97 种；野生植物共 271 科 1031 属 2686 种，其中国家一级保护野生植物 2 种，国家二级保护野生植物 44 种，列入国家重点保护的野生植物有水松、红豆杉、广东松等。据不完全统计，国家一级保护野生动物有华南虎、云豹、黄腹角雉、黑鹿和瑶山鳄蜥，国家二级保护野生动物有穿山甲、猕猴等 52 种。林副产品有木材、毛竹、松香、松节油、茶油、桐油、木耳、冬菇、茶叶、白果、杜仲、竹笋、板栗等。

全市现已建立各级各类自然保护地 105 个，总面积约 4549 km²，约占全市国土面积的 25%，自然保护地类型有自然保护区、风景名胜区、湿地公园、森林公园、地质公园、矿山公园等 6 种，其主要类型面积占全市国土比例如下：自然保护区总面积 2693 km²，占国土面积约 14.6%；森林公园总面积 948 km²，占国土面积约 5.2%；湿地公园总面积 117 km²，占国土面积约 0.64%。自然保护地按管理层级划分国家级、省级、市级、县级 4 个层级。其中国家级共 15 个，包括国家级自然保护区 4 个，分别是南岭、丹霞山、车八岭和罗坑国家级自然保护区，还包括 1 个国家级风景名胜区、4 个国家级湿地公园、

4 个国家森林公园、1 个国家地质公园、1 个国家矿山公园；省级 24 个，包括 12 个省级自然保护区、2 个风景名胜区、7 个森林公园、1 个湿地公园、2 个地质公园。

省级以上生态公益林面积 967.09 万亩，其中国家级公益林面积 380.25 万亩，占 39.32%；省级公益林面积 586.84 万亩，占 60.68%。生态公益林主要分布在七县三区生态区位重要的江河两岸、水库周边、交通要道两旁、城镇村庄周围，以及自然保护区和森林公园范围内，涉及 99 个乡镇 1201 个行政村。

全市国有林场数量 31 个，其中省属林场 3 个(乐昌林场、天井山林场、乳阳林场)、市属林场 6 个、县属林场 22 个。全市国有林场经营面积 18.73 万 hm²(其中国有林地 10.86 万 hm²)。其中，省属林场经营面积 6.08 万 hm²(其中国有林地 5.96 万 hm²)；市属林场经营面积 3.18 万 hm²(其中国有林地 1.94 万 hm²)；县属林场经营面积 9.47 万 hm²(其中国有林地 2.96 万 hm²)。其中 6 个市属国有林场全部定性为公益一类事业单位(韶关市林业局，2022)。

第三节　社会经济基本情况

一、人口与民族

韶关市辖 3 个区、4 个县、1 个自治县，代管 2 个县级市。即武江区、浈江区、曲江区、始兴县、仁化县、翁源县、乳源瑶族自治县、新丰县、乐昌市、南雄市。全市有乡镇 95 个(其中 94 个镇、1 个瑶族乡)，10 个街道办事处，1209 个村委会，235 个居委会。2021 年，全市年末户籍人口 336.75 万人，其中城镇人口 153.69 万人，户籍人口城镇化率 45.64%，户籍人口出生性别比 111%。全年出生人口 2.49 万人，出生率 8.70‰。韶关市少数民族总人口 5.6 万人，占全市总人口的 1.97%。年末常住人口 286.01 万人。世居少数民族为瑶族和畲族，其中瑶族 3.4 万人，畲族 0.6 万人，主要分布在乳源瑶族自治县和始兴县、南雄市、曲江区、翁源县、仁化县、乐昌市、武江区等 8 个县(市、区)的 51 个乡镇、130 个行政村。辖有 1 个自治县即乳源瑶族自治县和 1 个民族乡即始兴县深渡水瑶族乡。外来少数民族人口 1.6 万人，有壮族、苗族、土家族等 41 个少数民族成分(韶关市人民政府网站，2022)。

粤北的汉区，方言土话多。在汉语方言中，依使用人口多少为序，以客家方言为主，粤方言次之，此外还有粤北土话，以及赣方言、湘方言、闽方言、北江船话等。粤北的土著居民最先用各自的母语。客家人和广府人大量入迁以后，粤北土话的地盘不断缩小，被分割形成许多互不相连的方言小区。客家方言分布很广，主要分布在翁源县、始兴县、曲江区、仁化县、乳源瑶族自治县、南雄市、乐昌市。粤方言在粤北的传播最早是清代来往于曲江等地的广府行商，在当地落籍。到民国初期，也有部分广府人从清远、阳山等地迁入。抗日战争期间，广东省府及部分机关、学校迁到韶关、乐昌等地，广州话在粤北成官场、机关、学校的通用语。加之后来铁路、公路和水上交通不断改善，物产集散和社交往来渐广，粤方言成社会交际的共同语。这些方言主要分布在韶关市区、乐昌市、曲江区、乳源瑶族自治县。粤北土话是粤北土著居民使用的汉语方言。现仍通行的粤北土话有19种，分布在韶关市西郊及浈江、武江和北江沿岸的部分村庄，曲江区、南雄市、仁化县、乐昌市的部分乡镇和村。其他汉语方言有赣语、湘语、闽语潮汕话、北江船话等，主要分布在南雄市界址镇、梅岭村、乐昌市老坪石、河南乡镇、乳源瑶族自治县桂头镇杨溪等地。北江船话分布在乐昌市坪石、乐昌市县城及以南等地。

二、农业

韶关历史上以农业生产为主，也造就了其在广东省的农业产业带头地位。韶关市农业优势明显，气候资源优越，人均耕地面积在全省排第一（《乡村动力》，2021）。该市耕地面积 16.44 万 hm^2，粮食播种面积 12.05 万 hm^2，粮食产量 75.42 万 t（《广东年鉴》，2022）。经济作物主要有花生、油菜籽、芝麻、茶、大豆、棉花、麻、蔗、烟草、蚕桑等。优质水稻、蔬菜、畜禽产品、烟叶、水产品、水果为韶关市农业六大主导产业，茶叶、油茶、中药材、花卉、蚕桑、黄烟等六大产品为各县（市、区）特色产业，特色农产品有南雄板鸭、张溪芋头、火山粉葛等。

三、工业与矿产资源

韶关市是广东的重工业城市，工业基础雄厚。20世纪五六十年代和70年代，国家先后把韶关作为华南重工业基地和广东战略后方来建设，建立起韶关钢铁厂、韶关冶炼厂、韶关挖掘机厂、凡口铅锌矿、大宝山矿等一大批骨干工业企业，奠定了韶关工业在当地经济中的基础地位。70年代，韶关已成为广东重要的工业基地。进入21世纪，韶关工业紧紧围绕"建设粤北经济强市"的目标，因地制宜，突出特色，依托资源优势，积极发展优势产业，基本形成了资源型产业突出、加工工业雄厚、部分轻工业份量较重的综合类工业城市。2014年，韶关市完成工业增加值375亿元。其中，规模以上工业完成增加值348亿元。钢铁、有色金属、电力、机械、烟草、制药、玩具七大支柱产业完成增加值211.4亿元（韶关市人民政府，2020）。

韶关市是"中国有色金属之乡"，有"中国锌都"称号，全市已探明储量的矿产有55种，其中优势矿种有铀、铅、锌、铜、钨、钼、硫、水泥用石灰岩、稀土、新丰的陶瓷土、萤石、地下热水等12种，尤其是有色金属矿产，在广东占有重要位置。2019年年末已探明的矿产资源储量中：煤1.31亿t，铁矿石2580万t，锰矿石74万t，铜矿石7780万t，铅矿石8890万t，锌矿石1.29亿t，钨矿石1.78亿t，钼矿石1.15亿t，锑矿石234万t，铋矿石1.28亿t（韶关市人民政府，2020）。

截至2021年年底，全市有效勘查许可证的探矿项目共计36个，其中部级发证4个、市级发32个，勘查矿种以稀土、钨、铅、锌、铌钽、铜、铁、银、萤石为主。其中，金属类探矿权35个，占总数的97.22%；非金属探矿权1个，占总数的2.78%。全市有效采矿许可证65个（铀矿未列入统计），以铅、锌、钨、铁、萤石、地热、矿泉水、陶瓷土、水泥用灰岩、建筑石料用灰岩（花岗岩）等为主。其中，金属类矿山14个（锑、银铅矿、铜矿各1个，铅锌2个，铁矿4个，钨矿5个)，约占总数的22%；温泉、矿泉水类矿山12个，约占总数的18%；非金属矿矿山8个(玻璃用石英、冶金用脉石英、熔剂用石灰岩、砂岩各1个，冶金用白云岩、萤石矿各2个)，约占总数的12%；采石取土类矿山31个(水泥用石灰岩3个，陶瓷土4个，砖瓦用砂岩6个，建筑用灰岩、花岗岩18个)，约占总数的48%(《韶关年鉴》，2022)。

四、文化产业

截至2021年年末，韶关市共有公共图书馆11个，图书总藏量323.11万册。文化系统公办艺术表演团体2个，博物馆13个，文化馆11个；全市有广播电视台9座，广播综合人口覆盖率99.8%，电视综合人口覆盖率99.9%；有线广播电视用户40.19万户(韶关市人民政府，2023)。

据统计，韶关市旅游资源903个，世界级、国家级的有17处，未开发的资源有300多处，包括五级资源3个、四级资源57个、三级资源137个。韶关文化底蕴深厚，全市各级文物保护单位339处，各级非物质文化遗产136项，客家围楼475座。丹霞山、南华寺、珠玑古巷、马坝人遗址、满堂客家大围、云髻山等一大批高品位的资源有待进一步利用开发。

韶关市已开发旅游景点100多处，有5A景区1个，4A景区10个，3A景区14个。其中休闲度假区包括丽宫国际旅游度假区、曹溪温泉度假村、云门山旅游度假区、经律论文化旅游小镇，名胜古迹包括九栋十八井、雁塔、鱼鲜古村(江左名家晋宋遗韵)、溪塘古村(岭南保存最完整的李氏祠堂)、新田古村(粤北客家第一村，西晋古村)、满堂客家大围、周前古村、石塘古村、古佛洞天、珠玑古巷、梅关古道、大坪古村、湖心坝民居群、钟鼓岩(南雄景点)，名寺古刹包括大鉴禅寺、竹林古寺、丹霞山锦石岩寺、莲开净寺、东华禅寺、大雄禅寺、云门山大觉禅寺、南华禅寺、乐昌西石岩寺，主题公园包括樟树王公园(乐昌市以樟树王为中心这一带正在建古树公园)、九福兰花公园、香草世界森林公园，自然风光包括丹霞山世界地质公园、南水湖国家湿地公园、广东乳源大峡谷、天井山森林公园、云髻山、南岭国家森林公园、金鸡岭、车八岭国家级自然保护区、樱花峪、鲁古河国家湿地公园、深渡水瑶族自治乡、孔江国家湿地公园、渝江源国家湿地公园、船底顶山、落羽杉公路、南岭红沙漠、阅丹公路、五山梯田。著名景区有世界地质公园丹霞山(丹霞地貌命名地)、广东乳源大峡谷、国家森林公园车八岭华南虎保护区、珠玑巷、梅关古道、满堂客家大围、必背瑶寨等。

第二章
土壤形成条件及分布状况

第一节　土壤成土条件

一、气候

韶关市气候属中亚热带湿润型季风气候区，气候宜人。一年四季均受季风影响，冬季盛行东北季风，夏季盛行西南和东南季风。四季特点为春季阴雨连绵，秋季降水偏少，冬季寒冷，夏季偏热。韶关位于广东省北部，北界湖南，东邻江西，东南面、南面和西面分别与广东省河源、惠州、广州及清远等市接壤。介于北纬 23°53′～25°31′、东经 112°53′～114°45′之间，东起南雄市界址镇界址村，西至乐昌市三溪镇丫告岭村，北自乐昌市白石镇三界圩村，南至新丰县马头镇路下村。年平均气温 18.8～21.6℃，最冷月份(1月)平均气温 8～11℃，最热月份(7月)平均气温 28～29℃。韶关市极端最高气温是广东省历史极端最高气温，为 42℃(1953 年 8 月 12 日)。冬季各地气温自北向南递增，夏季各地气温较接近。

韶关市雨量充沛，年均降雨 1400～2400 mm，3 月至翌年 8 月为雨季，9 月至翌年 2 月为旱季。日平均温度在 10℃ 以上的太阳辐射占全年辐射总量的 90%，光能、温度、降水配合较好，雨热基本同季，有利植物生长和农业生产。全年无霜期 310 天左右，年日照时间 1473～1925 小时，北部山区冬季有雪(韶关市人民政府门户网站，广东省气象台)。

二、成土母质(岩)

韶关市地处南岭山脉南部，全境在大地构造上处于华厦活化陆台的湘粤褶皱带，地质构造复杂，成土母质(岩)多样。韶关市成土岩母质可归纳为岩浆岩类(火成岩)、沉积岩类、变质岩类三大类。山地、丘陵主要由花岗岩、砂页岩构成，另外还有部分片岩、片麻岩、石灰岩等；河谷平原、阶地的组成物质以近代河流冲积物为主，山地丘谷地和小盆地则以洪积物为主，台地则以浅海沉积物和玄武岩风化物为主。

韶关市岩浆岩分布极广，地层发育基本齐全，岩溶地貌广布、种类多样，岩类以红色砂砾岩、砂岩、变质岩、花岗岩和石灰岩为主。韶关市岩浆岩类以侵入岩类的花岗岩分布最广，构成山地的主要骨架。花岗岩的侵入时期大致有两个，一是古生代，二是中生代。

中生代的花岗岩对韶关市影响最大,多沿主要断裂和褶皱方向侵入,如三弧形山地即为花岗岩侵入所形成。沉积岩在韶关市分布也比较广泛,主要有砂页岩类、红色砂岩、页岩、砾岩类、紫色钙质砂岩、石灰岩类以及第四纪红色黏土。变质岩类分布较为分散,面积不大,主要有片麻岩、片岩、板岩、千枚岩、石英岩、大理岩,零星分布于山地丘陵区。

三、森林植被

韶关市地处中亚热带和北-南亚热带(中亚热带与南亚热带过渡地带),地带性植被类型包括中亚热带常绿阔叶林、南亚热带常绿阔叶林等地带性植被类型,以及石灰岩植被特殊生境的植被类型。

中亚热带地区常绿阔叶林分布有三类:①中亚热带低山常绿阔叶林。亚热带典型的常绿阔叶林,在广东省主要分布于南岭山脉一带 800 m 以下低海拔地区,以锥属植物为代表;②中亚热带山地常绿阔叶林。同样是亚热带典型的常绿阔叶林,在广东省主要分布于南岭山脉一带 800 m 以上的山地,以荷木属、青冈属、锥属植物为代表;③中亚热带山地常绿阔叶矮林。分布于山顶,植被以杜鹃花属等低矮植物为主,适应高海拔的特殊生境。

南亚热带地区常绿阔叶林分布有四类:①南亚热带低地常绿阔叶林。植被亚型主要分布在南亚热带地区山脚或沟谷处,群落部分具有雨林特征,但由于人类活动的干扰,正逐渐消失;②南亚热带低山常绿阔叶林。南亚热带地区的典型森林群落,分布范围极广,一般分布于海拔 200~800 m 处,优势树种以厚壳桂属、锥属、荷木属、蕈树属等植物为代表;③南亚热带山地常绿阔叶林。广东省典型的常绿阔叶林类型,一般分布于海拔 700~800 m 以上,优势树种润楠属、以锥属、蕈树属等植物为代表;④南亚热带山地常绿阔叶矮林分布于山顶,林木生长矮化、密集,植被以蕈树属、杜鹃花属等植物为代表。

韶关市的石灰岩特殊生境植被主要分布在石灰岩区,如乐昌、乳源等。石灰岩分布区,大部分岩体裸露,多峰林石山,只有岩沟、石隙和山麓上才有土层覆盖,岩石易透水,土壤较干燥,生境干旱缺水,因土壤覆盖断断续续,植物也呈不连续的丛状分布。石灰岩植被有三类:①石灰岩常绿落叶阔叶混交林。一般比较低矮,高度 8~15 m,树木分布疏密不一,林冠参差不平,也不连续。在冬季,大约有 1/3 的树种和 1/4 的乔木植株落叶,乔木有 1~2 层,优势种较明显,常见的常绿树有青冈栎、椤木石楠、桂花、樟叶槭、杨梅蚊母树、粗糠柴等;常见的落叶树有化香树、黄连木、圆叶乌桕、酸枣、光皮树、朴树、枳椇、黄梨木、槲栎、栓皮栎、麻栎等。灌木层中多有刺灌木、藤状灌木和藤本植物,常见的有竹叶椒、山黄皮、红背山麻杆、苎麻、粗糠柴、龙须藤、铁线莲等。草本植物层比较稀疏,以蕨类、薹草属、百合科等的种类较多,如铁线蕨、槲蕨、薹草、沿阶草等。②石灰岩灌丛。大部分是由石灰岩常绿落叶阔叶混交林遭破坏后产生的次生类型,小部分是自然发展而成,主要分布于乐昌、乳源、曲江等地。生境特点是岩石裸露、土层浅薄、保水性能差、易受干旱、昼夜温差大。灌丛主要由灌木和藤本植物组成,一般高度 1~15 m,最高达 3 m,覆盖度为 40%~60%,群落中常混有小乔木,组成的种类多为喜钙植物,具有叶小、多刺、肉质等耐旱特征。由于多刺的藤本和灌木互相交织,群落杂乱，难以通行，常见种类有檵木、黄荆、火棘、红背山麻杆、小果蔷薇、绣线菊、鸡血藤、悬钩子等。灌丛草本植物稀少，覆盖度为 5%~8%，主要种类有铁线蕨、乌韭、肾蕨、景天、薹草等。在有薄层土壤覆盖的地段，常形成块状的以禾草为主的草坡类型。③石灰岩丘陵山地草坡。多出现在有薄层土壤连片覆盖的坡面上，主要由草本植物组成，其中夹杂少量的灌木，常与石灰岩灌丛交错分布。群落高度为 40~60 cm，覆盖度 70%~90%，以野古草、金茅、芒穗鸭嘴草占优势。其他常见的种类有五节芒、白茅、两歧飘拂草、一枝黄花、牡蒿、野菊等。散生灌木有檵木、黄荆、火棘等，在局部沟谷中常出现块状的高草群落，多由五节芒、菅等组成。

四、地形地貌

韶关地形以山地丘陵为主，河谷盆地分布其中，平原、台地面积约占 20%。在地质历史上属间歇上升区，流水侵蚀作用强烈，造成峡谷众多、山地陡峻以及发育成各级夷平面。自北向南三列弧形山系排列成向南突出的弧形构成粤北地貌的基本格局：北列为蔚岭、大庾岭山地，长 140 km；中列为大东山、瑶岭山地，长 250 km；南列为起微山、青云山山地，长 270 km。其间分布两行河谷盆地，包括南雄盆地、仁化董塘盆地、坪石盆地、乐昌盆地、韶关盆地和翁源盆地。红色岩系构成的丘陵、台地分布较广，特征显著。仁化丹霞山一带以独特的红岩地貌闻名于世，是中国典型的"丹霞地貌"所在地和命名地，面积约 280 km²，山群呈峰林结构，有各种奇峰异石 600 多座。南雄、坪石等盆地属红岩类型，南雄盆地幅员较广，岩层有十分丰富的古生物化石。全市境内山峦起伏，高峰耸立，中低山广布。北部地势为全省最高，位于乳源、阳山、湖南省交界的石坑崆，海拔 1902 m，为广东第一高峰。南部地势较低，市区海拔最低 35 m（韶关市人民政府门户网站，2022）。

五、时间因素

土壤的形成和发展与其他事物运动变化形式一样，都是在时间中进行的。即土壤是在上述气候、母质、森林植被和地形地貌等成土因素综合作用影响下，随着时间的进展而不断运动和变化的产物，时间愈长，土壤性质和肥力的变化亦愈大。

每个成土因素在土壤形成中的作用都是各有其特点的。母质是形成土壤的物质基础，气候中的热量要素是能量的最基本来源，生物将无机物转变为有机物，把太阳能转化为生物化学能，并以无限循环的形式把它们保存下来，改造了母质，形成了土壤。而地形地貌的制约相当于再分配地表的物质和能量，间接地对土壤形成过程起着不同的作用。时间因素是土壤形成过程的一个条件，任何一个空间因素或它们综合作用的效果都随时间的增长而加强。

由于各成土因素的作用具有本质的差别，因而，它们是同等重要，彼此不可代替。任何一个成土因素都不是孤立地起作用，它们之间也是相互作用、相互影响的。正是由于这种相互作用的关系，土壤的发生条件更趋于多样性和复杂性，使一些大的土壤类别产生了某些属性的分异，形成了各式各样的土壤。

六、人类活动

人类对土壤的影响具有双向性。人既是土壤的改良者，也是破坏者，因为需要农耕。人类可通过改变某一成土因素或各因素间的对比关系，来控制土壤发育的方向，强化或抑制成土过程。如灌溉和排水可改变自然土壤的水热条件，从而改变土壤中物质的运动过程。此外，通过耕作、施肥（包括施用有机肥、无机肥和多种农药）和灌溉等农业措施，可直接影响土壤发育、组成和特性的变化。合理地利用管理土壤，可保持和提高土壤肥力；反之，将导致土壤退化，肥力下降，甚至形成沙化、次生盐渍化或沼泽化。

第二节　成土过程

红壤、赤红壤主要的成土过程是脱硅富铁铝化过程和明显的生物富集过程；黄壤的形成包含富铝化作用和氧化铁的水化作用；水稻土的形成过程包括周期性的氧化还原交替作用、有机质的合成与分解、盐基淋溶和复盐基作用等。

一、脱硅富铁铝化过程

脱硅富铁铝化过程又称为脱硅过程、富铁铝化过程，是所有发育于热带、亚热带土壤的共有过程。由于这些地区高温多雨、岩石风化作用强烈、生物循环活跃，因而元素迁移十分强，形成弱碱性条件，在成土过程中硅酸盐矿物以及水溶性盐、碱金属和碱土金属先后受到破坏和淋失，造成铁铝在土体内相对富集。因此，该过程包括两方面的作用：脱硅作用和铁铝相对富集作用。在此条件下，形成富铝风化壳及其上面的红色酸性土壤。涉及的化学过程主要是矿物的分解和合成、盐基的释放和淋失、部分二氧化硅的释放和淋溶以及铁铝氧化物的释放和富集。

二、生物富集作用

在中亚热带常绿阔叶林的作用下，红壤中物质的生物循环过程十分激烈，生物和土壤之间物质能量的转化交换极其快速。表现特点是在土壤中形成了大量的凋落物和加速了养分循环的周转。在中亚热带高温多雨条件下，常绿阔叶林每年有大量有机质归还土壤。同时，土壤中的微生物也以极快的速度对凋落物矿化分解，使各种元素进入土壤，从而大大加速了生物和土壤的养分循环并维持较高水平而表现强烈的生物富集作用。

三、氧化铁的水化作用

氧化铁的水化作用（黄化作用）是黄壤独具的特殊成土过程。由于土壤终年处于雨量足、云雾多、相对湿度大（通常在 75% 以上）、水热状况稳定的环境中，土层经常保持湿润状态，土壤含水量较高（土壤吸湿水含量在 10% 左右），致使土壤中的氧化铁高度水化形成一定量的针铁矿（$FeO \cdot OH$），并常与有机质结合，导致土体剖面形成黄色或蜡黄色，其中尤以剖面中部的淀积层为明显。这种由于土壤中氧化铁高度水化形成水化氧化铁的化合物致使土壤呈黄色的过程为黄壤的黄化过程。

四、周期性的氧化还原交替作用

氧化还原交替作用下，土壤中易变价显色的铁氧化物和锰氧化物被还原，并产生一定数量的铁、锰有机络合物，在一定程度上改变了耕作层土壤的基色。当耕作层排水落干，活性低价铁化合物和锰化合物，一部分随耕作层的静水压力向下淋移，一部分随地表水流失，还有一部分储积或滞留在耕层土壤孔隙或土块裂面而被氧化淀积，形成棕红色的锈纹或与有机物络合形成"鳝血"斑。

五、有机质的合成与分解

与母土(不包括有机土)相比，水稻土有利于有机质累积，故耕作层土壤有机质含量比母土均有不同程度的增加，但其土壤胡敏酸/富里酸比值、芳构化程度和分子质量均较低。

六、盐基淋溶和复盐基作用

种稻后土壤交换性盐基将重新分配，一般盐基饱和的母土盐基将淋溶，而盐基不饱和的母土中发生复盐基作用，特别是酸性土壤施用石灰以后。不同母土上形成水稻土后，土壤酸碱向着中性演变。

第三节　土壤分类

依据土壤性状质与量的差异，系统地划分土壤类型及其相应的分类级别，土壤分类能反映不同土壤类型间的自然发育联系。我国现行的土壤分类系统是在学习和借鉴苏联土壤分类系统基础上，结合我国土壤具体特点建立起来的，属于地理发生学土壤分类体系。在我国现行土壤分类系统建立过程中，结合我国1978年以来的全国第二次土壤普查，期间对其进行多次修改和完善。我国现行的土壤分类系统采用土纲、亚纲、土类、亚类、土属、土种、亚种7级分类制，其中土类和土种作为基本分类单元，共分了12个土纲，32个亚纲，61个土类，200多个亚类。

1. 土纲

土纲是土壤分类系统的最高单元，是土类共性的归纳，其划分突出土壤的成土过程、属性的某些共性，以及重大环境因素对土壤发生性状的影响。

2. 亚纲

亚纲是在同土纲内根据土壤明显水热条件差别所形成的土壤属性的重大差异来划分的。如，半淋溶土纲中半湿热境的燥红土、半湿暖境的褐土、半湿温境的灰褐土、灰色森林土，其共性是半淋溶土范畴，但属性上有明显差异。

3. 土类

土类是土壤高级分类的基本分类单元，它是根据土壤主要成土条件、成土过程和由此发生的土壤属性来划分的，同土类土壤应具有某些突出的、共同的发生属性与层段，因此其也应具土、栗钙土、棕钙土，虽同具有土壤腐殖质层和钙积层，但其腐殖质层的厚度、有机质的含量、钙积层出现的深度与厚度、碳酸钙的含量均有明显差异。

4. 亚类

亚类是反映土类范围内较大的差异性。它是依据在同一土类范围内土壤处于不同的发育阶段或土类之间的过渡类型来划分的。后者在主导成土过程以外尚有一个附加的次要成土过程。

5. 土属

土属是由高级分类单元过渡到基层分类单元的一个中级分类单元，具有承上启下的作用。它是依据某些地方性因素不同而使土壤亚类的性质发生分异来划分的。

6. 土种

土种是土壤分类系统中基层分类的基本单元。同一土种处于相同或相似的景观部位，其剖面性态特征在数量上基本一致。所以同土种土壤应占有相同或近似的小地形部位，水热条件也近似，具有相同的土层层段类型，各土层的厚度、层位、层序也相一致，剖面形态特征，理化性质相同或近似。

7. 亚种

亚种过去称为变种，它是土种范围内的细分，是土种某些性状上的变异，一般以表层或耕作层某些变化，如耕性、养分含量、质地变异来划分，这些变异要具有一定相对的稳定性。

第四节　土壤分布规律

韶关市与江西、湖南接壤，地处中亚热带和北-南亚热带(中亚热带与南亚热带过渡地带)，主要土类为红壤、黄壤、水稻土、石灰土、紫色土和赤红壤，红壤面积占比最大。红壤大面积覆盖在全市，黄壤和水稻土分散在全市各区(县、市)，石灰(岩)土主要分布于乐昌市、乳源瑶族自治县和曲江县，紫色土主要分布于南雄市和乐昌市，赤红壤主要分布于中亚热带与南亚热带过渡地带——新丰县和翁源县。土壤有一定的水平地带性，韶关地势北高南低，地形以山地丘陵为主，河谷盆地分布其中，因而土壤还有垂直地带性和区域性分布的特点。

一、土壤的水平分布

韶关市热量丰富，雨量充沛，成土过程以脱硅富铁铝化作用、生物富集作用为主，全市以富铁铝土土纲为主。热量由北向南增加相应形成由北而南出现红壤、赤红壤的纬度带分布。赤红壤主要分布于新丰县和翁源县南部，往北走则主要为红壤。同时还存在东西差异分布，自西向东的土壤分布为：黄壤(乳源瑶族自治县)、石灰(岩)土(乳源瑶族自治县、曲江区和乐昌市)、红壤。

1. 红壤带

红壤是中亚热带典型的地带性土壤，其主要特征为缺乏碱金属和碱土金属而富含铁、铝氧化物，呈酸性红色。红壤所在地区大多高温多雨、植被茂密。广东省红壤区的年平均气温为 17~20 ℃，≥10 ℃稳定积温为 5800~6850 ℃，最冷月平均气温为 8~10 ℃，最热月均温 28~29 ℃，年雨量为 1500~1800 mm。自然植被以中亚热带常绿阔叶树为主，自然植被破坏后常出现马尾松、檵木、杜鹃、芒箕等次生林。

红壤的形成过程实际上是在上述生物、气候条件下，土壤中富铝化和生物富集相互作用的结果。富铝化作用即在高温多雨条件下，土壤中硅酸盐类强烈分解，次生矿物逐渐形成，硅和碱金属以及碱土金属不断被淋失，而铁、铝氧化物相对增多的脱硅富铝过程。生物富集作用即在高温多雨条件下，生长茂密的植被从土壤中大量吸收矿质养分并合成（通过光合作用）干物质，再以凋落物的形式归还土壤，从而丰富土壤中的矿质养分和有机质含量的过程。生物富集作用可以弥补因富铝化作用而淋失的矿质成分，加速生物与养分之间的循环和维持红壤的肥力。

2. 赤红壤带

赤红壤是南亚热带典型的地带性土壤。赤红壤区的原生植被为南亚热带季雨林，植被组成既有热带雨林成分，又有较多的亚热带植物种属。该带处于北回归线的南北，纬度较低，是热带与亚热带的过渡地带，热量较中亚热带丰富。冬暖夏热、湿润多雨，系同一气候带内少有的天然温室。

广东省赤红壤区年均气温 20~23 ℃，最冷月平均气温 10~15 ℃，最热月平均气温 28~29 ℃，≥10 ℃积温多在 6500~7900 ℃。年降水量 1648~1747 mm。无霜期 300~365 天。赤红壤地区干湿季节交替，有利于土壤胶体的淋溶，并在一定的深度凝聚，因而土壤普遍具有明显的淀积层。该层孔壁及结构面均有明显的红棕色胶膜淀积，表现出铁铝氧化物及黏粒含量，明显高于表土层（A 层）及母质层（C 层）。现有植被结构趋势是自北向南、自东向西热带性树种增多。自然植被具有独特性的南亚热带常绿季雨林，以常绿阔叶树为主，热带成分占重要地位。赤红壤是红壤与砖红壤之间过渡类型土壤，其富铁铝化作用较砖红壤弱而较红壤强烈。原生矿物风化淋溶比较强烈、彻底，黏粒矿物组成以高岭石为主，次有伊利石、蛭石、三水铝石、埃洛石及其过渡矿物，少量针铁矿、赤铁矿、石英等。

二、土壤的垂直分布

1. 垂直地带性明显

山地一般随高度增加而有温度降低（0.6~1.0 ℃/100 m）、降水增加（36.9~107.9 mm/100 m）的变化，影响其植物群落和土壤发育发生相应的更替，形成山地的垂直地带性。韶关市地形以山地丘陵为主，拥有 7 座海拔高于 1500 m 的山，分别是石坑崆、九峰山、天井山、狗尾嶂、小黄山、船底顶山、万时山，还有多座高于 1000 m 海拔的山，如云髻山、观音栋、锡坪嶂等。其中，石坑崆是广东第一高峰，海拔 1902 m，被称为"广东屋脊"，位于南岭森林公园内。可见韶关市土壤的垂直分布是较为明显和广泛的。

2. 垂直地带的类型和结构

垂直地带是地带性在山地的一定反映,所在纬度地带决定垂直地带谱。最低的一个基带与所处纬度地带相对应,地带纬度和海拔高度决定垂直地带数目。韶关市土壤水平地带有赤红壤、红壤 2 个带。韶关市热带土壤地区一般无典型的垂直地带谱,只有赤红壤、红壤两个基带的垂直地带谱,每个垂直地带仅有 3 或 4 个土壤垂直带。

(1)红壤垂直地带谱。红壤(海拔 700 m 以下)→黄壤(海拔大约 600～1700 m)→山地草甸土(海拔 800～1600 m 以上局部地区)。其中山地草甸土多零星分布在山地上部风大、潮湿、仅有矮灌木和芒草生长的局部地区。如石坑崆(全省最高峰),山体主要由花岗岩组成。其土壤从下而上的分布图式为:红壤(500 m 以下)→黄红壤(500～900 m)→黄壤(900～1700 m)→山地草甸土(1700 m 局部地区)。土壤发育的富铝化程度由下向上出现相应减弱的规律。黏粒矿物组成以高岭石和三水铝石为主,但高岭石含量从下向上由多变少,结晶由好变差。三水铝石则由少增多,在黄壤以上尤为普遍。其他风化较低的次要矿物,如水云母、14Å 过渡矿物等在黄壤以上也较多。

(2)赤红壤垂直地带谱。赤红壤(海拔 300 m 或 650 m 以下)→红壤(南亚热带海拔 300～700 m,中亚热带在海拔 700 m 以下)→黄壤(海拔 700～1700 m)一山地草甸土(一般零星分布在 1000 m 以上)。赤红壤地区山地土壤除具上述分布规律外,其土壤发育规律亦与土壤垂直带谱相似,但赤红壤的富铝化程度较红壤、黄壤强烈,黏粒矿物组成以高岭石为主,但赤红壤的高岭石含量高结晶好,黄壤的三水铝石含量高,高岭石含量则较赤红壤低。

三、土壤的区域性分布

韶关市除了水平地带性和垂直地带性土壤分布的特点外,还受多种多样的中、小型地貌类型及成土母质、复杂的水文地质条件、植物以及频繁的人类活动的影响,使土壤呈现更多种类型的区域分布规律(即土壤组合)。

1. 平原地区的土壤组合

平原是水稻土主要分布区,地势平坦开阔,光、热、水较充足,人类活动频繁,种植水稻为主。平原因组成物质不同(如有河流冲积、砂质堆积等),有多种平原土壤的区域组合,包括河谷平原土壤组合、三角洲的土壤组合、滨海平原土壤组合和滨海砂质平原土壤组合等。韶关平原地区的土壤组合类型主要是河谷平原土壤组合。河谷平原指高河漫滩或泛滥平原地区的土壤分布,这在全市各地大小河流沿岸均有分布。成土母质为河流冲积物,并受河流水流重力和沉积分选作用的影响,在河流上游或近河岸处土壤质地较粗。反之,在河流下游或远离河岸地区质地较细。开垦种植水稻后多形成潴育型水稻土的河谷冲积的砂泥田,如河(潮)砂质田、河(潮)砂泥田、河(潮)泥田、河黏土等,靠近平原边沿的丘陵缓坡脚有洪积黄红泥田的洪积砂质田、洪积砂泥田、洪积泥田等分布。

2. 低丘台地的土壤组合

低丘台地海拔多在 250 m 以下,呈切割破碎的形态,台地是低平的完整的古剥蚀面,呈缓坡起伏而顶面齐平。因组成岩石不同,土壤发育及分布亦异,广东省低丘台地的土壤组合类型主要有 6 种，分别为红色岩系低丘台地的紫色土壤组合，花岗岩低丘台地的花岗岩赤红壤组合，第四纪红土低丘台地第四纪红土赤红壤、红壤组合，砂页岩低丘台地砂页岩赤红壤为主的组合，玄武岩沙丘台地砖红壤为主的组合，浅海沉积阶地砖红壤为主的组合。韶关主要有两种：①红色岩系低丘台地的紫色土壤组合。主要分布于白垩纪至第三纪构造盆地南雄市。成土母岩是紫色砂页岩，形成了以紫色土为主的颇具特色的区域性土壤组合，在平缓低矮的丘陵台地上分布着碱性、中性和酸性紫色土，开垦种旱作后则成碱性、中性或酸性牛肝地；在其坡脚种植水稻后演变为水稻土的紫泥田（酸性、碱性牛肝土田或牛肝土田等）。②第四纪红土低丘台地第四纪红土赤红壤、红壤组合。第四纪红土赤红壤主要分布于翁源县南部沿北江、翁江、小北江等河流两岸的一、二、三级阶地的浅丘缓坡上，呈大面积连片分布，海拔多在 100 m 以下，坡度较小（<15°），地势平坦、开阔、利于垦植，开垦后种植茶叶及旱作后则发育成第四纪红土赤红泥地，目前是广东省著名茶叶生产基地。第四纪红土红壤主要分布在南雄北江及其支流两岸河谷盆地的丘陵岗地，种植旱作的地区分布着第四纪红土红泥地。

3. 山地丘陵的土壤组合

韶关市山地和丘陵相连，并有谷地和盆地相间，因其岩石组成类型多，各种岩石风化的坡积物残积物及洪积冲积物等形成的土壤组合也多种多样，其上中部有发育于花岗岩、砂页岩、红色岩系、片（板）岩等的黄壤、红壤、山脚的赤红壤，以及其耕型土壤（黄泥地、红泥地、赤泥地等）、局山地草甸土。山坡和山坑种植水稻的发育成淹育型和潜育型水稻土（红泥田、洪积黄泥田、洪积红泥田、冷底田、铁锈水田、烂洴田）较多，并与渗育型、潴育型水稻土结合一起。上述山地丘陵土壤组合以韶关地区帽子峰–青嶂山的土壤组合为例。其次，以石灰土为主的石灰岩山地丘陵组合主要分布在韶关地区西部、西北部、中北部的乳源、韶关、翁源等市（县）。因既有石灰岩中山、低山、高原、丘陵、台地，又有石灰岩的溶蚀平原及溶蚀洼地，故其区域性土壤组合在这一地区非常具有特色，在海拔 300~600 m 以上局部山地植被生长良好，有黑色石灰土分布。岩石暴露较多的石隙、石窿形成黑色石窿土。海拔 500~600 m 以下则多为红色石灰土和红色石窿土。有的淋溶强烈，盐基大量淋失，而有酸性红色石灰土形成。上述土壤开垦种植旱作后则形成黑色石灰（窿）、红火泥地、酸性红火泥地；山脚种植水稻地区则有淹育型和渗育型水稻土（黑色石灰土田和红色石灰土田、石灰板结田等）。

4. 梯地梯田式的土壤覆域

山地丘陵地区为了防止水土流失，在有水源地方开成梯田，水源缺乏地方开成梯地。韶关市始兴县马市镇文路村梯田，历史悠久、依山赋形，山高谷深，坡度较陡，谷坡上部为红壤或黄壤，谷坡下部梯田田块小，坡度大，多为淹育型水稻土，谷底多为山荫水冷的潜育型水稻土。

第三章
森林土壤剖面

韶关市森林土壤养分指标(包括有机碳、全氮、全磷和全钾)含量平均值分别为 13.335 g/kg、1.033 g/kg、0.329 g/kg、22.663 g/kg。韶关市森林土壤 pH 值平均值为 4.67。韶关市森林土壤重金属元素(包括镍、铅、铜、锌、汞、镉、砷和铬)平均含量分别为 11.322 mg/kg、41.234 mg/kg、16.856 mg/kg、55.883 mg/kg、0.149 mg/kg、0.111 mg/kg、27.259 mg/kg、29.380 mg/kg。

以下将韶关市各区县分章节,研究当地不同土壤类型典型剖面的成土环境、土壤形态特征及主要理化性质等。

第一节　武江区森林土壤剖面

武江区森林土壤养分指标(包括有机碳、全氮、全磷和全钾)含量平均值分别为 11.942 g/kg、1.021 g/kg、0.313 g/kg、19.680 g/kg。武江区森林土壤 pH 值平均值为 4.72。武江区森林土壤重金属元素(包括镍、铅、铜、锌、汞、镉、砷和铬)平均含量分别为 15.339 mg/kg、34.340 mg/kg、16.608 mg/kg、58.766 mg/kg、0.153 mg/kg、0.183 mg/kg、76.058 mg/kg、32.735 mg/kg。

一、剖面 1：赤红壤亚类

1. 剖面位置

地籍号：44020300300400020170l；

地理坐标：北纬 24.86402°，东经 113.449789°；

地区：广东省韶关市武江区重阳镇重阳村。

2. 剖面特征

武江区典型森林赤红壤剖面 1(图 3-1，左图)采自重阳镇重阳村，海拔 114 m，低山地貌，东北坡向，坡度为 9°，中坡坡位，无侵蚀，凋落物层厚度为 2 cm，腐殖质层厚度为 10 cm，植被类型为常绿阔叶林，优势树种为桉树(图 3-1，右图)。

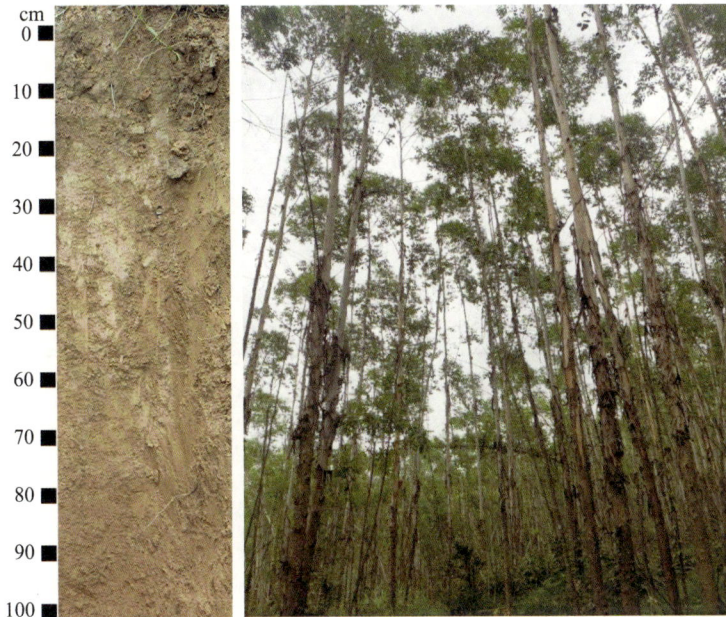

图 3-1　武江区赤红壤剖面 1(左图)及植被(右图)

3. 主要性状

武江区典型赤红壤剖面 1 的土壤理化性质如表 3-1、3-2 所示。

土壤养分包括有机碳、全氮、全磷和全钾，表层土壤(0~20 cm)中，其含量分别为 17.870 g/kg、1.303 g/kg、0.424 g/kg 和 13.063 g/kg，依据土壤养分分级标准，分别属于 Ⅱ级、Ⅲ级、Ⅳ级和Ⅳ级。表层土壤 pH 值为 4.350，容重为 1.22 g/cm³。其余各土壤层(20~40 cm、40~60 cm、60~80 cm、80~100 cm)的土壤养分含量、土壤 pH 值和容重值见表 3-1。

重金属元素包括镍、铅、铜、锌、汞、镉、砷和铬，表层土壤(0~20 cm)中，其含量分别为 13.670 mg/kg、37.540 mg/kg、26.250 mg/kg、53.000 mg/kg、0.203 mg/kg、0.089 mg/kg、269.000 mg/kg 和 74.750 mg/kg。其中，砷元素超过农用地土壤污染风险值，其他重金属元素均低于农用地土壤污染风险筛选值。其余各土壤层(20~40 cm、40~60 cm、60~80 cm、80~100 cm)的重金属元素含量见表 3-2。

表 3-1　武江区赤红壤剖面 1 pH 值及养分含量统计表

深度 (cm)	pH (H₂O)	有机碳(SOC) (g/kg)	全氮(N) (g/kg)	全磷(P) (g/kg)	全钾(K) (g/kg)	容重 (g/cm³)
0~20	4.350±0.030	17.870±0.450	1.303±0.025	0.424±0.016	13.063±0.236	1.220±0.090
20~40	4.400±0.040	14.170±0.350	1.117±0.025	0.418±0.015	13.374±0.150	1.100±0.400
40~60	4.500±0.050	9.360±0.260	0.888±0.020	0.416±0.015	12.941±0.309	1.020±0.340
60~80	4.780±0.040	6.740±0.180	0.836±0.021	0.456±0.015	14.784±0.305	1.650±0.140
80~100	4.690±0.050	5.830±0.170	0.806±0.023	0.487±0.015	14.070±0.053	1.120±0.310

表 3-2　武江区赤红壤剖面 1 重金属元素含量统计表

深度 (cm)	镍(Ni) (mg/kg)	铅(Pb) (mg/kg)	铜(Cu) (mg/kg)	锌(Zn) (mg/kg)	汞(Hg) (mg/kg)	镉(Cd) (mg/kg)	砷(As) (mg/kg)	铬(Cr) (mg/kg)
0~20	13.670±2.080	37.540±2.150	26.250±0.220	53.000±2.000	0.203±0.003	0.089±0.010	269.000±3.000	74.750±2.040
20~40	13.120±0.200	33.330±2.080	27.530±0.300	54.330±2.080	0.203±0.003	0.086±0.012	277.330±3.790	74.030±2.660
40~60	14.180±2.560	33.540±2.150	29.260±0.310	64.670±3.060	0.198±0.003	0.083±0.006	270.000±5.000	75.130±3.010
60~80	13.110±2.010	32.620±1.190	29.130±0.290	53.150±3.010	0.218±0.002	未检出	277.330±3.510	77.000±3.000
80~100	14.520±0.500	32.920±1.670	32.320±0.200	57.990±2.640	0.235±0.002	未检出	292.670±3.060	82.000±2.650

二、剖面 2：红壤亚类

1. 剖面位置

地籍号：440203003007000400400；

地理坐标：北纬 24.827359°，东经 113.454588°；

地区：广东省韶关市武江区重阳镇妙联村。

2. 剖面特征

武江区典型森林红壤剖面 2(图 3-2，左图)采自重阳镇妙联村，海拔 391 m，丘陵地貌，东南坡向，坡度为 28°，下坡坡位，无侵蚀，凋落物层厚度为 3 cm，腐殖质层厚度为 25 cm，植被类型为竹林，优势树种为毛竹(图 3-2，右图)。

图 3-2　武江区红壤剖面 2(左图)及植被(右图)

3. 主要性状

武江区典型红壤剖面 2 的土壤理化性质如表 3-3、3-4 所示。

土壤养分包括有机碳、全氮、全磷和全钾，表层土壤(0~20 cm)中，其含量分别为 22.400 g/kg、1.983 g/kg、0.402 g/kg 和 18.743 g/kg，依据土壤养分分级标准，分别属于 Ⅱ级、Ⅱ级、Ⅳ级和Ⅲ级。表层土壤 pH 值为 4.980，容重为 1.13 g/cm³。其余各土壤层(20~40 cm、40~60 cm、60~80 cm、80~100 cm)的土壤养分含量、土壤 pH 值和容重值见表 3-3。

重金属元素包括镍、铅、铜、锌、汞、镉、砷和铬，表层土壤(0~20 cm)中，其含量分别为 27.720 mg/kg、32.770 mg/kg、19.070 mg/kg、82.670 mg/kg、0.189 mg/kg、0.330 mg/kg、91.320 mg/kg 和 28.120 mg/kg。其中，镉、砷元素超过农用地土壤污染风险值，其他重金属元素均低于农用地土壤污染风险筛选值。其余各土壤层(20~40 cm、40~60 cm、60~80 cm、80~100 cm)的重金属元素含量见表 3-4。

表 3-3　武江区红壤剖面 2 pH 值及养分含量统计表

深度 (cm)	pH (H₂O)	有机碳(SOC) (g/kg)	全氮(N) (g/kg)	全磷(P) (g/kg)	全钾(K) (g/kg)	容重 (g/cm³)
0~20	4.980±0.030	22.400±0.700	1.983±0.035	0.402±0.015	18.743±0.340	1.130±0.340
20~40	4.800±0.040	20.030±0.500	1.827±0.035	0.387±0.014	20.079±0.163	1.210±0.320
40~60	4.950±0.050	14.200±0.400	1.330±0.030	0.345±0.012	20.387±0.266	1.010±0.050
60~80	5.000±0.040	12.100±0.300	1.270±0.030	0.320±0.011	20.824±0.273	1.020±0.410
80~100	5.060±0.050	9.470±0.280	1.090±0.030	0.312±0.009	19.967±0.224	1.270±0.510

表 3-4　武江区红壤剖面 2 重金属元素含量统计表

深度 (cm)	镍(Ni) (mg/kg)	铅(Pb) (mg/kg)	铜(Cu) (mg/kg)	锌(Zn) (mg/kg)	汞(Hg) (mg/kg)	镉(Cd) (mg/kg)	砷(As) (mg/kg)	铬(Cr) (mg/kg)
0~20	27.720±2.530	32.770±2.540	19.070±0.210	82.670±2.080	0.189±0.004	0.330±0.017	91.320±0.350	28.120±2.720
20~40	27.140±0.250	31.550±2.150	18.690±0.260	74.770±2.540	0.165±0.002	0.219±0.020	95.730±0.550	30.570±2.140
40~60	27.460±1.500	27.430±2.130	19.570±0.060	71.670±1.530	0.145±0.002	0.166±0.015	101.510±2.320	30.540±1.280
60~80	29.670±1.530	28.330±1.150	21.900±0.300	76.960±3.000	0.156±0.004	0.163±0.015	108.810±4.240	31.480±3.500
80~100	28.010±2.650	28.790±2.030	20.400±0.300	73.670±1.530	0.152±0.003	0.157±0.023	103.670±3.060	29.390±2.110

三、剖面 3：赤红壤亚类

1. 剖面位置

地籍号：4402030004003000400602；

地理坐标：北纬 24.758998°，东经 113.468327°；

地区：广东省韶关市武江区龙归镇马渡村。

2. 剖面特征

武江区典型森林赤红壤剖面 3(图 3-3,左图)采自龙归镇马渡村,海拔 125 m,丘陵地貌,南坡向,坡度为 30°,下坡坡位,无侵蚀,凋落物层厚度为 5 cm,腐殖质层厚度为 12 cm,植被类型为针阔混交林,优势树种为湿地松(国外松)(图 3-3,右图)。

图 3-3　武江区赤红壤剖面 3(左图)及植被(右图)

3. 主要性状

武江区典型赤红壤剖面 3 的土壤理化性质如表 3-5、3-6 所示。

土壤养分包括有机碳、全氮、全磷和全钾,表层土壤(0~20 cm)中,其含量分别为 19.530 g/kg、1.190 g/kg、0.362 g/kg 和 13.006 g/kg,依据土壤养分分级标准,分别属于 Ⅱ 级、Ⅲ 级、Ⅴ 级和 Ⅳ 级。表层土壤 pH 值为 4.400,容重为 0.99 g/cm³。其余各土壤层(20~40 cm、40~60 cm、60~80 cm、80~100 cm)的土壤养分含量、土壤 pH 值和容重值见表 3-5。

重金属元素包括镍、铅、铜、锌、汞、镉、砷和铬,表层土壤(0~20 cm)中,其含量分别为 7.000 mg/kg、33.680 mg/kg、30.510 mg/kg、34.620 mg/kg、0.107 mg/kg、0.107 mg/kg、29.290 mg/kg 和 30.200 mg/kg。所有重金属元素均低于农用地土壤污染风险筛选值。其余各土壤层(20~40 cm、40~60 cm、60~80 cm、80~100 cm)的重金属元素含量见表 3-6。

表 3-5　武江区赤红壤剖面 3 pH 值及养分含量统计表

深度 (cm)	pH (H₂O)	有机碳(SOC) (g/kg)	全氮(N) (g/kg)	全磷(P) (g/kg)	全钾(K) (g/kg)	容重 (g/cm³)
0~20	4.400±0.030	19.530±0.600	1.190±0.020	0.362±0.014	13.006±0.351	0.990±0.370
20~40	4.380±0.040	8.580±0.220	0.886±0.017	0.369±0.013	15.176±0.121	1.050±0.650
40~60	4.590±0.050	6.600±0.180	0.820±0.019	0.401±0.014	14.420±0.310	1.250±0.520
60~80	4.650±0.040	6.830±0.180	0.783±0.020	0.420±0.014	14.542±0.312	1.060±0.480
80~100	4.620±0.050	6.670±0.200	0.860±0.024	0.433±0.013	16.782±0.209	1.210±0.290

表 3-6　武江区赤红壤剖面 3 重金属元素含量统计表

深度 (cm)	镍(Ni) (mg/kg)	铅(Pb) (mg/kg)	铜(Cu) (mg/kg)	锌(Zn) (mg/kg)	汞(Hg) (mg/kg)	镉(Cd) (mg/kg)	砷(As) (mg/kg)	铬(Cr) (mg/kg)
0~20	7.000±0.000	33.680±2.520	30.510±0.800	34.620±2.100	0.107±0.003	0.107±0.006	29.290±0.300	30.200±2.030
20~40	8.320±0.590	24.730±1.550	34.120±2.420	31.710±2.440	0.085±0.001	未检出	30.300±2.160	30.490±1.500
40~60	9.330±0.580	24.600±1.040	35.360±0.900	32.480±1.500	0.096±0.003	未检出	28.130±1.360	28.000±1.730
60~80	10.090±0.870	24.230±2.040	36.550±3.090	33.000±1.730	0.101±0.001	未检出	29.410±2.810	28.380±2.100
80~100	9.750±0.660	24.350±1.550	40.590±1.070	35.470±5.500	0.109±0.004	未检出	30.400±0.800	30.000±3.000

四、剖面 4：赤红壤亚类

1. 剖面位置

地籍号：44020300401200040917；

地理坐标：北纬 24.684056°，东经 113.401216°；

地区：广东省韶关市武江区龙归镇方田村。

2. 剖面特征

武江区典型森林赤红壤剖面 4(图 3-4，左图)采自龙归镇方田村，海拔 122 m，丘陵地貌，北坡向，坡度为 19°，下坡坡位，无侵蚀，凋落物层厚度为 2 cm，腐殖质层厚度为 7 cm，植被类型为常绿阔叶林，优势树种为桉树(图 3-4，右图)。

图 3-4　武江区赤红壤剖面 4（左图）及植被（右图）

3. 主要性状

武江区典型赤红壤剖面 4 的土壤理化性质如表 3-7、3-8 所示。

土壤养分包括有机碳、全氮、全磷和全钾，表层土壤（0~20 cm）中，其含量分别为 16.670 g/kg、0.928 g/kg、0.218 g/kg 和 4.733 g/kg，依据土壤养分分级标准，分别属于Ⅲ级、Ⅳ级、Ⅴ级和Ⅵ级。表层土壤 pH 值为 4.250，容重为 0.91 g/cm³。其余各土壤层（20~40 cm、40~60 cm、60~80 cm、80~100 cm）的土壤养分含量、土壤 pH 值和容重值见表 3-7。

重金属元素包括镍、铅、铜、锌、汞、镉、砷和铬，表层土壤（0~20 cm）中，其含量分别为 5.120 mg/kg、17.670 mg/kg、8.600 mg/kg、25.030 mg/kg、0.157 mg/kg、未检出、34.500 mg/kg 和 58.670 mg/kg。所有重金属元素均低于农用地土壤污染风险筛选值。其余各土壤层（20~40 cm、40~60 cm、60~80 cm、80~100 cm）的重金属元素含量见表 3-8。

表 3-7　武江区赤红壤剖面 4 pH 值及养分含量统计表

深度 （cm）	pH （H₂O）	有机碳（SOC） （g/kg）	全氮（N） （g/kg）	全磷（P） （g/kg）	全钾（K） （g/kg）	容重 （g/cm³）
0~20	4.250±0.030	16.670±0.450	0.928±0.017	0.218±0.008	4.733±0.379	0.910±0.570
20~40	4.360±0.040	9.790±0.230	0.781±0.015	0.209±0.007	5.493±0.462	0.950±0.150
40~60	4.470±0.050	4.520±0.130	0.583±0.014	0.204±0.007	5.997±0.387	1.390±0.240
60~80	4.600±0.040	4.180±0.110	0.561±0.014	0.193±0.007	8.470±0.672	1.350±0.230
80~100	4.740±0.050	3.040±0.090	0.527±0.015	0.181±0.005	7.180±1.110	1.390±0.290

表 3-8 武江区赤红壤剖面 4 重金属元素含量统计表

深度 (cm)	镍(Ni) (mg/kg)	铅(Pb) (mg/kg)	铜(Cu) (mg/kg)	锌(Zn) (mg/kg)	汞(Hg) (mg/kg)	砷(As) (mg/kg)	铬(Cr) (mg/kg)
0~20	5. 120±0. 210	17. 670±0. 580	8. 600±0. 700	25. 030±2. 000	0. 157±0. 013	34. 500±2. 650	58. 670±3. 790
20~40	5. 330±0. 580	18. 410±1. 510	8. 810±0. 750	23. 750±1. 560	0. 141±0. 012	35. 150±1. 600	63. 140±4. 350
40~60	6. 000±0. 000	18. 250±0. 430	9. 540±0. 610	25. 180±1. 290	0. 146±0. 009	34. 250±1. 560	64. 970±3. 000
60~80	6. 890±1. 020	18. 330±1. 530	11. 430±0. 910	27. 430±2. 140	0. 182±0. 015	34. 100±2. 520	70. 330±3. 210
80~100	6. 800±0. 340	17. 330±0. 580	11. 770±1. 800	25. 420±1. 670	0. 187±0. 029	31. 200±3. 250	63. 850±10. 000

五、剖面 5：赤红壤亚类

1. 剖面位置

地籍号：44020300600500020801；

地理坐标：北纬 24. 622277°，东经 113. 22288°；

地区：广东省韶关市武江区江湾镇湖洋村。

2. 剖面特征

武江区典型森林赤红壤剖面 5(图 3-5，左图)采自江湾镇湖洋村，海拔 235 m，丘陵地貌，北坡向，坡度为 37°，下坡坡位，无侵蚀，凋落物层厚度为 3 cm，腐殖质层厚度为 25 cm，植被类型为暖性针阔混交林，优势树种为荷木(图 3-5，右图)。

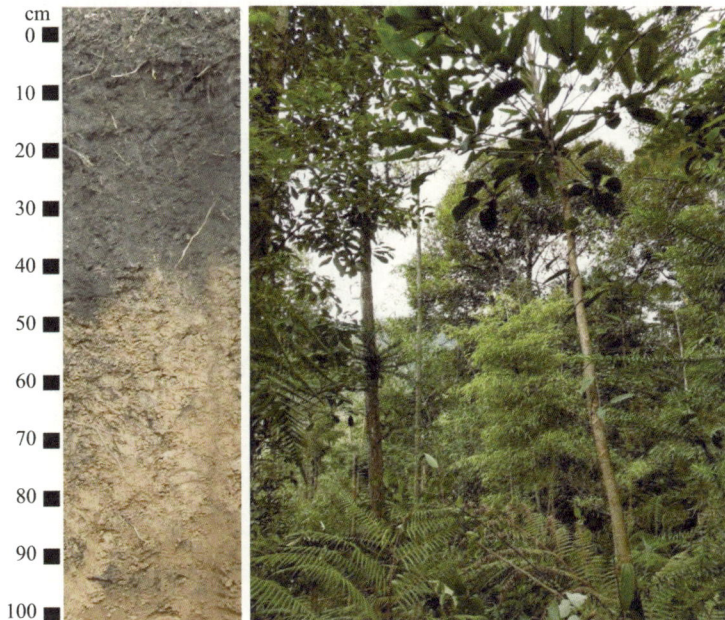

图 3-5 武江区赤红壤剖面 5(左图)及植被(右图)

3. 主要性状

武江区典型赤红壤剖面 5 的土壤理化性质如表 3-9、3-10 所示。

土壤养分包括有机碳、全氮、全磷和全钾，表层土壤(0～20 cm)中，其含量分别为 38.630 g/kg、2.113 g/kg、0.265 g/kg 和 15.154 g/kg，依据土壤养分分级标准，分别属于 Ⅰ 级、Ⅰ 级、Ⅴ 级和 Ⅲ 级。表层土壤 pH 值为 4.340，容重为 0.90 g/cm³。其余各土壤层(20～40 cm、40～60 cm、60～80 cm、80～100 cm)的土壤养分含量、土壤 pH 值和容重值见表 3-9。

重金属元素包括镍、铅、铜、锌、汞、镉、砷和铬，表层土壤(0～20 cm)中，其含量分别为 6.130 mg/kg、45.490 mg/kg、2.990 mg/kg、42.780 mg/kg、0.163 mg/kg、0.142 mg/kg、11.600 mg/kg 和 23.180 mg/kg。所有重金属元素均低于农用地土壤污染风险筛选值。其余各土壤层(20～40 cm、40～60 cm、60～80 cm、80～100 cm)的重金属元素含量见表 3-10。

表 3-9　武江区赤红壤剖面 5 pH 值及养分含量统计表

深度 (cm)	pH (H₂O)	有机碳(SOC) (g/kg)	全氮(N) (g/kg)	全磷(P) (g/kg)	全钾(K) (g/kg)	容重 (g/cm³)
0～20	4.340±0.030	38.630±1.100	2.113±0.035	0.265±0.010	15.154±0.182	0.900±0.190
20～40	4.430±0.040	14.570±0.350	1.000±0.020	0.186±0.007	19.998±0.323	1.160±0.270
40～60	4.410±0.050	10.400±0.300	0.802±0.018	0.188±0.007	20.415±0.286	1.350±0.520
60～80	4.410±0.040	7.550±0.200	0.714±0.018	0.191±0.007	19.757±0.307	1.220±0.540
80～100	4.460±0.050	6.720±0.200	0.621±0.017	0.196±0.006	22.017±0.206	1.170±0.580

表 3-10　武江区赤红壤剖面 5 重金属元素含量统计表

深度 (cm)	镍(Ni) (mg/kg)	铅(Pb) (mg/kg)	铜(Cu) (mg/kg)	锌(Zn) (mg/kg)	汞(Hg) (mg/kg)	镉(Cd) (mg/kg)	砷(As) (mg/kg)	铬(Cr) (mg/kg)
0～20	6.130±0.220	45.490±1.310	2.990±0.250	42.780±3.530	0.163±0.003	0.142±0.004	11.600±0.920	23.180±1.600
20～40	6.330±0.580	34.140±2.580	3.130±0.250	44.410±3.080	0.127±0.003	未检出	10.480±0.500	22.730±1.430
40～60	6.170±0.300	29.990±0.990	2.890±0.190	45.670±2.080	0.138±0.003	未检出	9.500±0.440	21.000±1.000
60～80	7.410±0.530	33.750±3.030	3.680±0.300	48.630±4.150	0.14±0.003	未检出	9.600±0.720	23.490±1.330
80～100	7.790±0.360	40.440±0.970	2.650±0.450	41.880±2.430	0.138±0.003	未检出	9.770±1.050	20.520±3.500

六、剖面 6：赤红壤亚类

1. 剖面位置

地籍号：440203006005000402601；

地理坐标：北纬 24.58127°，东经 113.214271°；

地区：广东省韶关市武江区江湾镇湖洋村。

2. 剖面特征

武江区典型森林赤红壤剖面6(图3-6,左图)采自江湾镇湖洋村,海拔304 m,丘陵地貌,南坡向,坡度为35°,下坡坡位,无侵蚀,凋落物层厚度为5 cm,腐殖质层厚度为8 cm,植被类型为暖性针叶林,优势树种为杉木(图3-6,右图)。

图3-6 武江区赤红壤剖面6(左图)及植被(右图)

3. 主要性状

武江区典型赤红壤剖面6的土壤理化性质如表3-11、3-12所示。

土壤养分包括有机碳、全氮、全磷和全钾,表层土壤(0~20 cm)中,其含量分别为26.170 g/kg、1.680 g/kg、0.210 g/kg和12.720 g/kg,依据土壤养分分级标准,分别属于Ⅰ级、Ⅱ级、Ⅴ级和Ⅳ级。表层土壤pH值为4.470,容重为1.24 g/cm³。其余各土壤层(20~40 cm、40~60 cm、60~80 cm、80~100 cm)的土壤养分含量、土壤pH值和容重值见表3-11。

重金属元素包括镍、铅、铜、锌、汞、镉、砷和铬,表层土壤(0~20 cm)中,其含量分别为 5.070 mg/kg、34.870 mg/kg、3.000 mg/kg、41.540 mg/kg、0.083 mg/kg、0.101 mg/kg、12.440 mg/kg和25.930 mg/kg。所有重金属元素均低于农用地土壤污染风险筛选值。其余各土壤层(20~40 cm、40~60 cm、60~80 cm、80~100 cm)的重金属元素含量见表3-12。

表 3-11　武江区赤红壤剖面 6 pH 值及养分含量统计表

深度 （cm）	pH （H₂O）	有机碳（SOC） （g/kg）	全氮（N） （g/kg）	全磷（P） （g/kg）	全钾（K） （g/kg）	容重 （g/cm³）
0~20	4.470±0.030	26.170±0.750	1.680±0.030	0.210±0.008	12.720±0.248	1.240±0.430
20~40	4.490±0.040	24.130±0.600	1.357±0.025	0.209±0.007	12.377±0.190	1.320±0.490
40~60	4.520±0.050	15.300±0.400	0.998±0.023	0.197±0.007	15.319±0.309	0.950±0.280
60~80	4.610±0.040	11.770±0.400	1.193±0.031	0.209±0.007	21.519±0.276	1.090±0.500
80~100	4.830±0.050	6.580±0.190	0.561±0.016	0.174±0.005	18.651±0.260	1.240±0.340

表 3-12　武江区赤红壤剖面 6 重金属元素含量统计表

深度 （cm）	镍（Ni） （mg/kg）	铅（Pb） （mg/kg）	铜（Cu） （mg/kg）	锌（Zn） （mg/kg）	汞（Hg） （mg/kg）	镉（Cd） （mg/kg）	砷（As） （mg/kg）	铬（Cr） （mg/kg）
0~20	5.070±0.120	34.870±2.580	3.000±0.170	41.540±0.500	0.083±0.002	0.101±0.010	12.440±1.000	25.930±0.890
20~40	4.670±0.580	38.360±1.520	2.570±0.150	40.130±2.580	0.078±0.003	0.080±0.001	12.700±1.050	27.020±1.710
40~60	5.120±0.220	29.300±1.470	2.660±0.150	38.230±1.970	0.084±0.002	未检出	11.190±0.740	27.670±2.080
60~80	6.510±0.500	31.810±2.560	3.330±0.150	47.910±4.610	0.102±0.002	未检出	13.710±1.110	30.330±2.090
80~100	6.770±0.400	30.540±3.500	2.600±0.400	45.330±1.160	0.099±0.003	未检出	12.230±1.850	28.600±2.430

七、剖面 7：赤红壤亚类

1. 剖面位置

地籍号：440203007001000100800；

地理坐标：北纬 24.834192°，东经 113.484141°；

地区：广东省韶关市武江区韶关林场。

2. 剖面特征

武江区典型森林赤红壤剖面 7（图 3-7，左图）采自韶关林场，海拔 175 m，丘陵地貌，西坡向，坡度为 23°，中坡坡位，无侵蚀，凋落物层厚度为 2 cm，腐殖质层厚度为 18 cm，植被类型为针阔混交林，优势树种为杉木（图 3-7，右图）。

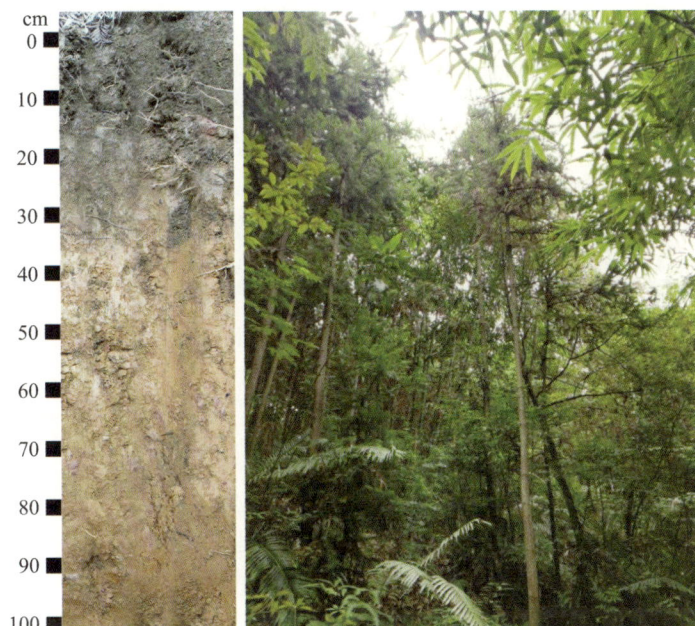

图 3-7　武江区赤红壤剖面 7(左图)及植被(右图)

3. 主要性状

武江区典型赤红壤剖面 7 的土壤理化性质如表 3-13、3-14 所示。

土壤养分包括有机碳、全氮、全磷和全钾,表层土壤(0~20 cm)中,其含量分别为 20.070 g/kg、1.767 g/kg、0.262 g/kg 和 10.448 g/kg,依据土壤养分分级标准,分别属于 Ⅱ级、Ⅱ级、Ⅴ级和Ⅳ级。表层土壤 pH 值为 4.180,容重为 1.09 g/cm³。其余各土壤层(20~40 cm、40~60 cm、60~80 cm、80~100 cm)的土壤养分含量、土壤 pH 值和容重值见表 3-13。

重金属元素包括镍、铅、铜、锌、汞、镉、砷和铬,表层土壤(0~20 cm)中,其含量分别为 3.000 mg/kg、34.670 mg/kg、14.400 mg/kg、35.130 mg/kg、0.326 mg/kg、0.157 mg/kg、20.880 mg/kg 和 37.440 mg/kg。所有重金属元素均低于农用地土壤污染风险筛选值。其余各土壤层(20~40 cm、40~60 cm、60~80 cm、80~100 cm)的重金属元素含量见表 3-14。

表 3-13　武江区赤红壤剖面 7 pH 值及养分含量统计表

深度 (cm)	pH (H₂O)	有机碳(SOC) (g/kg)	全氮(N) (g/kg)	全磷(P) (g/kg)	全钾(K) (g/kg)	容重 (g/cm³)
0~20	4.180±0.030	20.070±0.550	1.767±0.031	0.262±0.010	10.448±0.353	1.090±0.330
20~40	4.160±0.040	13.170±0.350	0.977±0.019	0.245±0.009	12.223±0.198	1.370±0.240
40~60	4.180±0.050	7.120±0.200	0.817±0.018	0.267±0.009	14.578±0.349	1.200±0.230
60~80	4.240±0.040	6.090±0.160	0.775±0.020	0.267±0.009	13.521±0.210	0.940±0.340
80~100	4.350±0.050	5.380±0.160	0.789±0.022	0.265±0.008	13.722±0.228	1.510±0.480

表 3-14　武江区赤红壤剖面 7 重金属元素含量统计表

深度 (cm)	镍(Ni) (mg/kg)	铅(Pb) (mg/kg)	铜(Cu) (mg/kg)	锌(Zn) (mg/kg)	汞(Hg) (mg/kg)	镉(Cd) (mg/kg)	砷(As) (mg/kg)	铬(Cr) (mg/kg)
0~20	3.000±0.000	34.670±0.580	14.400±1.140	35.130±3.010	0.326±0.419	0.157±0.006	20.880±1.630	37.440±2.220
20~40	3.420±0.520	31.640±2.090	16.080±1.350	39.020±2.650	0.068±0.002	未检出	19.330±0.850	40.500±2.790
40~60	4.670±0.580	35.420±1.240	18.600±1.150	47.840±2.370	0.076±0.004	未检出	11.560±0.530	38.330±1.530
60~80	5.330±0.580	41.330±3.510	21.110±1.670	56.170±4.650	0.085±0.000	未检出	12.430±0.930	41.670±2.080
80~100	6.060±0.100	43.330±1.150	22.070±3.400	55.920±3.480	0.090±0.002	未检出	12.530±1.300	40.290±6.510

第二节　浈江区森林土壤剖面

浈江区森林土壤养分指标(包括有机碳、全氮、全磷和全钾)含量平均值分别为
9.678 g/kg、0.825 g/kg、0.255 g/kg、14.157 g/kg。浈江区森林土壤 pH 值平均值为 4.45。
浈江区森林土壤重金属元素(包括镍、铅、铜、锌、汞、镉、砷和铬)平均含量分别为
9.023 mg/kg、21.626 mg/kg、12.022 mg/kg、36.226 mg/kg、0.151 mg/kg、0.132 mg/kg、
31.350 mg/kg、34.413 mg/kg。

一、剖面 1：赤红壤亚类

1. 剖面位置

地籍号：440204002001000102004；

地理坐标：北纬 24.736141°，东经 113.579873°；

地区：广东省韶关市浈江区乐园镇长乐村。

2. 剖面特征

浈江区典型森林赤红壤剖面 1(图 3-8，左图)采自乐园镇长乐村，海拔 108 m，低山地
貌，西坡向，坡度为 21°，中坡坡位，无侵蚀，凋落物层厚度为 1 cm，腐殖质层厚度为
7 cm，植被类型为竹林，优势树种为青竹(图 3-8，右图)。

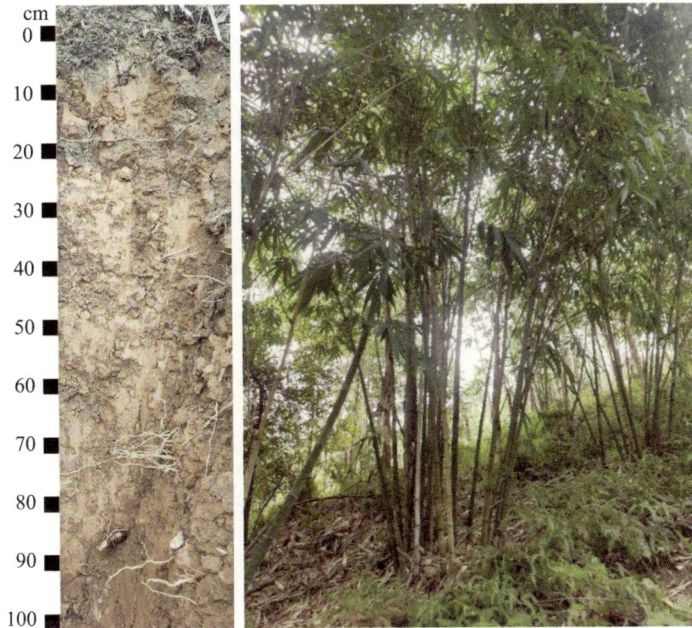

图 3-8　浈江区赤红壤剖面 1(左图)及植被(右图)

3. 主要性状

浈江区典型赤红壤剖面 1 的土壤理化性质如表 3-15、3-16 所示。

土壤养分包括有机碳、全氮、全磷和全钾,表层土壤(0～20 cm)中,其含量分别为 19.770 g/kg、1.100 g/kg、0.491 g/kg 和 18.167 g/kg,依据土壤养分分级标准,分别属于 Ⅱ级、Ⅲ级、Ⅳ级和Ⅲ级。表层土壤 pH 值为 4.540,容重为 1.45 g/cm³。其余各土壤层(20～40 cm、40～60 cm、60～80 cm、80～100 cm)的土壤养分含量、土壤 pH 值和容重值见表 3-15。

重金属元素包括镍、铅、铜、锌、汞、镉、砷和铬,表层土壤(0～20 cm)中,其含量分别为 7.030 mg/kg、299.060 mg/kg、29.840 mg/kg、119.670 mg/kg、0.488 mg/kg、2.188 mg/kg、24.800 mg/kg 和 30.670 mg/kg。其中,铅、镉元素超过农用地土壤污染风险值,其他重金属元素均低于农用地土壤污染风险筛选值。其余各土壤层(20～40 cm、40～60 cm、60～80 cm、80～100 cm)的重金属元素含量见表 3-16。

表 3-15　浈江区赤红壤剖面 1 pH 值及养分含量统计表

深度 (cm)	pH (H₂O)	有机碳(SOC) (g/kg)	全氮(N) (g/kg)	全磷(P) (g/kg)	全钾(K) (g/kg)	容重 (g/cm³)
0～20	4.540±0.040	19.770±0.550	1.100±0.020	0.491±0.019	18.167±1.429	1.450±0.160
20～40	4.380±0.030	6.130±0.140	0.757±0.014	0.433±0.015	25.900±1.153	1.580±0.080
40～60	4.320±0.040	5.130±0.140	0.652±0.015	0.397±0.014	23.833±1.102	1.660±0.130
60～80	4.350±0.050	3.890±0.100	0.623±0.016	0.401±0.013	30.167±2.219	1.160±0.360
80～100	4.370±0.050	4.410±0.130	0.635±0.018	0.439±0.013	28.833±3.001	1.220±0.200

表 3-16　　浈江区赤红壤剖面 1 重金属元素含量统计表

深度 (cm)	镍(Ni) (mg/kg)	铅(Pb) (mg/kg)	铜(Cu) (mg/kg)	锌(Zn) (mg/kg)	汞(Hg) (mg/kg)	镉(Cd) (mg/kg)	砷(As) (mg/kg)	铬(Cr) (mg/kg)
0~20	7.030±0.050	299.060±8.000	29.840±2.390	119.670±10.070	0.488±0.003	2.188±0.080	24.800±1.930	30.670±2.080
20~40	8.290±0.620	29.560±2.140	24.520±2.060	50.990±3.600	0.074±0.001	0.530±0.026	7.040±0.350	32.690±2.480
40~60	7.670±0.580	23.290±0.510	25.530±1.650	47.670±2.080	0.077±0.003	0.447±0.031	5.900±0.260	29.470±1.500
60~80	8.390±0.540	22.710±2.060	27.630±2.220	55.130±4.630	0.058±0.004	0.553±0.040	5.400±0.360	32.340±1.520
80~100	8.670±0.580	23.670±0.580	27.060±4.200	53.920±3.480	0.060±0.002	0.490±0.040	5.330±0.550	32.830±5.010

二、剖面 2：赤红壤亚类

1. 剖面位置

地籍号：440204009013000401200；

地理坐标：北纬 25.00183°，东经 113.502212°；

地区：广东省韶关市浈江区曲江林场。

2. 剖面特征

浈江区典型森林土壤剖面 2(图 3-9，左图)土壤类型为赤红壤亚类、页赤红壤土属。该剖面采自曲江林场，海拔 268 m，低山地貌，东北坡向，坡度为 26°，中坡坡位，无侵蚀，凋落物层厚度为 2 cm，腐殖质层厚度为 11 cm，植被类型为常绿落叶阔叶混交林，优势树种为荷木(图 3-9，右图)。

图 3-9　浈江区赤红壤剖面 2(左图)及植被(右图)

3. 主要性状

浈江区典型赤红壤剖面 2 的土壤理化性质如表 3-17、3-18 所示。

土壤养分包括有机碳、全氮、全磷和全钾，表层土壤(0~20 cm)中，其含量分别为 22.430 g/kg、2.063 g/kg、0.350 g/kg 和 14.556 g/kg，依据土壤养分分级标准，分别属于 Ⅱ级、Ⅰ级、Ⅴ级和Ⅳ级。表层土壤 pH 值为 4.030，容重为 1.36 g/cm³。其余各土壤层(20~40 cm、40~60 cm、60~80 cm、80~100 cm)的土壤养分含量、土壤 pH 值和容重值见表 3-17。

重金属元素包括镍、铅、铜、锌、汞、镉、砷和铬，表层土壤(0~20 cm)中，其含量分别为 8.320 mg/kg、24.670 mg/kg、17.400 mg/kg、22.670 mg/kg、0.123 mg/kg、0.180 mg/kg、12.200 mg/kg 和 23.340 mg/kg。所有重金属元素均低于农用地土壤污染风险筛选值。其余各土壤层(20~40 cm、40~60 cm、60~80 cm、80~100 cm)的重金属元素含量见表 3-18。

表 3-17　浈江区赤红壤剖面 2 pH 值及养分含量统计表

深度 (cm)	pH (H₂O)	有机碳(SOC) (g/kg)	全氮(N) (g/kg)	全磷(P) (g/kg)	全钾(K) (g/kg)	容重 (g/cm³)
0~20	4.030±0.040	22.430±0.750	2.063±0.035	0.350±0.013	14.556±0.161	1.360±0.490
20~40	4.180±0.030	10.870±0.400	1.557±0.025	0.338±0.012	15.516±0.306	1.140±0.120
40~60	4.200±0.040	7.970±0.220	1.320±0.030	0.354±0.012	16.365±0.268	1.250±0.230
60~80	4.220±0.050	7.270±0.190	1.327±0.035	0.373±0.012	18.834±0.239	1.020±0.270
80~100	4.210±0.050	6.600±0.190	1.390±0.040	0.388±0.012	19.323±0.214	0.830±0.180

表 3-18　浈江区赤红壤剖面 2 重金属元素含量统计表

深度 (cm)	镍(Ni) (mg/kg)	铅(Pb) (mg/kg)	铜(Cu) (mg/kg)	锌(Zn) (mg/kg)	汞(Hg) (mg/kg)	镉(Cd) (mg/kg)	砷(As) (mg/kg)	铬(Cr) (mg/kg)
0~20	8.320±1.530	24.670±2.520	17.400±0.260	22.670±2.080	0.123±0.004	0.180±0.018	12.200±0.200	23.340±1.530
20~40	7.490±0.500	19.000±1.000	15.770±0.320	18.240±0.680	0.088±0.001	0.099±0.01	9.700±0.100	21.470±0.500
40~60	9.330±1.530	20.670±1.150	19.330±0.350	19.670±2.520	0.085±0.002	0.082±0.007	9.770±0.350	22.910±3.000
60~80	10.000±1.000	22.250±1.560	21.810±0.200	23.670±0.200	0.093±0.003	0.080±0.000	10.200±0.260	24.000±2.000
80~100	9.330±1.150	21.600±1.510	21.830±0.350	30.610±0.540	0.094±0.001	0.080±0.000	10.420±0.200	24.570±0.510

第三节　曲江区森林土壤剖面

曲江区森林土壤养分指标(包括有机碳、全氮、全磷和全钾)含量平均值分别为 12.804 g/kg、0.963 g/kg、0.288 g/kg、21.599 g/kg。曲江区森林土壤 pH 值平均值为 4.48。曲江区森林土壤重金属元素(包括镍、铅、铜、锌、汞、镉、砷和铬)平均含量分别为 8. 783 mg/kg、43. 172 mg/kg、14. 422 mg/kg、48. 065 mg/kg、0. 152 mg/kg、0. 092 mg/ kg、25. 664 mg/kg、28. 945 mg/kg。

一、剖面 1：红壤亚类

1. 剖面位置

地籍号：440205010005000600402；

地理坐标：北纬 24. 514586°，东经 113. 395068°；

地区：广东省韶关市曲江区罗坑镇瑶族村。

2. 剖面特征

曲江区典型森林红壤剖面 1（图 3-10，左图）采自罗坑镇瑶族村，海拔 369 m，中山地貌，东北坡向，坡度为 26°，上坡坡位，无侵蚀，凋落物层厚度为 2 cm，腐殖质层厚度为 27 cm，植被类型为常绿阔叶林，优势树种为樟树（图 3-10，右图）。

图 3-10　曲江区红壤剖面 1（左图）及植被（右图）

3. 主要性状

曲江区典型红壤剖面 1 的土壤理化性质如表 3-19、3-20 所示。

土壤养分包括有机碳、全氮、全磷和全钾，表层土壤（0~20 cm）中，其含量分别为 36. 930 g/kg、1. 818 g/kg、0. 289 g/kg 和 16. 250 g/kg，依据土壤养分分级标准，分别属于 Ⅰ 级、Ⅱ 级、Ⅴ 级和 Ⅲ 级。表层土壤 pH 值为 4. 680，容重为 1. 23 g/cm³。其余各土壤层（20~40 cm、40~60 cm、60~80 cm、80~100 cm）的土壤养分含量、土壤 pH 值和容重值见表 3-19。

重金属元素包括镍、铅、铜、锌、汞、镉、砷和铬，表层土壤（0~20 cm）中，其含量分别为 4.500 mg/kg、21.100 mg/kg、1.880 mg/kg、21.210 mg/kg、0.173 mg/kg、0.124 mg/kg、14.260 mg/kg 和 47.190 mg/kg。所有重金属元素均低于农用地土壤污染风险筛选值。其余各土壤层(20~40 cm、40~60 cm、60~80 cm、80~100 cm)的重金属元素含量见表 3-20。

表 3-19　曲江区红壤剖面 1 pH 值及养分含量统计表

深度 (cm)	pH (H_2O)	有机碳(SOC) (g/kg)	全氮(N) (g/kg)	全磷(P) (g/kg)	全钾(K) (g/kg)	容重 (g/cm³)
0~20	4.680±0.050	36.930±1.700	1.818±0.042	0.289±0.006	16.250±0.217	1.230±0.530
20~40	4.700±0.020	14.670±0.550	0.822±0.019	0.226±0.007	17.364±0.264	1.050±0.640
40~60	4.600±0.030	10.170±0.300	0.742±0.012	0.219±0.006	16.997±0.227	1.590±0.150
60~80	4.660±0.030	9.990±0.280	0.749±0.017	0.217±0.007	17.930±0.276	1.100±0.450
80~100	4.590±0.040	9.220±0.250	0.706±0.008	0.199±0.006	19.575±0.362	1.140±0.160

表 3-20　曲江区红壤剖面 1 重金属元素含量统计表

深度 (cm)	镍(Ni) (mg/kg)	铅(Pb) (mg/kg)	铜(Cu) (mg/kg)	锌(Zn) (mg/kg)	汞(Hg) (mg/kg)	镉(Cd) (mg/kg)	砷(As) (mg/kg)	铬(Cr) (mg/kg)
0~20	4.500±0.500	21.100±1.650	1.880±0.110	21.210±1.580	0.173±0.004	0.124±0.000	14.260±0.250	47.190±2.560
20~40	5.730±1.110	14.340±1.520	2.200±0.100	25.970±2.000	0.168±0.002	未检出	15.510±0.300	56.300±2.060
40~60	5.040±1.000	14.010±1.720	1.500±0.200	26.170±0.76	0.183±0.003	未检出	14.550±0.130	58.860±1.870
60~80	5.030±1.000	12.670±1.530	1.050±0.050	24.630±1.520	0.182±0.004	未检出	13.810±0.200	58.200±2.030
80~100	4.730±0.640	12.570±0.510	1.960±0.150	25.480±1.300	0.184±0.003	未检出	13.790±0.300	59.130±1.860

二、剖面 2：红壤亚类

1. 剖面位置

地籍号：44020500100700030150 0；

地理坐标：北纬 24.785612°，东经 113.909897°；

地区：广东省韶关市曲江区枫湾镇步村村。

2. 剖面特征

曲江区典型森林土壤剖面 2(图 3-11，左图)土壤类型为红壤亚类、麻红壤土属。该剖面采自枫湾镇步村村，海拔 443 m，低山地貌，东南坡向，坡度为 52°，上坡坡位，无侵蚀，凋落物层厚度为 4 cm，腐殖质层厚度为 9 cm，植被类型为暖性针阔混交林，优势树种为荷木、杉木(图 3-11，右图)。

图 3-11　曲江区红壤剖面 2(左图)及植被(右图)

3. 主要性状

曲江区典型红壤剖面 2 的土壤理化性质如表 3-21、3-22 所示。

土壤养分包括有机碳、全氮、全磷和全钾,表层土壤(0~20 cm)中,其含量分别为 27.300 g/kg、0.953 g/kg、0.089 g/kg 和 28.850 g/kg,依据土壤养分分级标准,分别属于 Ⅰ 级、Ⅳ 级、Ⅵ 级和 Ⅰ 级。表层土壤 pH 值为 4.550,容重为 1.03 g/cm³。其余各土壤层(20~40 cm、40~60 cm、60~80 cm、80~100 cm)的土壤养分含量、土壤 pH 值和容重值见表 3-21。

重金属元素包括镍、铅、铜、锌、汞、镉、砷和铬,表层土壤(0~20 cm)中,其含量分别为未检出、83.340 mg/kg、6.740 mg/kg、20.150 mg/kg、0.103 mg/kg、0.107 mg/kg、4.680 mg/kg 和 3.750 mg/kg。其中,铅元素超过农用地土壤污染风险值,其他重金属元素均低于农用地土壤污染风险筛选值。其余各土壤层(20~40 cm、40~60 cm、60~80 cm、80~100 cm)的重金属元素含量见表 3-22。

表 3-21　曲江区红壤剖面 2 pH 值及养分含量统计表

深度 (cm)	pH (H₂O)	有机碳(SOC) (g/kg)	全氮(N) (g/kg)	全磷(P) (g/kg)	全钾(K) (g/kg)	容重 (g/cm³)
0~20	4.550±0.050	27.300±1.250	0.953±0.013	0.089±0.001	28.850±0.342	1.030±0.420
20~40	4.630±0.020	14.670±0.250	0.677±0.016	0.079±0.002	29.208±0.159	1.150±0.230
40~60	4.710±0.030	8.280±0.130	0.473±0.008	0.063±0.001	32.931±0.294	1.560±0.120
60~80	4.810±0.030	4.090±0.100	0.281±0.007	0.060±0.002	36.381±0.318	0.980±0.300
80~100	4.910±0.040	3.270±0.080	0.234±0.003	0.052±0.001	32.747±0.278	1.110±0.230

表 3-22　曲江区红壤剖面 2 重金属元素含量统计表

深度 （cm）	铅（Pb） （mg/kg）	铜（Cu） （mg/kg）	锌（Zn） （mg/kg）	汞（Hg） （mg/kg）	镉（Cd） （mg/kg）	砷（As） （mg/kg）	铬（Cr） （mg/kg）
0~20	83.340±2.520	6.740±0.250	20.150±1.610	0.103±0.002	0.107±0.015	4.680±0.200	3.750±1.090
20~40	54.960±2.620	8.910±0.200	19.560±2.140	0.069±0.004	0.085±0.005	3.580±0.100	3.330±0.580
40~60	46.640±3.060	7.200±0.260	18.890±1.020	0.069±0.001	未检出	2.730±0.350	未检出
60~80	117.390±6.040	6.540±0.050	18.610±2.510	0.046±0.001	未检出	1.820±0.200	3.490±0.500
80~100	62.420±2.130	6.090±0.300	20.380±4.050	0.036±0.002	0.080±0.001	1.930±0.210	未检出

三、剖面 3：红壤亚类

1. 剖面位置

地籍号：44020500900 1000701201；

地理坐标：北纬 24.535947°，东经 113.43568°；

地区：广东省韶关市曲江区樟市镇西约村。

2. 剖面特征

曲江区典型森林土壤剖面 3（图 3-12，左图）土壤类型为红壤亚类、麻红壤土属。该剖面采自樟市镇西约村，海拔 470 m，中山地貌，北坡向，坡度为 37°，中坡坡位，无侵蚀，凋落物层厚度为 2 cm，腐殖质层厚度为 9 cm，植被类型为常绿落叶阔叶混交林，优势树种为枫香、含笑（图 3-12，右图）。

图 3-12　曲江区红壤剖面 3（左图）及植被（右图）

3. 主要性状

曲江区典型红壤剖面 3 的土壤理化性质如表 3-23、3-24 所示。

土壤养分包括有机碳、全氮、全磷和全钾,表层土壤(0~20 cm)中,其含量分别为 28.800 g/kg、1.754 g/kg、0.231 g/kg 和 15.228 g/kg,依据土壤养分分级标准,分别属于 Ⅰ级、Ⅱ级、Ⅴ级和Ⅲ级。表层土壤 pH 值为 4.270,容重未知。其余各土壤层(20~40 cm、40~60 cm、60~80 cm、80~100 cm)的土壤养分含量、土壤 pH 值见表 3-23。

重金属元素包括镍、铅、铜、锌、汞、镉、砷和铬,表层土壤(0~20 cm)中,其含量分别为 4.550 mg/kg、14.410 mg/kg、7.420 mg/kg、29.990 mg/kg、0.182 mg/kg、0.134 mg/kg、14.790 mg/kg 和 61.880 mg/kg。所有重金属元素均低于农用地土壤污染风险筛选值。其余各土壤层(20~40 cm、40~60 cm、60~80 cm、80~100 cm)的重金属元素含量见表 3-24。

表 3-23　曲江区红壤剖面 3 pH 值及养分含量统计表

深度 (cm)	pH (H$_2$O)	有机碳(SOC) (g/kg)	全氮(N) (g/kg)	全磷(P) (g/kg)	全钾(K) (g/kg)
0~20	4.270±0.050	28.800±1.350	1.754±0.017	0.231±0.010	15.228±0.264
20~40	4.350±0.020	10.140±0.250	0.864±0.020	0.220±0.009	15.720±0.314
40~60	4.370±0.030	7.420±0.140	0.750±0.012	0.199±0.006	16.554±0.217
60~80	4.410±0.030	6.430±0.120	0.714±0.016	0.198±0.010	16.059±0.134
80~100	4.500±0.040	6.490±0.120	0.731±0.009	0.212±0.005	16.942±0.354

表 3-24　曲江区红壤剖面 3 重金属元素含量统计表

深度 (cm)	镍(Ni) (mg/kg)	铅(Pb) (mg/kg)	铜(Cu) (mg/kg)	锌(Zn) (mg/kg)	汞(Hg) (mg/kg)	镉(Cd) (mg/kg)	砷(As) (mg/kg)	铬(Cr) (mg/kg)
0~20	4.550±1.270	14.410±2.500	7.420±0.200	29.990±2.650	0.182±0.003	0.134±0.012	14.790±0.270	61.880±2.720
20~40	4.900±0.180	9.750±0.660	8.280±0.300	34.470±2.160	0.188±0.004	未检出	15.020±0.30	71.340±2.080
40~60	5.050±1.000	11.520±2.160	8.570±0.250	40.220±1.580	0.217±0.003	未检出	12.270±0.250	75.350±3.060
60~80	4.900±1.020	10.320±0.590	8.750±0.220	37.100±3.000	0.214±0.003	未检出	12.800±0.270	73.270±3.250
80~100	5.850±1.040	10.910±2.010	10.410±0.300	41.940±3.000	0.245±0.003	未检出	13.460±0.210	73.050±2.000

四、剖面 4:红壤亚类

1. 剖面位置

地籍号:440205006006000700800;

地理坐标:北纬 24.602703°,东经 113.758623°;

地区:广东省韶关市曲江区沙溪镇窝子村。

2. 剖面特征

曲江区典型森林红壤剖面 4(图 3-13,左图)采自沙溪镇窝子村,海拔 656 m,低山地

貌，西南坡向，坡度为36°，上坡坡位，无侵蚀，凋落物层厚度为2 cm，腐殖质层厚度为
9 cm，植被类型为竹林，优势树种为毛竹(图3-13，右图)。

图3-13　曲江区红壤剖面4(左图)及植被(右图)

3. 主要性状

曲江区典型红壤剖面4的土壤理化性质如表3-25、3-26所示。

土壤养分包括有机碳、全氮、全磷和全钾，表层土壤(0～20 cm)中，其含量分别为
13.530 g/kg、1.616 g/kg、0.187 g/kg和11.268 g/kg，依据土壤养分分级标准，分别属于
Ⅲ级、Ⅱ级、Ⅵ级和Ⅳ级。表层土壤pH值为4.500，容重为1.43 g/cm³。其余各土壤
层(20～40 cm、40～60 cm、60～80 cm、80～100 cm)的土壤养分含量、土壤pH值和容重值
见表3-25。

重金属元素包括镍、铅、铜、锌、汞、镉、砷和铬，表层土壤(0～20 cm)中，其含量
分别为 3.000 mg/kg、36.280 mg/kg、4.420 mg/kg、26.870 mg/kg、0.122 mg/kg、
0.158 mg/kg、9.000 mg/kg和12.160 mg/kg。所有重金属元素均低于农用地土壤污染风险
筛选值。其余各土壤层(20～40 cm、40～60 cm、60～80 cm、80～100 cm)的重金属元素含量
见表3-26。

表 3-25　曲江区红壤剖面 4 pH 值及养分含量统计表

深度 (cm)	pH (H₂O)	有机碳(SOC) (g/kg)	全氮(N) (g/kg)	全磷(P) (g/kg)	全钾(K) (g/kg)	容重 (g/cm³)
0~20	4.500±0.050	13.530±0.550	1.616±0.016	0.187±0.009	11.268±0.244	1.430±0.270
20~40	4.620±0.020	11.230±0.420	0.595±0.014	0.176±0.007	15.211±0.375	1.400±0.230
40~60	4.570±0.030	9.400±0.130	0.343±0.004	0.164±0.004	20.032±0.308	1.290±0.510
60~80	4.640±0.030	7.860±0.150	0.226±0.005	0.154±0.007	20.544±0.295	1.480±0.200
80~100	4.610±0.040	6.000±0.110	0.253±0.003	0.188±0.005	22.152±0.380	1.160±0.510

表 3-26　曲江区红壤剖面 4 重金属元素含量统计表

深度 (cm)	镍(Ni) (mg/kg)	铅(Pb) (mg/kg)	铜(Cu) (mg/kg)	锌(Zn) (mg/kg)	汞(Hg) (mg/kg)	镉(Cd) (mg/kg)	砷(As) (mg/kg)	铬(Cr) (mg/kg)
0~20	3.000±0.030	36.280±0.980	4.420±0.350	26.870±2.320	0.122±0.002	0.158±0.006	9.000±0.700	12.160±0.760
20~40	2.950±0.210	32.700±2.310	3.110±0.260	24.790±1.730	0.096±0.003	未检出	6.650±0.300	11.910±0.840
40~60	未检出	37.280±0.960	2.260±0.140	20.740±0.910	0.110±0.004	未检出	4.440±0.200	5.920±0.300
60~80	未检出	53.700±4.550	2.470±0.200	22.410±1.780	0.097±0.002	未检出	3.520±0.260	3.790±0.190
80~100	3.090±0.080	71.560±1.840	2.780±0.430	23.810±1.450	0.129±0.003	未检出	4.630±0.490	4.230±0.670

第四节　始兴县森林土壤剖面

始兴县森林土壤养分指标(包括有机碳、全氮、全磷和全钾)含量平均值分别为 12.501 g/kg、0.919 g/kg、0.311 g/kg、25.618 g/kg。始兴县森林土壤 pH 值平均值为 4.67。始兴县森林土壤重金属元素(包括镍、铅、铜、锌、汞、镉、砷和铬)平均含量分别为 9.987 mg/kg、57.105 mg/kg、18.938 mg/kg、63.983 mg/kg、0.111 mg/kg、0.101 mg/kg、31.710 mg/kg、27.481 mg/kg。

一、剖面 1：黄壤亚类

1. 剖面位置

地籍号：440222002008000102200；

地理坐标：北纬 25.092123°，东经 114.064862°；

地区：广东省韶关市始兴县马市镇猪涧迳村。

2. 剖面特征

始兴县典型森林黄壤剖面 1(图 3-14，左图)采自马市镇猪涧迳村，海拔 800 m，丘陵地貌，东南坡向，坡度为 43°，上坡坡位，无侵蚀，凋落物层厚度为 6 cm，腐殖质层厚度为 5 cm，植被类型为暖性针叶林，优势树种为杉木(图 3-14，右图)。

图3-14　始兴县黄壤剖面1(左图)及植被(右图)

3. 主要性状

始兴县典型黄壤剖面1的土壤理化性质如表3-27、3-28所示。

土壤养分包括有机碳、全氮、全磷和全钾，表层土壤(0~20 cm)中，其含量分别为11.170 g/kg、1.006 g/kg、0.410 g/kg和21.483 g/kg，依据土壤养分分级标准，分别属于Ⅳ级、Ⅲ级、Ⅳ级和Ⅱ级。表层土壤pH值为4.700，容重未知。其余各土壤层(20~40 cm、40~60 cm、60~80 cm、80~100 cm)的土壤养分含量、土壤pH值见表3-27。

重金属元素包括镍、铅、铜、锌、汞、镉、砷和铬，表层土壤(0~20 cm)中，其含量分别为31.510 mg/kg、120.060 mg/kg、16.140 mg/kg、117.800 mg/kg、0.148 mg/kg、未检出、17.780 mg/kg和103.710 mg/kg。其中，铅元素大幅超过农用地土壤污染风险值，其他重金属元素均低于农用地土壤污染风险筛选值。其余各土壤层(20~40、40~60 cm、60~80 cm、80~100 cm)的重金属元素含量见表3-28。

表3-27　始兴县黄壤剖面1 pH值及养分含量统计表

深度 (cm)	pH (H₂O)	有机碳(SOC) (g/kg)	全氮(N) (g/kg)	全磷(P) (g/kg)	全钾(K) (g/kg)
0~20	4.700±0.030	11.170±0.150	1.006±0.013	0.410±0.008	21.483±0.277
20~40	5.070±0.030	6.990±0.080	0.751±0.013	0.398±0.008	20.434±0.278
40~60	5.000±0.050	5.640±0.080	0.758±0.011	0.419±0.009	20.184±0.263
60~80	4.960±0.010	6.140±0.140	0.697±0.010	0.404±0.009	21.062±0.295
80~100	4.910±0.030	7.180±0.210	0.743±0.010	0.419±0.007	19.394±0.303

表 3-28　始兴县黄壤剖面 1 重金属元素含量统计表

深度 (cm)	镍(Ni) (mg/kg)	铅(Pb) (mg/kg)	铜(Cu) (mg/kg)	锌(Zn) (mg/kg)	汞(Hg) (mg/kg)	砷(As) (mg/kg)	铬(Cr) (mg/kg)
0~20	31.510±1.500	120.060±4.000	16.140±0.210	117.800±5.520	0.148±0.002	17.780±0.200	103.710±4.030
20~40	28.420±1.510	113.380±3.070	15.160±0.310	112.410±5.050	0.167±0.005	15.700±0.400	94.910±2.010
40~60	27.610±0.540	116.470±4.080	16.080±0.200	115.210±3.540	0.154±0.004	16.030±0.250	94.830±3.550
60~80	28.150±3.010	117.960±4.000	16.750±0.350	109.430±3.090	0.159±0.006	16.610±0.300	95.350±1.170
80~100	28.670±2.520	120.430±3.500	17.220±0.260	109.210±2.030	0.158±0.003	16.390±0.160	97.240±1.560

二、剖面 2：红壤亚类

1. 剖面位置

地籍号：440222006002000400202；

地理坐标：北纬 24.880713°，东经 114.003559°；

地区：广东省韶关市始兴县沈所镇南方村。

2. 剖面特征

始兴县典型森林土壤剖面 2(图 3-15，左图)土壤类型为红壤亚类、麻红壤土属。该剖面采自沈所镇南方村，海拔 329 m，丘陵地貌，西坡向，坡度为 24°，上坡坡位，无侵蚀，凋落物层厚度为 3 cm，腐殖质层厚度为 0 cm，植被类型为暖性针叶林，优势树种为杉木(图 3-15，右图)。

图 3-15　始兴县红壤剖面 2(左图)及植被(右图)

3. 主要性状

始兴县典型红壤剖面 2 的土壤理化性质如表 3-29、3-30 所示。

土壤养分包括有机碳、全氮、全磷和全钾，表层土壤（0～20 cm）中，其含量分别为 6.990 g/kg、0.744 g/kg、0.581 g/kg 和 15.016 g/kg，依据土壤养分分级标准，分别属于Ⅳ级、Ⅴ级、Ⅳ级和Ⅲ级。表层土壤 pH 值为 4.720，容重为 1.11 g/cm³。其余各土壤层（20～40 cm、40～60 cm、60～80 cm、80～100 cm）的土壤养分含量、土壤 pH 值和容重值见表 3-29。

重金属元素包括镍、铅、铜、锌、汞、镉、砷和铬，表层土壤（0～20 cm）中，其含量分别为 13.020 mg/kg、103.380 mg/kg、21.950 mg/kg、99.840 mg/kg、0.083 mg/kg、0.114 mg/kg、187.850 mg/kg 和 39.760 mg/kg。其中，铅、砷元素大幅超过农用地土壤污染风险值，其他重金属元素均低于农用地土壤污染风险筛选值。其余各土壤层（20～40 cm、40～60 cm、60～80 cm、80～100 cm）的重金属元素含量见表 3-30。

表 3-29　始兴县红壤剖面 2 pH 值及养分含量统计表

深度 （cm）	pH （H₂O）	有机碳（SOC） （g/kg）	全氮（N） （g/kg）	全磷（P） （g/kg）	全钾（K） （g/kg）	容重 （g/cm³）
0～20	4.720±0.030	6.990±0.100	0.744±0.009	0.581±0.012	15.016±0.324	1.110±0.340
20～40	4.830±0.030	5.810±0.070	0.664±0.011	0.575±0.011	15.792±0.206	1.650±0.220
40～60	4.840±0.050	4.720±0.060	0.593±0.009	0.602±0.013	17.253±0.249	1.630±0.150
60～80	4.940±0.010	3.910±0.070	0.625±0.009	0.610±0.013	11.114±8.287	1.270±0.600
80～100	4.930±0.030	2.850±0.050	0.392±0.005	0.654±0.011	15.786±0.141	1.000±0.700

表 3-30　始兴县红壤剖面 2 重金属元素含量统计表

深度 （cm）	镍（Ni） （mg/kg）	铅（Pb） （mg/kg）	铜（Cu） （mg/kg）	锌（Zn） （mg/kg）	汞（Hg） （mg/kg）	镉（Cd） （mg/kg）	砷（As） （mg/kg）	铬（Cr） （mg/kg）
0～20	13.020±0.020	103.380±0.390	21.950±0.190	99.840±1.440	0.083±0.005	0.114±0.007	187.850±1.96	39.760±0.300
20～40	14.400±1.510	114.760±2.540	23.790±0.300	105.720±2.530	0.077±0.003	0.174±0.021	226.090±4.000	39.710±3.520
40～60	14.090±2.010	117.340±2.520	21.840±0.410	105.050±4.000	0.072±0.004	0.192±0.011	263.270±3.040	36.570±1.500
60～80	14.490±1.310	132.340±3.510	22.270±0.300	85.570±63.740	0.073±0.002	0.341±0.010	308.010±3.000	35.400±2.510
80～100	16.750±2.040	174.010±3.000	21.530±0.250	129.110±3.010	0.043±0.003	0.222±0.020	277.580±3.170	33.040±1.770

三、剖面 3：赤红壤亚类

1. 剖面位置

地籍号：440222007001000100900；

地理坐标：北纬 24.895202°，东经 114.106899°；

地区：广东省韶关市始兴县城南镇周前村。

2. 剖面特征

始兴县典型森林赤红壤剖面3(图3-16，左图)采自城南镇周前村，海拔148 m，平原地貌，东北坡向，坡度为19°，上坡坡位，无侵蚀，凋落物层厚度为1 cm，腐殖质层厚度为9 cm，植被类型为暖性针叶林，优势树种为马尾松(图3-16，右图)。

图 3-16　始兴县赤红壤剖面 3(左图)及植被(右图)

3. 主要性状

始兴县典型赤红壤剖面3的土壤理化性质如表3-31、3-32所示。

土壤养分包括有机碳、全氮、全磷和全钾，表层土壤(0~20 cm)中，其含量分别为7.980 g/kg、0.692 g/kg、0.178 g/kg 和13.251 g/kg，依据土壤养分分级标准，分别属于Ⅳ级、Ⅴ级、Ⅵ级和Ⅳ级。表层土壤 pH 值为4.720，容重为1.22 g/cm³。其余各土壤层(20~40 cm、40~60 cm、60~80 cm、80~100 cm)的土壤养分含量、土壤 pH 值和容重值见表3-31。

重金属元素包括镍、铅、铜、锌、汞、镉、砷和铬，表层土壤(0~20 cm)中，其含量分别为 8.620 mg/kg、14.660 mg/kg、19.040 mg/kg、43.630 mg/kg、0.205 mg/kg、未检出、55.570 mg/kg 和50.230 mg/kg。其中，砷元素超过农用地土壤污染风险值，其他重金属元素均低于农用地土壤污染风险筛选值。其余各土壤层(20~40 cm、40~60 cm、60~80 cm、80~100 cm)的重金属元素含量见表3-32。

表 3-31　始兴县赤红壤剖面 3 pH 值及养分含量统计表

深度 （cm）	pH （H₂O）	有机碳（SOC） （g/kg）	全氮（N） （g/kg）	全磷（P） （g/kg）	全钾（K） （g/kg）	容重 （g/cm³）
0~20	4.720±0.030	7.980±0.110	0.692±0.009	0.178±0.009	13.251±0.279	1.220±0.190
20~40	4.910±0.030	4.240±0.050	0.481±0.008	0.192±0.010	15.167±0.324	1.310±0.620
40~60	4.970±0.050	3.310±0.050	0.464±0.007	0.206±0.009	14.938±0.338	1.330±0.360
60~80	5.020±0.010	2.480±0.050	0.401±0.006	0.223±0.012	14.199±0.172	0.810±0.200
80~100	5.010±0.030	2.100±0.040	0.467±0.006	0.207±0.009	16.060±0.258	1.040±0.110

表 3-32　始兴县赤红壤剖面 3 重金属元素含量统计表

深度 （cm）	镍（Ni） （mg/kg）	铅（Pb） （mg/kg）	铜（Cu） （mg/kg）	锌（Zn） （mg/kg）	汞（Hg） （mg/kg）	镉（Cd） （mg/kg）	砷（As） （mg/kg）	铬（Cr） （mg/kg）
0~20	8.620±1.200	14.660±1.160	19.040±0.350	43.630±1.520	0.205±0.003	未检出	55.570±0.250	50.230±2.540
20~40	10.990±1.000	17.610±2.110	25.800±0.300	56.540±3.500	0.181±0.009	0.210±0.017	68.590±0.400	64.330±2.080
40~60	10.650±1.520	17.830±2.020	26.430±0.300	57.650±2.510	0.214±0.002	未检出	68.520±0.100	66.580±2.130
60~80	12.210±1.580	16.400±2.120	28.120±0.350	60.830±2.020	0.170±0.006	未检出	73.740±0.250	67.460±3.100
80~100	11.440±0.510	15.510±2.190	27.220±0.200	59.290±2.060	0.181±0.004	0.085±0.005	70.340±0.210	69.540±1.500

四、剖面 4：红壤亚类

1. 剖面位置

地籍号：440222009002000101000；

地理坐标：北纬 24.949779°，东经 114.289193°；

地区：广东省韶关市始兴县澄江镇四村村。

2. 剖面特征

始兴县典型森林土壤剖面 4（图 3-17，左图）土壤类型为红壤亚类、麻红壤土属。该剖面采自澄江镇四村村，海拔 715 m，中山地貌，西北坡向，坡度为 20°，上坡坡位，无侵蚀，凋落物层厚度为 1 cm，腐殖质层厚度为 10 cm，植被类型为暖性针叶林，优势树种为杉木（图 3-17，右图）。

图 3-17　始兴县红壤剖面 4(左图)及植被(右图)

3. 主要性状

始兴县典型红壤剖面 4 的土壤理化性质如表 3-33、3-34 所示。

土壤养分包括有机碳、全氮、全磷和全钾,表层土壤(0～20 cm)中,其含量分别为 14.430 g/kg、1.030 g/kg、0.095 g/kg 和 17.260 g/kg,依据土壤养分分级标准,分别属于 Ⅲ级、Ⅲ级、Ⅵ级和Ⅲ级。表层土壤 pH 值为 4.540,容重为 1.21 g/cm³。其余各土壤层(20～40 cm、40～60 cm、60～80 cm、80～100 cm)的土壤养分含量、土壤 pH 值和容重值见表 3-33。

重金属元素包括镍、铅、铜、锌、汞、镉、砷和铬,表层土壤(0～20 cm)中,其含量分别为 4.210 mg/kg、139.380 mg/kg、6.640 mg/kg、55.680 mg/kg、0.160 mg/kg、未检出、8.310 mg/kg 和 9.020 mg/kg。其中,铅元素大幅超过农用地土壤污染风险值,其他重金属元素均低于农用地土壤污染风险筛选值。其余各土壤层(20～40 cm、40～60 cm、60～80 cm、80～100 cm)的重金属元素含量见表 3-34。

表 3-33　始兴县红壤剖面 4 pH 值及养分含量统计表

深度 (cm)	pH (H₂O)	有机碳(SOC) (g/kg)	全氮(N) (g/kg)	全磷(P) (g/kg)	全钾(K) (g/kg)	容重 (g/cm³)
0～20	4.540±0.030	14.430±0.650	1.030±0.013	0.095±0.002	17.260±1.341	1.210±0.430
20～40	4.560±0.030	11.930±0.550	0.940±0.016	0.072±0.001	18.494±0.831	1.480±0.220
40～60	4.540±0.050	15.570±0.650	1.004±0.017	0.097±0.002	13.333±0.612	1.330±0.590
60～80	4.440±0.010	31.200±1.300	1.723±0.025	0.136±0.008	15.399±1.133	1.370±0.340
80～100	4.520±0.030	27.170±1.150	1.410±0.018	0.123±0.006	15.542±1.638	1.190±0.520

表 3-34　始兴县红壤剖面 4 重金属元素含量统计表

深度 （cm）	镍（Ni） （mg/kg）	铅（Pb） （mg/kg）	铜（Cu） （mg/kg）	锌（Zn） （mg/kg）	汞（Hg） （mg/kg）	镉（Cd） （mg/kg）	砷（As） （mg/kg）	铬（Cr） （mg/kg）
0~20	4.210±0.260	139.380±5.180	6.640±0.070	55.680±4.450	0.160±0.003	未检出	8.310±0.720	9.020±0.240
20~40	4.360±0.310	155.160±8.240	6.180±0.440	58.720±4.970	0.164±0.003	0.080±0.004	6.190±0.430	8.590±0.610
40~60	3.860±0.190	209.430±16.810	6.350±0.310	62.710±4.010	0.180±0.003	0.097±0.004	6.780±0.300	7.700±0.200
60~80	3.860±0.200	253.630±18.870	6.510±0.620	60.060±4.790	0.193±0.003	0.130±0.010	6.350±0.500	7.620±0.650
80~100	3.450±0.550	218.740±17.720	6.670±0.170	60.270±9.310	0.204±0.002	0.133±0.014	5.560±0.340	9.200±0.240

五、剖面 5：黄壤亚类

1. 剖面位置

地籍号：440222009007000201500；

地理坐标：北纬 24.82953°，东经 114.321144°；

地区：广东省韶关市始兴县澄江镇方洞村。

2. 剖面特征

始兴县典型森林黄壤剖面 5（图 3-18，左图）采自澄江镇方洞村，海拔 821 m，低山地貌，北坡向，坡度为 30°，中坡坡位，无侵蚀，凋落物层厚度为 3 cm，腐殖质层厚度为 36 cm，植被类型为竹林，优势树种为毛竹（图 3-18，右图）。

图 3-18　始兴县黄壤剖面 5（左图）及植被（右图）

3. 主要性状

始兴县典型黄壤剖面 5 的土壤理化性质如表 3-35、3-36 所示。

土壤养分包括有机碳、全氮、全磷和全钾，表层土壤(0~20 cm)中，其含量分别为 53.230 g/kg、1.895 g/kg、0.279 g/kg 和 34.242 g/kg，依据土壤养分分级标准，分别属于Ⅰ级、Ⅱ级、Ⅴ级和Ⅰ级。表层土壤 pH 值为 4.840，容重为 1.22 g/cm³。其余各土壤层(20~40 cm、40~60 cm、60~80 cm、80~100 cm)的土壤养分含量、土壤 pH 值和容重值见表 3-35。

重金属元素包括镍、铅、铜、锌、汞、镉、砷和铬，表层土壤(0~20 cm)中，其含量分别为 6.750 mg/kg、49.860 mg/kg、5.620 mg/kg、62.090 mg/kg、0.201 mg/kg、0.164 mg/kg、6.080 mg/kg 和 16.950 mg/kg。所有重金属元素均低于农用地土壤污染风险筛选值。其余各土壤层(20~40 cm、40~60 cm、60~80 cm、80~100 cm)的重金属元素含量见表 3-36。

表 3-35　始兴县黄壤剖面 5 pH 值及养分含量统计表

深度 (cm)	pH (H₂O)	有机碳(SOC) (g/kg)	全氮(N) (g/kg)	全磷(P) (g/kg)	全钾(K) (g/kg)	容重 (g/cm³)
0~20	4.840±0.030	53.230±0.910	1.895±0.024	0.279±0.014	34.242±0.220	1.220±0.510
20~40	4.830±0.030	36.830±1.750	1.317±0.022	0.253±0.014	36.536±0.260	1.330±0.550
40~60	4.820±0.050	27.070±1.000	0.999±0.017	0.220±0.010	33.898±0.338	1.280±0.350
60~80	4.740±0.010	15.200±0.600	0.770±0.011	0.216±0.012	36.318±0.285	0.930±0.310
80~100	4.920±0.030	9.770±0.160	0.567±0.008	0.203±0.009	34.339±0.205	1.250±0.490

表 3-36　始兴县黄壤剖面 5 重金属元素含量统计表

深度 (cm)	镍(Ni) (mg/kg)	铅(Pb) (mg/kg)	铜(Cu) (mg/kg)	锌(Zn) (mg/kg)	汞(Hg) (mg/kg)	镉(Cd) (mg/kg)	砷(As) (mg/kg)	铬(Cr) (mg/kg)
0~20	6.750±0.240	49.860±0.290	5.620±0.550	62.090±0.590	0.201±0.006	0.164±0.018	6.080±0.030	16.950±0.380
20~40	7.560±1.260	48.090±3.000	4.480±0.200	60.520±3.110	0.153±0.003	0.093±0.011	5.710±0.200	18.150±2.570
40~60	8.050±1.000	51.340±1.530	4.230±0.250	58.160±3.010	0.163±0.005	未检出	5.970±0.230	18.120±2.720
60~80	9.110±1.020	52.430±1.240	4.730±0.400	64.300±2.070	0.155±0.002	未检出	5.840±0.210	22.260±2.530
80~100	10.260±1.100	61.470±3.110	5.150±0.220	69.510±3.500	0.148±0.004	未检出	6.490±0.300	22.670±0.580

六、剖面 6：红壤亚类

1. 剖面位置

地籍号：4402220120180001002 00；

地理坐标：北纬 24.82041°，东经 114.286854°；

地区：广东省韶关市始兴县罗坝镇东二林场。

2. 剖面特征

始兴县典型森林红壤剖面6(图3-19，左图)采自罗坝镇东二林场，海拔637 m，低山地貌，北坡向，坡度为28°，上坡坡位，无侵蚀，凋落物层厚度为3 cm，腐殖质层厚度为8 cm，植被类型为竹林，优势树种为毛竹(图3-19，右图)。

图3-19　始兴县红壤剖面6(左图)及植被(右图)

3. 主要性状

始兴县典型红壤剖面6的土壤理化性质如表3-37、3-38所示。

土壤养分包括有机碳、全氮、全磷和全钾，表层土壤(0~20 cm)中，其含量分别为27.270 g/kg、1.754 g/kg、0.215 g/kg和40.293 g/kg，依据土壤养分分级标准，分别属于Ⅰ级、Ⅱ级、Ⅴ级和Ⅰ级。表层土壤pH值为4.920，容重未知。其余各土壤层(20~40 cm、40~60 cm、60~80 cm、80~100 cm)的土壤养分含量、土壤pH值见表3-37。

重金属元素包括镍、铅、铜、锌、汞、镉、砷和铬，表层土壤(0~20 cm)中，其含量分别为 5.080 mg/kg、42.830 mg/kg、3.570 mg/kg、49.930 mg/kg、0.124 mg/kg、0.104 mg/kg、8.070 mg/kg和9.750 mg/kg。所有重金属元素均低于农用地土壤污染风险筛选值。其余各土壤层(20~40 cm、40~60 cm、60~80 cm、80~100 cm)的重金属元素含量见表3-38。

表 3-37　始兴县红壤剖面 6 pH 值及养分含量统计表

深度 (cm)	pH (H₂O)	有机碳(SOC) (g/kg)	全氮(N) (g/kg)	全磷(P) (g/kg)	全钾(K) (g/kg)
0~20	4.920±0.030	27.270±1.300	1.754±0.022	0.215±0.011	40.293±0.182
20~40	4.820±0.030	20.030±0.950	1.335±0.022	0.195±0.011	39.261±0.208
40~60	4.950±0.050	12.600±0.500	1.016±0.017	0.177±0.008	38.535±0.218
60~80	4.900±0.010	7.490±0.090	0.777±0.011	0.154±0.009	37.415±0.350
80~100	5.030±0.030	6.690±0.150	0.670±0.009	0.172±0.008	38.548±0.323

表 3-38　始兴县红壤剖面 6 重金属元素含量统计表

深度 (cm)	镍(Ni) (mg/kg)	铅(Pb) (mg/kg)	铜(Cu) (mg/kg)	锌(Zn) (mg/kg)	汞(Hg) (mg/kg)	镉(Cd) (mg/kg)	砷(As) (mg/kg)	铬(Cr) (mg/kg)
0~20	5.080±0.110	42.830±0.790	3.570±0.220	49.930±1.110	0.124±0.002	0.104±0.004	8.070±0.490	9.750±0.470
20~40	5.480±0.500	45.130±4.010	3.750±0.350	52.030±2.000	0.114±0.003	未检出	7.530±0.150	10.610±1.200
40~60	5.840±1.040	47.020±2.000	3.250±0.310	53.170±2.020	0.077±0.002	未检出	6.950±0.350	9.880±1.020
60~80	6.290±0.620	51.410±1.510	3.310±0.100	56.680±2.070	0.077±0.002	未检出	7.460±0.150	11.040±2.000
80~100	5.740±0.650	57.760±3.270	3.280±0.200	57.510±3.130	0.079±0.003	未检出	7.060±0.120	11.130±1.020

七、剖面 7：红壤亚类

1. 剖面位置

地籍号：44022201600100020040402；

地理坐标：北纬 24.667715°，东经 114.172363°；

地区：广东省韶关市始兴县司前镇甘太村。

2. 剖面特征

始兴县典型森林红壤剖面 7(图 3-20，左图)采自司前镇甘太村，海拔 738 m，低山地貌，南坡向，坡度为 25°，下坡坡位，无侵蚀，凋落物层厚度为 5 cm，腐殖质层厚度为 13 cm，植被类型为竹林，优势树种为毛竹(图 3-20，右图)。

图 3-20　始兴县红壤剖面 7(左图)及植被(右图)

3. 主要性状

始兴县典型红壤剖面 7 的土壤理化性质如表 3-39、3-40 所示。

土壤养分包括有机碳、全氮、全磷和全钾,表层土壤(0~20 cm)中,其含量分别为 20.730 g/kg、1.240 g/kg、0.415 g/kg 和 31.730 g/kg,依据土壤养分分级标准,分别属于 Ⅱ级、Ⅲ级、Ⅳ级和 Ⅰ级。表层土壤 pH 值为 4.470,容重为 1.06g/cm³。其余各土壤层(20~40 cm、40~60 cm、60~80 cm、80~100 cm)的土壤养分含量、土壤 pH 值和容重值见表 3-39。

重金属元素包括镍、铅、铜、锌、汞、镉、砷和铬,表层土壤(0~20 cm)中,其含量分别为 5.470 mg/kg、36.350 mg/kg、8.140 mg/kg、81.840 mg/kg、0.158 mg/kg、0.106 mg/kg、8.480 mg/kg 和 11.870 mg/kg。所有重金属元素均低于农用地土壤污染风险筛选值。其余各土壤层(20~40 cm、40~60 cm、60~80 cm、80~100 cm)的重金属元素含量见表 3-40。

表 3-39　始兴县红壤剖面 7 pH 值及养分含量统计表

深度 (cm)	pH (H₂O)	有机碳(SOC) (g/kg)	全氮(N) (g/kg)	全磷(P) (g/kg)	全钾(K) (g/kg)	容重 (g/cm³)
0~20	4.470±0.030	20.730±0.950	1.240±0.016	0.415±0.008	31.730±0.254	1.060±0.410
20~40	4.460±0.030	18.630±0.850	1.109±0.019	0.387±0.007	29.790±0.329	1.220±0.510
40~60	4.580±0.050	18.270±0.750	0.876±0.015	0.405±0.009	31.025±0.300	0.790±0.230
60~80	4.570±0.010	14.000±0.600	0.893±0.013	0.388±0.008	32.740±0.273	1.370±0.250
80~100	4.580±0.030	12.400±0.500	0.793±0.011	0.413±0.007	30.789±0.353	1.270±0.610

表 3-40　始兴县红壤剖面 7 重金属元素含量统计表

深度 (cm)	镍(Ni) (mg/kg)	铅(Pb) (mg/kg)	铜(Cu) (mg/kg)	锌(Zn) (mg/kg)	汞(Hg) (mg/kg)	镉(Cd) (mg/kg)	砷(As) (mg/kg)	铬(Cr) (mg/kg)
0~20	5.470±0.500	36.350±1.520	8.140±0.150	81.840±2.750	0.158±0.003	0.106±0.015	8.480±0.300	11.870±1.850
20~40	5.120±1.020	35.330±3.510	8.030±0.350	83.700±2.520	0.141±0.001	0.086±0.005	8.160±0.150	11.250±1.560
40~60	5.060±0.110	33.290±3.040	8.060±0.150	79.570±1.510	0.142±0.001	0.091±0.010	8.080±0.200	11.170±1.600
60~80	5.190±0.730	31.830±1.610	6.800±0.270	74.250±2.390	0.095±0.004	0.083±0.006	7.500±0.400	9.190±1.050
80~100	5.580±0.520	35.020±1.750	7.750±0.350	86.330±2.520	0.093±0.003	0.165±0.015	8.760±0.320	11.010±1.000

八、剖面 8：红壤亚类

1. 剖面位置

地籍号：440222016004000600201；

地理坐标：北纬 24.6276°，东经 114.02606°；

地区：广东省韶关市始兴县司前镇月武村。

2. 剖面特征

始兴县典型森林红壤剖面 8(图 3-21，左图)采自司前镇月武村，海拔 343 m，丘陵地貌，西南坡向，坡度为 42°，下坡坡位，无侵蚀，凋落物层厚度为 5 cm，腐殖质层厚度为 10 cm，植被类型为暖性针叶林，优势树种为杉木(图 3-21，右图)。

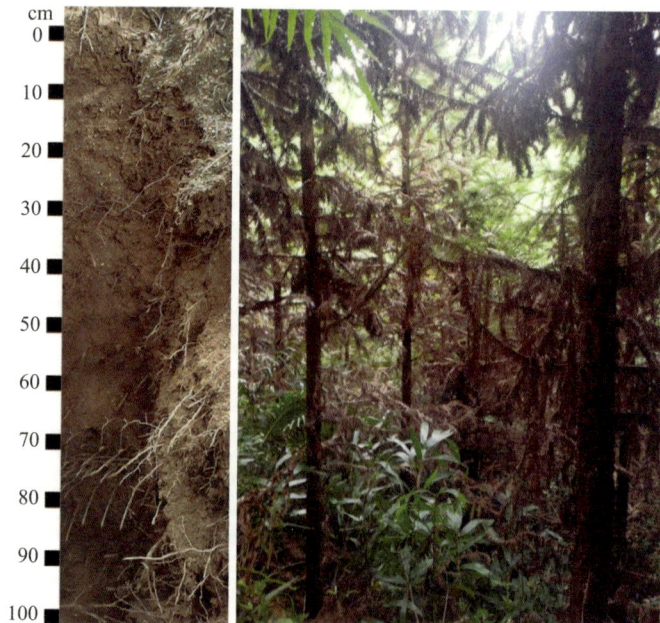

图 3-21　始兴县红壤剖面 8(左图)及植被(右图)

3. 主要性状

始兴县典型红壤剖面 8 的土壤理化性质如表 3-41、3-42 所示。

土壤养分包括有机碳、全氮、全磷和全钾，表层土壤(0~20 cm)中，其含量分别为 14.000 g/kg、1.005 g/kg、0.347 g/kg 和 38.692 g/kg，依据土壤养分分级标准，分别属于Ⅲ级、Ⅲ级、Ⅴ级和Ⅰ级。表层土壤 pH 值为 4.910，容重为 1.04g/cm³。其余各土壤层(20~40 cm、40~60 cm、60~80 cm、80~100 cm)的土壤养分含量、土壤 pH 值和容重值见表 3-41。

重金属元素包括镍、铅、铜、锌、汞、镉、砷和铬，表层土壤(0~20 cm)中，其含量分别为未检出、28.860 mg/kg、3.890 mg/kg、66.230 mg/kg、0.100 mg/kg、未检出、5.560 mg/kg 和 3.790 mg/kg。所有重金属元素均低于农用地土壤污染风险筛选值。其余各土壤层(20~40 cm、40~60 cm、60~80 cm、80~100 cm)的重金属元素含量见表 3-42。

表 3-41　始兴县红壤剖面 8 pH 值及养分含量统计表

深度 (cm)	pH (H₂O)	有机碳(SOC) (g/kg)	全氮(N) (g/kg)	全磷(P) (g/kg)	全钾(K) (g/kg)	容重 (g/cm³)
0~20	4.910±0.030	14.000±0.200	1.005±0.008	0.347±0.007	38.692±0.164	1.040±0.270
20~40	4.790±0.030	10.200±0.100	0.867±0.015	0.329±0.007	38.325±0.305	0.910±0.320
40~60	4.800±0.050	8.250±0.110	0.742±0.012	0.315±0.007	42.110±0.265	1.310±0.140
60~80	4.730±0.010	3.940±0.090	0.746±0.015	0.319±0.007	40.438±0.253	1.100±0.570
80~100	4.850±0.030	3.540±0.100	0.427±0.006	0.364±0.006	38.876±0.138	0.980±0.400

表 3-42　始兴县红壤剖面 8 重金属元素含量统计表

深度 (cm)	镍(Ni) (mg/kg)	铅(Pb) (mg/kg)	铜(Cu) (mg/kg)	锌(Zn) (mg/kg)	汞(Hg) (mg/kg)	镉(Cd) (mg/kg)	砷(As) (mg/kg)	铬(Cr) (mg/kg)
0~20	未检出	28.860±1.070	3.890±0.040	66.230±5.300	0.100±0.003	未检出	5.560±0.480	3.790±0.100
20~40	3.250±0.230	32.040±1.700	3.870±0.270	75.410±6.380	0.087±0.003	未检出	6.280±0.440	4.020±0.280
40~60	未检出	28.380±2.280	3.300±0.160	61.320±3.920	0.075±0.002	0.086±0.004	6.320±0.280	3.620±0.090
60~80	未检出	33.200±2.470	2.900±0.280	65.410±5.220	0.072±0.002	0.086±0.006	5.990±0.480	3.600±0.310
80~100	未检出	26.770±2.170	3.380±0.090	68.300±10.550	0.064±0.003	未检出	4.750±0.290	3.550+0.090

九、剖面 9：红壤亚类

1. 剖面位置

地籍号：440222016005000103100；

地理坐标：北纬 24.745367°，东经 114.070924°；

地区：广东省韶关市始兴县司前镇河二村。

2. 剖面特征

始兴县典型森林红壤剖面 9(图 3-22，左图)采自司前镇河二村，海拔 322 m，丘陵地貌，西北坡向，坡度为 15°，中坡坡位，无侵蚀，凋落物层厚度为 2 cm，腐殖质层厚度为

10 cm，植被类型为暖性针叶林，优势树种为杉木(图 3-22，右图)。

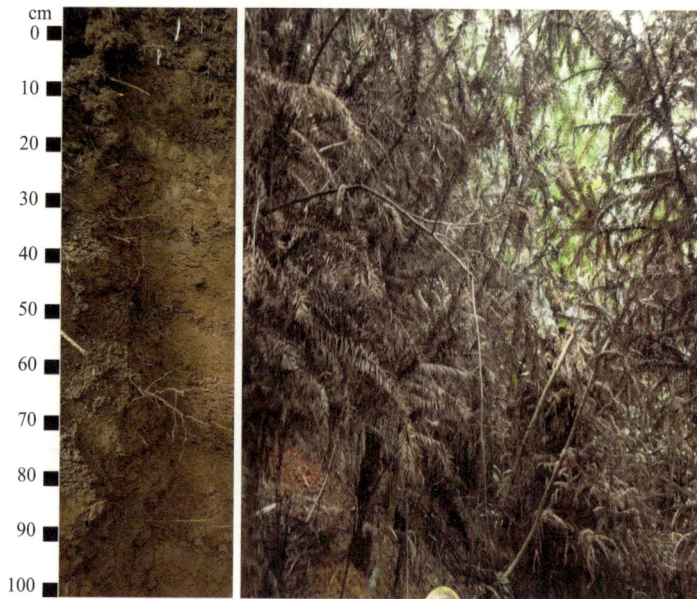

图 3-22　始兴县红壤剖面 9(左图)及植被(右图)

3. 主要性状

始兴县典型红壤剖面 9 的土壤理化性质如表 3-43、3-44 所示。

土壤养分包括有机碳、全氮、全磷和全钾，表层土壤(0～20 cm)中，其含量分别为 21.300 g/kg、1.225 g/kg、0.343 g/kg 和 8.339 g/kg，依据土壤养分分级标准，分别属于 Ⅱ 级、Ⅲ 级、Ⅴ 级和 Ⅴ 级。表层土壤 pH 值为 4.400，容重为 1.32g/cm³。其余各土壤层 (20～40 cm、40～60 cm、60～80 cm、80～100 cm)的土壤养分含量、土壤 pH 值和容重值见 表 3-43。

重金属元素包括镍、铅、铜、锌、汞、镉、砷和铬，表层土壤(0～20 cm)中，其含量 分别为 12.020 mg/kg、26.160 mg/kg、12.180 mg/kg、56.300 mg/kg、0.132 mg/kg、未检 出、12.150 mg/kg 和 27.660 mg/kg。所有重金属元素均低于农用地土壤污染风险筛选值。 其余各土壤层(20～40 cm、40～60 cm、60～80 cm、80～100 cm)的重金属元素含量见表 3-44。

表 3-43　始兴县红壤剖面 9 pH 值及养分含量统计表

深度 (cm)	pH (H₂O)	有机碳(SOC) (g/kg)	全氮(N) (g/kg)	全磷(P) (g/kg)	全钾(K) (g/kg)	容重 (g/cm³)
0～20	4.400±0.030	21.300±0.300	1.225±0.024	0.343±0.017	8.339±0.310	1.320±0.140
20～40	4.420±0.030	11.100±0.100	0.850±0.018	0.309±0.017	8.663±0.460	1.470±0.300
40～60	4.580±0.050	8.330±0.110	0.660±0.014	0.306±0.014	8.483±0.681	1.400±0.170
60～80	4.550±0.010	7.080±0.160	0.664±0.015	0.313±0.016	10.167±0.756	1.090±0.310
80～100	4.700±0.030	5.680±0.160	0.630±0.015	0.297±0.013	7.670±0.621	1.160±0.360

表3-44 始兴县红壤剖面9重金属元素含量统计表

深度 （cm）	镍（Ni） （mg/kg）	铅（Pb） （mg/kg）	铜（Cu） （mg/kg）	锌（Zn） （mg/kg）	汞（Hg） （mg/kg）	砷（As） （mg/kg）	铬（Cr） （mg/kg）
0~20	12.020±1.040	26.160±0.260	12.180±0.950	56.300±2.090	0.132±0.003	12.150±0.330	27.660±2.210
20~40	12.950±0.900	29.320±2.070	14.530±0.650	65.030±3.450	0.105±0.004	12.430±0.880	32.660±2.760
40~60	14.120±0.620	29.680±1.460	15.190±0.700	69.930±5.610	0.104±0.001	12.990±0.330	31.780±2.030
60~80	14.140±1.120	32.490±3.080	14.830±1.090	72.670±5.410	0.109±0.002	13.030±1.110	34.470±2.750
80~100	14.080±0.850	34.350±0.880	16.250±1.710	66.250±5.370	0.107±0.001	14.130±0.360	35.030±5.410

十、剖面10：红壤亚类

1. 剖面位置

地籍号：440222016016000101500；

地理坐标：北纬24.677864°，东经114.040174°；

地区：广东省韶关市始兴县司前镇鬼洞林场。

2. 剖面特征

始兴县典型森林红壤剖面10（图3-23，左图）采自司前镇鬼洞林场，海拔328 m，丘陵地貌，东坡向，坡度为40°，上坡坡位，无侵蚀，凋落物层厚度为6 cm，腐殖质层厚度为20 cm，植被类型为暖性针叶林，优势树种为杉木（图3-23，右图）。

图3-23 始兴县红壤剖面10（左图）及植被（右图）

3. 主要性状

始兴县典型红壤剖面 10 的土壤理化性质如表 3-45、3-46 所示。

土壤养分包括有机碳、全氮、全磷和全钾，表层土壤(0~20 cm)中，其含量分别为 28.730 g/kg、1.970 g/kg、0.251 g/kg 和 52.281 g/kg，依据土壤养分分级标准，分别属于 Ⅰ级、Ⅱ级、Ⅴ级和Ⅰ级。表层土壤 pH 值为 4.740，容重为 1.43g/cm³。其余各土壤层(20~40 cm、40~60 cm、60~80 cm、80~100 cm)的土壤养分含量、土壤 pH 值和容重值见表 3-45。

重金属元素包括镍、铅、铜、锌、汞、镉、砷和铬，表层土壤(0~20 cm)中，其含量分别为 3.880 mg/kg、51.690 mg/kg、3.810 mg/kg、69.840 mg/kg、0.147 mg/kg、0.167 mg/kg、5.910 mg/kg 和 6.080 mg/kg。所有重金属元素均低于农用地土壤污染风险筛选值。其余各土壤层(20~40 cm、40~60 cm、60~80 cm、80~100 cm)的重金属元素含量见表 3-46。

表 3-45　始兴县红壤剖面 10 pH 值及养分含量统计表

深度 (cm)	pH (H₂O)	有机碳(SOC) (g/kg)	全氮(N) (g/kg)	全磷(P) (g/kg)	全钾(K) (g/kg)	容重 (g/cm³)
0~20	4.740±0.030	28.730±1.350	1.970±0.025	0.251±0.013	52.281±0.326	1.430±0.350
20~40	4.810±0.030	20.130±0.950	1.475±0.025	0.220±0.012	50.240±0.327	1.390±0.250
40~60	4.760±0.050	18.470±0.750	1.207±0.020	0.224±0.010	49.426±0.274	1.520±0.230
60~80	4.740±0.010	16.500±0.700	1.002±0.014	0.219±0.012	54.052±0.258	1.370±0.610
80~100	4.850±0.030	12.000±0.500	0.884±0.013	0.204±0.009	50.646±0.384	1.310±0.290

表 3-46　始兴县红壤剖面 10 重金属元素含量统计表

深度 (cm)	镍(Ni) (mg/kg)	铅(Pb) (mg/kg)	铜(Cu) (mg/kg)	锌(Zn) (mg/kg)	汞(Hg) (mg/kg)	镉(Cd) (mg/kg)	砷(As) (mg/kg)	铬(Cr) (mg/kg)
0~20	3.880±0.140	51.690±4.460	3.810±0.100	69.840±4.370	0.147±0.002	0.167±0.013	5.910±0.060	6.080±0.470
20~40	2.960±0.160	52.390±3.650	3.360±0.240	73.720±5.200	0.150±0.004	0.170±0.014	5.580±0.390	6.150±0.280
40~60	3.120±0.250	54.600±2.380	3.790±0.100	72.090±3.600	0.135±0.004	0.117±0.007	5.720±0.280	6.270±0.290
60~80	2.950±0.220	51.560±4.100	3.470±0.290	71.400±3.630	0.137±0.003	0.134±0.011	5.860±0.560	6.010±0.440
80~100	3.710±0.300	50.940±3.090	3.500±0.090	73.840±11.740	0.122±0.003	0.140±0.022	5.720±0.150	6.460±0.680

十一、剖面 11：红壤亚类

1. 剖面位置

地籍号：440222027009000200500；

地理坐标：北纬 24.708347°，东经 114.073176°；

地区：广东省韶关市始兴县河口林场。

2. 剖面特征

始兴县典型森林土壤剖面 11(图 3-24,左图)土壤类型为红壤亚类、麻红壤土属。该剖面采自河口林场,海拔 313 m,丘陵地貌,东坡向,坡度为 45°,中坡坡位,无侵蚀,凋落物层厚度为 3 cm,腐殖质层厚度为 13 cm,植被类型为暖性针叶林,优势树种为杉木(图 3-24,右图)。

图 3-24　始兴县红壤剖面 11(左图)及植被(右图)

3. 主要性状

始兴县典型红壤剖面 11 的土壤理化性质如表 3-47、3-48 所示。

土壤养分包括有机碳、全氮、全磷和全钾,表层土壤(0~20 cm)中,其含量分别为 10.200 g/kg、1.193 g/kg、0.332 g/kg 和 51.340 g/kg,依据土壤养分分级标准,分别属于 Ⅳ级、Ⅲ级、Ⅴ级和Ⅰ级。表层土壤 pH 值为 4.650,容重为 1.30 g/cm³。其余各土壤层(20~40 cm、40~60 cm、60~80 cm、80~100 cm)的土壤养分含量、土壤 pH 值和容重值见表 3-47。

重金属元素包括镍、铅、铜、锌、汞、镉、砷和铬,表层土壤(0~20 cm)中,其含量分别为 3.580 mg/kg、37.780 mg/kg、4.090 mg/kg、68.860 mg/kg、0.103 mg/kg、0.081 mg/kg、6.530 mg/kg 和 6.390 mg/kg。所有重金属元素均低于农用地土壤污染风险筛选值。其余各土壤层(20~40 cm、40~60 cm、60~80 cm、80~100 cm)的重金属元素含量见表 3-48。

表 3-47　始兴县红壤剖面 11 pH 值及养分含量统计表

深度 (cm)	pH (H₂O)	有机碳(SOC) (g/kg)	全氮(N) (g/kg)	全磷(P) (g/kg)	全钾(K) (g/kg)	容重 (g/cm³)
0~20	4.650±0.030	10.200±0.100	1.193±0.015	0.332±0.007	51.340±0.200	1.300±0.550
20~40	4.780±0.030	3.090±0.040	0.658±0.011	0.300±0.006	44.682±0.365	1.010±0.450
40~60	4.820±0.050	3.500±0.050	0.588±0.010	0.282±0.006	45.174±0.174	1.060±0.240
60~80	4.900±0.010	2.310±0.060	0.488±0.007	0.285±0.006	46.300±0.299	1.600±0.320
80~100	5.000±0.030	2.100±0.060	0.357±0.005	0.271±0.005	44.684±0.339	0.850±0.130

表 3-48　始兴县红壤剖面 11 重金属元素含量统计表

深度 (cm)	镍(Ni) (mg/kg)	铅(Pb) (mg/kg)	铜(Cu) (mg/kg)	锌(Zn) (mg/kg)	汞(Hg) (mg/kg)	镉(Cd) (mg/kg)	砷(As) (mg/kg)	铬(Cr) (mg/kg)
0~20	3.580±0.380	37.780±2.930	4.090±0.260	68.860±0.690	0.103±0.002	0.081±0.007	6.530±0.520	6.390±0.240
20~40	3.180±0.710	39.630±1.780	3.230±0.230	76.360±5.400	0.089±0.003	未检出	9.170±0.780	5.710±0.300
40~60	2.930±0.080	43.660±2.000	3.010±0.150	68.600±3.370	0.090±0.003	0.169±0.007	7.980±0.510	4.610±0.370
60~80	未检出	33.680±2.480	3.130±0.160	71.930±6.830	0.082±0.003	0.099±0.008	8.710±0.690	4.440±0.330
80~100	未检出	35.030±3.690	2.170±0.340	67.610±1.740	0.074±0.002	0.211±0.013	11.480±1.770	3.130±0.250

第五节　仁化县森林土壤剖面

仁化县森林土壤养分指标(包括有机碳、全氮、全磷和全钾)含量平均值分别为
15.645 g/kg、1.089 g/kg、0.322 g/kg、23.526 g/kg。仁化县森林土壤 pH 值平均值为
4.51。仁化县森林土壤重金属元素(包括镍、铅、铜、锌、汞、镉、砷和铬)平均含量分别
为 7.580 mg/kg、41.119 mg/kg、15.598 mg/kg、49.814 mg/kg、0.161 mg/kg、0.070 mg/
kg、16.364 mg/kg、27.591 mg/kg。

一、剖面 1：赤红壤亚类

1. 剖面位置

地籍号：4402240140010000600801；

地理坐标：北纬 25.043143°，东经 113.75858°；

地区：广东省韶关市仁化县仁化镇青湖塘村。

2. 剖面特征

仁化县典型森林赤红壤剖面 1(图 3-25，左图)采自仁化镇青湖塘村，海拔 117 m，丘
陵地貌，无坡向，坡度为 0°，下坡坡位，无侵蚀，凋落物层厚度为 2 cm，腐殖质层厚度为
5 cm，植被类型为暖性针阔混交林，优势树种为马尾松(图 3-25，右图)。

图 3-25 仁化县赤红壤剖面 1(左图)及植被(右图)

3. 主要性状

仁化县典型赤红壤剖面 1 的土壤理化性质如表 3-49、3-50 所示。

土壤养分包括有机碳、全氮、全磷和全钾,表层土壤(0~20 cm)中,其含量分别为 16.170 g/kg、1.413 g/kg、0.196 g/kg 和 18.267 g/kg,依据土壤养分分级标准,分别属于 Ⅲ级、Ⅲ级、Ⅵ级和Ⅲ级。表层土壤 pH 值为 4.590,容重为 1.17 g/cm³。其余各土壤层(20~40 cm、40~60 cm、60~80 cm、80~100 cm)的土壤养分含量、土壤 pH 值和容重值见表 3-49。

重金属元素包括镍、铅、铜、锌、汞、镉、砷和铬,表层土壤(0~20 cm)中,其含量分别为 6.520 mg/kg、21.220 mg/kg、5.430 mg/kg、27.770 mg/kg、0.112 mg/kg、0.123 mg/kg、7.540 mg/kg 和 19.650 mg/kg。所有重金属元素均低于农用地土壤污染风险筛选值。其余各土壤层(20~40 cm、40~60 cm、60~80 cm、80~100 cm)的重金属元素含量见表 3-50。

表 3-49 仁化县赤红壤剖面 1 pH 值及养分含量统计表

深度 (cm)	pH (H₂O)	有机碳(SOC) (g/kg)	全氮(N) (g/kg)	全磷(P) (g/kg)	全钾(K) (g/kg)	容重 (g/cm³)
0~20	4.590±0.040	16.170±0.450	1.413±0.025	0.196±0.009	18.267±1.429	1.170±0.370
20~40	4.520±0.050	21.830±0.600	1.467±0.025	0.209±0.008	23.800±1.054	1.250±0.250
40~60	4.570±0.030	17.300±0.500	1.157±0.025	0.188±0.007	22.400±1.044	1.520±0.260
60~80	4.520±0.040	14.700±0.400	1.077±0.025	0.189±0.008	24.600±1.803	1.070±0.390
80~100	4.500±0.040	13.330±0.500	1.100±0.030	0.193±0.007	24.900±2.651	1.330±0.460

表 3-50　仁化县赤红壤剖面 1 重金属元素含量统计表

深度 （cm）	镍（Ni） （mg/kg）	铅（Pb） （mg/kg）	铜（Cu） （mg/kg）	锌（Zn） （mg/kg）	汞（Hg） （mg/kg）	镉（Cd） （mg/kg）	砷（As） （mg/kg）	铬（Cr） （mg/kg）
0~20	6.520±0.500	21.220±1.950	5.430±0.210	27.770±0.690	0.112±0.002	0.123±0.006	7.540±0.490	19.650±1.520
20~40	7.330±0.580	25.400±2.510	6.980±0.360	33.670±2.080	0.129±0.003	0.164±0.015	8.280±0.590	21.330±1.150
40~60	7.330±0.580	22.670±1.530	7.440±0.610	33.870±0.820	0.118±0.003	0.143±0.011	7.500±0.400	22.480±0.830
60~80	7.670±0.580	21.330±1.530	7.410±0.550	33.830±3.010	0.113±0.002	0.123±0.015	7.840±0.400	24.350±2.090
80~100	9.000±1.000	24.040±4.000	7.910±0.620	40.500±0.860	0.119±0.002	0.110±0.000	8.330±1.350	25.350±1.560

二、剖面 2：赤红壤亚类

1. 剖面位置

地籍号：440224020003000200401；

地理坐标：北纬 25.059698°，东经 113.70788°；

地区：广东省韶关市仁化县仁化镇月岭村。

2. 剖面特征

仁化县典型森林赤红壤剖面 2（图 3-26，左图）采自仁化镇月岭村，海拔 107 m，丘陵地貌，东南坡向，坡度为 15°，下坡坡位，无侵蚀，凋落物层厚度为 6 cm，腐殖质层厚度为 5 cm，植被类型为针阔混交林（图 3-26，右图）。

图 3-26　仁化县赤红壤剖面 2（左图）及植被（右图）

3. 主要性状

仁化县典型赤红壤剖面 2 的土壤理化性质如表 3-51、3-52 所示。

土壤养分包括有机碳、全氮、全磷和全钾，表层土壤（0～20 cm）中，其含量分别为 19.070 g/kg、0.994 g/kg、0.220 g/kg 和 7.088 g/kg，依据土壤养分分级标准，分别属于 Ⅱ 级、Ⅳ 级、Ⅴ 级和 Ⅴ 级。表层土壤 pH 值为 4.060，容重未知。其余各土壤层（20～40 cm、40～60 cm、60～80 cm、80～100 cm）的土壤养分含量、土壤 pH 值见表 3-51。

重金属元素包括镍、铅、铜、锌、汞、镉、砷和铬，表层土壤（0～20 cm）中，其含量分别为 5.010 mg/kg、21.000 mg/kg、8.680 mg/kg、26.300 mg/kg、0.107 mg/kg、0.107 mg/kg、11.420 mg/kg 和 37.940 mg/kg。所有重金属元素均低于农用地土壤污染风险筛选值。其余各土壤层（20～40 cm、40～60 cm、60～80 cm、80～100 cm）的重金属元素含量见表 3-52。

表 3-51　仁化县赤红壤剖面 2 pH 值及养分含量统计表

深度 （cm）	pH （H$_2$O）	有机碳（SOC） （g/kg）	全氮（N） （g/kg）	全磷（P） （g/kg）	全钾（K） （g/kg）
0～20	4.060±0.040	19.070±0.550	0.994±0.009	0.220±0.010	7.088±0.021
20～40	4.160±0.050	12.570±0.350	0.865±0.016	0.194±0.008	4.552±0.021
40～60	4.210±0.030	8.560±0.220	0.675±0.016	0.217±0.008	6.079±0.024
60～80	4.220±0.040	6.260±0.170	0.601±0.015	0.229±0.011	6.680±0.032
80～100	4.240±0.040	5.500±0.160	0.588±0.016	0.225±0.011	7.921±0.020

表 3-52　仁化县赤红壤剖面 2 重金属元素含量统计表

深度 （cm）	镍（Ni） （mg/kg）	铅（Pb） （mg/kg）	铜（Cu） （mg/kg）	锌（Zn） （mg/kg）	汞（Hg） （mg/kg）	镉（Cd） （mg/kg）	砷（As） （mg/kg）	铬（Cr） （mg/kg）
0～20	5.010±1.000	21.000±1.000	8.680±0.200	26.300±1.540	0.107±0.003	0.107±0.015	11.420±0.270	37.940±2.610
20～40	3.780±1.070	13.670±1.150	5.310±0.270	17.210±0.700	0.080±0.004	未检出	7.440±0.250	27.920±2.700
40～60	4.000±1.000	12.340±1.160	6.820±0.110	23.000±3.000	0.083±0.002	未检出	8.620±0.070	33.700±2.520
60～80	5.290±0.620	14.910±1.820	7.320±0.260	24.880±1.020	0.092±0.002	未检出	9.030±0.350	36.460±2.150
80～100	4.820±0.740	15.520±0.500	8.030±0.210	26.780±2.550	0.107±0.004	未检出	9.940±0.310	42.000±2.650

第六节　翁源县森林土壤剖面

翁源县森林土壤养分指标（包括有机碳、全氮、全磷和全钾）含量平均值分别为 11.956 g/kg、1.061 g/kg、0.383 g/kg、20.052 g/kg。翁源县森林土壤 pH 值平均值为 4.54。翁源县森林土壤重金属元素（包括镍、铅、铜、锌、汞、镉、砷和铬）平均含量分别为 10.964 mg/kg、28.024 mg/kg、20.550 mg/kg、46.502 mg/kg、0.116 mg/kg、0.098 mg/

kg、32.008 mg/kg、28.179 mg/kg。

一、剖面1：红壤亚类

1. 剖面位置

地籍号：440229003018000302000；

地理坐标：北纬 24.603115°，东经 114.139708°；

地区：广东省韶关市翁源县坝仔镇金鸡村。

2. 剖面特征

翁源县典型森林红壤剖面1(图3-27，左图)采自坝仔镇金鸡村，海拔452 m，中山地貌，北坡向，坡度为46°，中坡坡位，无侵蚀，凋落物层厚度为1 cm，腐殖质层厚度为34 cm，植被类型为常绿阔叶林，优势树种为桉树(图3-27，右图)。

图3-27　翁源县红壤剖面1(左图)及植被(右图)

3. 主要性状

翁源县典型红壤剖面1的土壤理化性质如表3-53、3-54所示。

土壤养分包括有机碳、全氮、全磷和全钾，表层土壤(0~20 cm)中，其含量分别为49.190 g/kg、2.385 g/kg、0.244 g/kg和10.281 g/kg，依据土壤养分分级标准，分别属于Ⅰ级、Ⅰ级、Ⅴ级和Ⅳ级。表层土壤pH值为4.100，容重为1.20 g/cm³。其余各土壤层(20~40 cm、40~60 cm、60~80 cm、80~100 cm)的土壤养分含量、土壤pH值和容重值见表3-53。

重金属元素包括镍、铅、铜、锌、汞、镉、砷和铬，表层土壤(0~20 cm)中，其含量分别为 3.510 mg/kg、96.860 mg/kg、4.410 mg/kg、41.740 mg/kg、0.111 mg/kg、0.102 mg/kg、4.290 mg/kg和6.770 mg/kg。其中，铅元素超过农用地土壤污染风险值，

其他重金属元素均低于农用地土壤污染风险筛选值。其余各土壤层（20～40 cm、40～60 cm、60～80 cm、80～100 cm）的重金属元素含量见表3-54。

表3-53　翁源县红壤剖面1 pH值及养分含量统计表

深度 （cm）	pH （H_2O）	有机碳（SOC） （g/kg）	全氮（N） （g/kg）	全磷（P） （g/kg）	全钾（K） （g/kg）	容重 （g/cm^3）
0～20	4.100±0.030	49.190±1.970	2.385±0.024	0.244±0.016	10.281±0.239	1.200±0.080
20～40	4.510±0.040	14.030±1.150	0.867±0.013	0.208±0.013	12.275±0.232	1.250±0.340
40～60	4.500±0.040	5.900±0.140	0.468±0.006	0.183±0.011	11.445±0.281	1.100±0.420
60～80	4.490±0.040	4.970±0.120	0.421±0.005	0.179±0.011	12.750±0.296	1.050±0.580
80～100	4.590±0.050	3.870±0.090	0.346±0.004	0.193±0.012	16.910±0.255	1.440±0.240

表3-54　翁源县红壤剖面1重金属元素含量统计表

深度 （cm）	镍（Ni） （mg/kg）	铅（Pb） （mg/kg）	铜（Cu） （mg/kg）	锌（Zn） （mg/kg）	汞（Hg） （mg/kg）	镉（Cd） （mg/kg）	砷（As） （mg/kg）	铬（Cr） （mg/kg）
0～20	3.510±1.310	96.860±2.730	4.410±0.300	41.740±2.050	0.111±0.004	0.102±0.011	4.290±0.270	6.770±1.080
20～40	3.250±0.660	63.370±2.510	3.550±0.220	40.900±2.010	0.083±0.003	未检出	3.740±0.310	6.340±1.530
40～60	3.320±0.590	72.060±2.000	3.300±0.300	32.920±2.000	0.084±0.001	未检出	3.630±0.150	5.970±1.000
60～80	3.300±0.610	88.180±3.020	3.080±0.160	33.490±1.310	0.071±0.003	未检出	3.410±0.200	5.450±0.510
80～100	2.920±0.140	93.590±1.510	2.800±0.260	30.900±1.020	0.058±0.003	未检出	3.330±0.210	4.590±0.530

二、剖面2：赤红壤亚类

1. 剖面位置

地籍号：440229003024000108500；

地理坐标：北纬24.524247°，东经114.229078°；

地区：广东省韶关市翁源县坝仔镇坝仔村。

2. 剖面特征

翁源县典型森林赤红壤剖面2（图3-28，左图）采自坝仔镇坝仔村，海拔192 m，丘陵地貌，东南坡向，坡度为32°，中坡坡位，无侵蚀，凋落物层厚度为2 cm，腐殖质层厚度为10 cm，植被类型为常绿阔叶林，优势树种为荷木（图3-28，右图）。

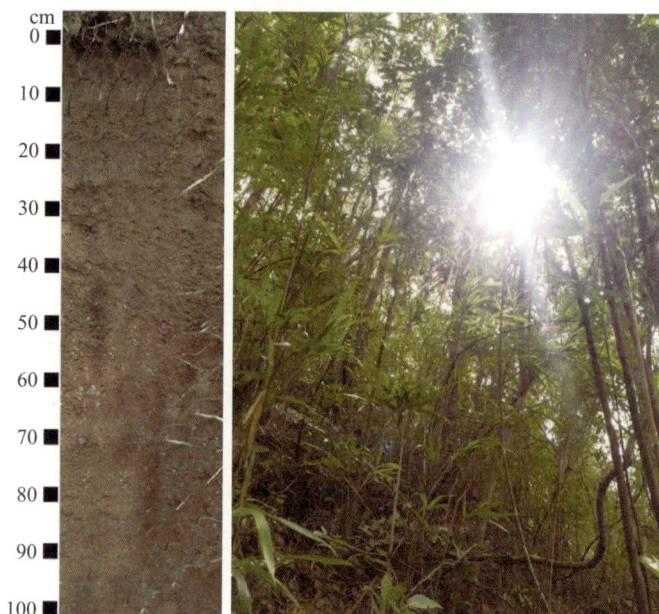

图 3-28　翁源县赤红壤剖面 2(左图)及植被(右图)

3. 主要性状

翁源县典型赤红壤剖面 2 的土壤理化性质如表 3-55、3-56 所示。

土壤养分包括有机碳、全氮、全磷和全钾,表层土壤(0~20 cm)中,其含量分别为 6.020 g/kg、0.667 g/kg、0.158 g/kg 和 46.921 g/kg,依据土壤养分分级标准,分别属于Ⅳ级、Ⅴ级、Ⅵ级和Ⅰ级。表层土壤 pH 值为 4.880,容重为 0.73 g/cm³。其余各土壤层(20~40 cm、40~60 cm、60~80 cm、80~100 cm)的土壤养分含量、土壤 pH 值和容重值见表 3-55。

重金属元素包括镍、铅、铜、锌、汞、镉、砷和铬,表层土壤(0~20 cm)中,其含量分别为未检出、55.500 mg/kg、3.050 mg/kg、52.230 mg/kg、0.058 mg/kg、0.179 mg/kg、3.830 mg/kg 和 6.650 mg/kg。所有重金属元素均低于农用地土壤污染风险筛选值。其余各土壤层(20~40 cm、40~60 cm、60~80 cm、80~100 cm)的重金属元素含量见表 3-56。

表 3-55　翁源县赤红壤剖面 2 pH 值及养分含量统计表

深度 (cm)	pH (H₂O)	有机碳(SOC) (g/kg)	全氮(N) (g/kg)	全磷(P) (g/kg)	全钾(K) (g/kg)	容重 (g/cm³)
0~20	4.880±0.030	6.020±0.100	0.667±0.010	0.158±0.010	46.921±0.300	0.730±0.130
20~40	4.940±0.040	4.100±0.060	0.451±0.006	0.173±0.011	39.783±0.255	1.150±0.380
40~60	4.910±0.040	3.440±0.090	0.488±0.006	0.170±0.011	39.795±0.350	1.230±0.440
60~80	5.050±0.040	2.610±0.120	0.428±0.011	0.192±0.012	35.481±0.207	1.200±0.160
80~100	5.190±0.050	2.690±0.120	0.393±0.006	0.215±0.014	31.712±0.279	1.100±0.290

表 3-56　翁源县赤红壤剖面 2 重金属元素含量统计表

深度 （cm）	铅（Pb） （mg/kg）	铜（Cu） （mg/kg）	锌（Zn） （mg/kg）	汞（Hg） （mg/kg）	镉（Cd） （mg/kg）	砷（As） （mg/kg）	铬（Cr） （mg/kg）
0~20	55.500±1.130	3.050±0.060	52.230±1.220	0.058±0.002	0.179±0.002	3.830±0.060	6.650±0.310
20~40	61.370±1.520	3.750±0.250	57.040±3.000	0.051±0.003	0.178±0.016	4.280±0.260	7.700±1.130
40~60	70.920±4.000	4.250±0.250	54.780±3.290	0.054±0.003	0.189±0.017	4.820±0.250	9.170±1.600
60~80	63.520±2.500	3.280±0.250	52.480±2.500	0.053±0.002	0.159±0.01	5.290±0.270	7.840±1.040
80~100	64.380±4.050	3.740±0.310	63.300±1.540	0.048±0.002	0.160±0.018	4.560±0.350	8.820±1.600

三、剖面 3：赤红壤亚类

1. 剖面位置

地籍号：440229004026000101204；

地理坐标：北纬 24.371723°，东经 114.160929°；

地区：广东省韶关市翁源县龙仙镇床木山村。

2. 剖面特征

翁源县典型森林土壤剖面 3（图 3-29，左图）土壤类型为赤红壤亚类、页赤红壤土属。该剖面采自龙仙镇床木山村，海拔 189 m，丘陵地貌，东北坡向，坡度为 25°，中坡坡位，无侵蚀，凋落物层厚度为 4 cm，腐殖质层厚度为 17 cm，植被类型为常绿阔叶林，优势树种为桉树（图 3-29，右图）。

图 3-29　翁源县赤红壤剖面 3（左图）及植被（右图）

3. 主要性状

翁源县典型赤红壤剖面 3 的土壤理化性质如表 3-57、3-58 所示。

土壤养分包括有机碳、全氮、全磷和全钾，表层土壤(0~20 cm)中，其含量分别为 11.800 g/kg、0.997 g/kg、0.428 g/kg 和 26.899 g/kg，依据土壤养分分级标准，分别属于 Ⅳ 级、Ⅳ 级、Ⅳ 级和 Ⅰ 级。表层土壤 pH 值为 4.290，容重为 1.04 g/cm³。其余各土壤层(20~40 cm、40~60 cm、60~80 cm、80~100 cm)的土壤养分含量、土壤 pH 值和容重值见表 3-57。

重金属元素包括镍、铅、铜、锌、汞、镉、砷和铬，表层土壤(0~20 cm)中，其含量分别为 6.870 mg/kg、12.930 mg/kg、21.260 mg/kg、20.670 mg/kg、0.056 mg/kg、未检出、6.190 mg/kg 和 24.700 mg/kg。所有重金属元素均低于农用地土壤污染风险筛选值。其余各土壤层(20~40 cm、40~60 cm、60~80 cm、80~100 cm)的重金属元素含量见表 3-58。

表 3-57　翁源县赤红壤剖面 3 pH 值及养分含量统计表

深度 (cm)	pH (H₂O)	有机碳(SOC) (g/kg)	全氮(N) (g/kg)	全磷(P) (g/kg)	全钾(K) (g/kg)	容重 (g/cm³)
0~20	4.290±0.030	11.800±0.980	0.997±0.018	0.428±0.030	26.899±0.222	1.040±0.360
20~40	4.260±0.040	12.370±1.030	1.026±0.024	0.371±0.024	24.508±0.310	1.570±0.110
40~60	3.960±0.040	13.500±1.180	1.025±0.024	0.433±0.028	24.609±0.189	1.000±0.340
60~80	3.960±0.040	9.890±0.330	0.984±0.023	0.392±0.026	28.790±0.255	0.810±0.230
80~100	4.050±0.050	15.370±0.610	1.228±0.032	0.410±0.027	27.087±0.298	0.780±0.210

表 3-58　翁源县赤红壤剖面 3 重金属元素含量统计表

深度 (cm)	镍(Ni) (mg/kg)	铅(Pb) (mg/kg)	铜(Cu) (mg/kg)	锌(Zn) (mg/kg)	汞(Hg) (mg/kg)	砷(As) (mg/kg)	铬(Cr) (mg/kg)
0~20	6.870±0.200	12.930±0.070	21.260±0.320	20.670±0.550	0.056±0.000	6.190±0.050	24.700±0.270
20~40	6.210±0.700	13.350±1.520	19.530±0.350	18.740±1.100	0.061±0.002	6.130±0.150	22.640±2.510
40~60	6.250±0.660	14.840±1.040	17.580±0.200	28.210±1.060	0.061±0.003	6.560±0.210	19.770±1.570
60~80	6.630±0.550	14.890±0.180	22.580±0.450	21.690±1.130	0.066±0.002	7.180±0.160	22.180±1.600
80~100	6.100±1.010	14.370±1.180	20.460±0.120	20.670±1.530	0.065±0.002	6.760±0.230	20.560±0.510

四、剖面 4：红壤亚类

1. 剖面位置

地籍号：440229005005000701100；

地理坐标：北纬 24.181004°，东经 113.887345°；

地区：广东省韶关市翁源县翁城镇沾坑村。

2. 剖面特征

翁源县典型森林红壤剖面4(图3-30，左图)采自翁城镇沾坑村，海拔407 m，丘陵地貌，东坡向，坡度为40°，中坡坡位，无侵蚀，凋落物层厚度为3 cm，腐殖质层厚度为22 cm，植被类型为常绿落叶阔叶混交林，优势树种为荷木(图3-30，右图)。

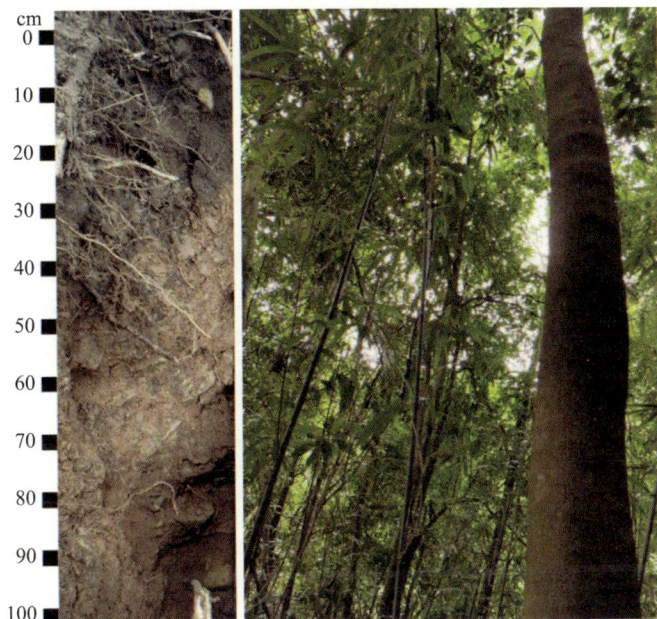

图3-30　翁源县红壤剖面4(左图)及植被(右图)

3. 主要性状

翁源县典型红壤剖面4的土壤理化性质如表3-59、3-60所示。

土壤养分包括有机碳、全氮、全磷和全钾，表层土壤(0~20 cm)中，其含量分别为27.630 g/kg、1.955 g/kg、0.291 g/kg和9.592 g/kg，依据土壤养分分级标准，分别属于Ⅰ级、Ⅱ级、Ⅴ级和Ⅴ级。表层土壤pH值为4.240，容重为1.1 g/cm³。其余各土壤层(20~40 cm、40~60 cm、60~80 cm、80~100 cm)的土壤养分含量、土壤pH值和容重值见表3-59。

重金属元素包括镍、铅、铜、锌、汞、镉、砷和铬，表层土壤(0~20 cm)中，其含量分别为13.490 mg/kg、19.100 mg/kg、18.700 mg/kg、64.650 mg/kg、0.103 mg/kg、未检出、18.520 mg/kg和25.930 mg/kg。所有重金属元素均低于农用地土壤污染风险筛选值。其余各土壤层(20~40 cm、40~60 cm、60~80 cm、80~100 cm)的重金属元素含量见表3-60。

表 3-59　翁源县红壤剖面 4 pH 值及养分含量统计表

深度 (cm)	pH (H₂O)	有机碳(SOC) (g/kg)	全氮(N) (g/kg)	全磷(P) (g/kg)	全钾(K) (g/kg)	容重 (g/cm³)
0~20	4.240±0.030	27.630±0.830	1.955±0.017	0.291±0.020	9.592±0.040	1.100±0.600
20~40	4.480±0.040	14.230±0.250	1.299±0.011	0.335±0.022	14.780±0.359	1.310±0.430
40~60	4.510±0.040	8.670±0.160	0.945±0.008	0.322±0.021	15.941±0.390	1.300±0.130
60~80	4.560±0.040	8.610±0.150	0.879±0.008	0.330±0.021	14.757±0.336	1.280±0.460
80~100	4.750±0.050	7.930±0.150	0.897±0.008	0.334±0.022	17.549±0.344	1.110±0.330

表 3-60　翁源县红壤剖面 4 重金属元素含量统计表

深度 (cm)	镍(Ni) (mg/kg)	铅(Pb) (mg/kg)	铜(Cu) (mg/kg)	锌(Zn) (mg/kg)	汞(Hg) (mg/kg)	砷(As) (mg/kg)	铬(Cr) (mg/kg)
0~20	13.490±1.500	19.100±1.650	18.700±0.360	64.650±2.090	0.103±0.003	18.520±0.350	25.930±2.690
20~40	16.720±1.550	19.730±1.550	21.880±0.450	71.500±1.500	0.087±0.002	21.350±0.350	27.810±1.590
40~60	18.640±2.510	21.260±1.560	23.890±0.200	81.920±3.000	0.079±0.002	22.550±0.220	30.310±2.520
60~80	20.850±1.030	22.550±1.500	25.230±0.250	83.920±4.000	0.088±0.003	24.560±0.220	30.510±1.500
80~100	19.710±1.550	25.000±2.000	26.270±0.310	80.550±1.500	0.072±0.002	28.220±0.200	28.840±1.610

五、剖面 5：赤红壤亚类

1. 剖面位置

地籍号：44022900060030006600302；

地理坐标：北纬 24.372849°，东经 114.016570°；

地区：广东省韶关市翁源县官渡镇篮下村。

2. 剖面特征

翁源县典型森林赤红壤剖面 5(图 3-31，左图)采自官渡镇篮下村，海拔 234 m，低山地貌，西坡向，坡度为 24°，下坡坡位，无侵蚀，凋落物层厚度为 1 cm，腐殖质层厚度为 13 cm，植被类型为针叶混交林(图 3-31，右图)。

图 3-31　翁源县赤红壤剖面 5(左图)及植被(右图)

3. 主要性状

翁源县典型赤红壤剖面 5 的土壤理化性质如表 3-61、3-62 所示。

土壤养分包括有机碳、全氮、全磷和全钾，表层土壤(0~20 cm)中，其含量分别为 12.400 g/kg、0.940 g/kg、0.491 g/kg 和 16.260 g/kg，依据土壤养分分级标准，分别属于 Ⅲ级、Ⅳ级、Ⅳ级和Ⅲ级。表层土壤 pH 值为 4.410，容重为 1.14 g/cm³。其余各土壤层(20~40 cm、40~60 cm、60~80 cm、80~100 cm)的土壤养分含量、土壤 pH 值和容重值见表 3-61。

重金属元素包括镍、铅、铜、锌、汞、镉、砷和铬，表层土壤(0~20 cm)中，其含量分别为 5.610 mg/kg、21.580 mg/kg、17.190 mg/kg、22.830 mg/kg、0.062 mg/kg、未检出、24.120 mg/kg 和 21.840 mg/kg。所有重金属元素均低于农用地土壤污染风险筛选值。其余各土壤层(20~40 cm、40~60 cm、60~80 cm、80~100 cm)的重金属元素含量见表 3-62。

表 3-61　翁源县赤红壤剖面 5 pH 值及养分含量统计表

深度 (cm)	pH (H₂O)	有机碳(SOC) (g/kg)	全氮(N) (g/kg)	全磷(P) (g/kg)	全钾(K) (g/kg)	容重 (g/cm³)
0~20	4.410±0.030	12.400±0.360	0.940±0.028	0.491±0.032	16.260±0.209	1.140±0.240
20~40	4.400±0.040	7.250±0.150	0.721±0.023	0.486±0.029	16.774±0.155	1.030±0.410
40~60	4.460±0.040	7.540±0.140	0.729±0.023	0.498±0.033	16.576±0.138	0.890±0.290
60~80	4.470±0.040	7.120±0.120	0.744±0.023	0.513±0.034	16.718±0.243	1.040±0.360
80~100	4.550±0.050	6.060±0.110	0.653±0.021	0.524±0.035	20.207±0.193	1.190±0.430

表 3-62　翁源县赤红壤剖面 5 重金属元素含量统计表

深度 (cm)	镍(Ni) (mg/kg)	铅(Pb) (mg/kg)	铜(Cu) (mg/kg)	锌(Zn) (mg/kg)	汞(Hg) (mg/kg)	砷(As) (mg/kg)	铬(Cr) (mg/kg)
0~20	5.610±0.340	21.580±0.660	17.190±0.070	22.830±1.030	0.062±0.002	24.120±0.120	21.840±0.210
20~40	6.220±0.700	21.910±1.010	18.450±0.450	23.990±1.740	0.042±0.002	23.690±0.300	23.790±2.030
40~60	6.280±0.630	19.850±2.020	19.090±0.300	23.570±2.500	0.035±0.002	24.070±0.300	23.390±2.510
60~80	5.610±0.540	19.960±2.000	18.750±0.310	20.620±1.520	0.038±0.003	23.110±0.200	22.670±1.530
80~100	5.790±0.700	18.290±2.060	20.630±0.350	21.550±1.500	0.034±0.002	26.510±0.300	21.210±1.940

六、剖面 6：赤红壤亚类

1. 剖面位置

地籍号：440229006015000300601；

地理坐标：北纬 24.271828°，东经 113.961458°；

地区：广东省韶关市翁源县官渡镇东三村。

2. 剖面特征

翁源县典型森林赤红壤剖面 6(图 3-32，左图)采自官渡镇东三村，海拔 207 m，丘陵地貌，西南坡向，坡度为 35°，上坡坡位，无侵蚀，凋落物层厚度为 6 cm，腐殖质层厚度为 18 cm，植被类型为暖性针阔混交林，优势树种为杉木(图 3-32，右图)。

图 3-32　翁源县赤红壤剖面 6(左图)及植被(右图)

3. 主要性状

翁源县典型赤红壤剖面 6 的土壤理化性质如表 3-63、3-64 所示。

土壤养分包括有机碳、全氮、全磷和全钾，表层土壤（0~20 cm）中，其含量分别为 18.630 g/kg、1.386 g/kg、0.332 g/kg 和 24.455 g/kg，依据土壤养分分级标准，分别属于 Ⅱ级、Ⅲ级、Ⅴ级和Ⅱ级。表层土壤 pH 值为 4.300，容重未知。其余各土壤层（20~40 cm、40~60 cm、60~80 cm、80~100 cm）的土壤养分含量、土壤 pH 值见表 3-63。

重金属元素包括镍、铅、铜、锌、汞、镉、砷和铬，表层土壤（0~20 cm）中，其含量分别为未检出、16.680 mg/kg、9.910 mg/kg、7.860 mg/kg、0.061 mg/kg、未检出、58.900 mg/kg 和 17.810 mg/kg。其中，砷元素超过农用地土壤污染风险值，其他重金属元素均低于农用地土壤污染风险筛选值。其余各土壤层（20~40 cm、40~60 cm、60~80 cm、80~100 cm）的重金属元素含量见表 3-64。

表 3-63　翁源县赤红壤剖面 6 pH 值及养分含量统计表

深度 （cm）	pH （H$_2$O）	有机碳（SOC） （g/kg）	全氮（N） （g/kg）	全磷（P） （g/kg）	全钾（K） （g/kg）
0~20	4.300±0.030	18.630±0.570	1.386±0.028	0.332±0.023	24.455±1.194
20~40	4.410±0.040	10.110±0.190	1.128±0.021	0.323±0.021	30.978±0.257
40~60	4.340±0.040	6.000±0.110	0.875±0.015	0.313±0.020	32.509±0.314
60~80	4.340±0.040	4.840±0.090	0.776±0.025	0.302±0.020	34.339±0.313
80~100	4.340±0.050	4.290±0.080	0.641±0.013	0.322±0.021	33.340±0.259

表 3-64　翁源县赤红壤剖面 6 重金属元素含量统计表

深度 （cm）	铅（Pb） （mg/kg）	铜（Cu） （mg/kg）	锌（Zn） （mg/kg）	汞（Hg） （mg/kg）	砷（As） （mg/kg）	铬（Cr） （mg/kg）
0~20	16.680±0.280	9.910±0.240	7.860±0.450	0.061±0.001	58.900±0.060	17.810±0.210
20~40	18.620±1.200	10.150±0.250	8.270±0.640	0.056±0.003	67.660±0.350	22.230±2.540
40~60	21.560±1.500	11.720±0.200	9.960±2.000	0.053±0.002	77.170±0.350	21.930±1.010
60~80	19.780±1.570	12.360±0.210	7.610±1.200	0.051±0.002	78.680+0.260	22.800±1.060
80~100	19.560±0.510	12.190±0.200	7.730±0.470	0.056±0.002	74.560±0.250	22.510±1.500

第七节　新丰县森林土壤剖面

新丰县森林土壤养分指标（包括有机碳、全氮、全磷和全钾）含量平均值分别为 11.853 g/kg、0.929 g/kg、0.292 g/kg、24.808 g/kg。新丰县森林土壤 pH 值平均值为 4.65。新丰县森林土壤重金属元素（包括镍、铅、铜、锌、汞、镉、砷和铬）平均含量分别为 7.307 mg/kg、35.288 mg/kg、10.977 mg/kg、42.396 mg/kg、0.115 mg/kg、0.013 mg/kg、

16. 003 mg/kg、31. 101 mg/kg。

一、剖面1：黄壤亚类

1. 剖面位置

地籍号：44023300100100010704；

地理坐标：北纬 24. 23271°，东经 114. 145337°；

地区：广东省韶关市新丰县黄礤镇茶峒村。

2. 剖面特征

新丰县典型森林黄壤剖面1(图3-33，左图)采自黄礤镇茶峒村，海拔 824. 9 m，中山地貌，南坡向，坡度为 58.7°，上坡坡位，无侵蚀，凋落物层厚度为 3 cm，腐殖质层厚度为 5 cm，植被类型为落叶阔叶林，优势树种为樱花树(图3-33，右图)。

图 3-33　新丰县黄壤剖面1(左图)及植被(右图)

3. 主要性状

新丰县典型黄壤剖面1的土壤理化性质如表3-65、3-66所示。

土壤养分包括有机碳、全氮、全磷和全钾，表层土壤(0~20 cm)中，其含量分别为 24. 570 g/kg、1. 953 g/kg、0. 331 g/kg 和 23. 000 g/kg，依据土壤养分分级标准，分别属于Ⅰ级、Ⅱ级、Ⅴ级和Ⅱ级。表层土壤 pH 值为 4. 370，容重为 1. 18 g/cm³。其余各土壤层(20~40 cm、40~60 cm、60~80 cm、80~100 cm)的土壤养分含量、土壤 pH 值和容重值见表3-65。

重金属元素包括镍、铅、铜、锌、汞、镉、砷和铬，表层土壤(0~20 cm)中，其含量分别为 5. 600 mg/kg、18. 670 mg/kg、11. 370 mg/kg、28. 830 mg/kg、0. 086 mg/kg、未检出、21. 030 mg/kg 和 28. 800 mg/kg。所有重金属元素均低于农用地土壤污染风险筛选值。

其余各土壤层(20~40 cm、40~60 cm、60~80 cm、80~100 cm)的重金属元素含量见表3-66。

表 3-65　新丰县黄壤剖面 1 pH 值及养分含量统计表

深度 (cm)	pH (H$_2$O)	有机碳(SOC) (g/kg)	全氮(N) (g/kg)	全磷(P) (g/kg)	全钾(K) (g/kg)	容重 (g/cm^3)
0~20	4.370±0.040	24.570±0.650	1.953±0.035	0.331±0.015	23.000±0.819	1.180±0.290
20~40	4.390±0.040	18.630±0.50	1.090±0.020	0.311±0.012	23.867±1.250	1.460±0.240
40~60	4.560±0.040	15.630±0.450	0.800±0.018	0.312±0.011	24.467±1.943	1.240±0.380
60~80	4.630±0.050	11.900±0.300	0.696±0.018	0.315±0.014	26.200±1.967	0.820±0.180
80~100	4.710±0.020	10.900±0.300	0.560±0.016	0.316±0.012	23.267±1.904	1.090±0.280

表 3-66　新丰县黄壤剖面 1 重金属元素含量统计表

深度 (cm)	镍(Ni) (mg/kg)	铅(Pb) (mg/kg)	铜(Cu) (mg/kg)	锌(Zn) (mg/kg)	汞(Hg) (mg/kg)	砷(As) (mg/kg)	铬(Cr) (mg/kg)
0~20	5.600±0.530	18.670±1.530	11.370±0.420	28.830±0.760	0.086±0.002	21.030±1.290	28.800±2.550
20~40	6.010±0.020	18.940±2.000	12.640±0.660	31.230±2.540	0.083±0.002	25.430±1.780	29.460±2.150
40~60	6.170±0.290	19.000±1.000	14.950±1.230	32.800±0.720	0.085±0.002	19.910±1.000	30.790±1.360
60~80	8.100±1.010	18.490±1.500	16.070±1.170	42.010±3.600	0.084±0.003	23.530±1.210	33.380±3.070
80~100	8.010±1.000	20.450±3.500	12.440±1.020	37.500±0.870	0.086±0.002	22.040±3.500	30.400±1.640

二、剖面 2：红壤亚类

1. 剖面位置

地籍号：330233004017000400800；

地理坐标：北纬 23.983702°，东经 114.99685°；

地区：广东省韶关市新丰县梅坑镇梅坑村。

2. 剖面特征

新丰县典型森林红壤剖面 2(图 3-34，左图)采自梅坑镇梅坑村，海拔 684 m，丘陵地貌，东南坡向，坡度为 20°，中坡坡位，无侵蚀，凋落物层厚度为 3 cm，腐殖质层厚度为 2 cm，植被类型为常绿阔叶林，优势树种为樟树(图 3-34，右图)。

图 3-34　新丰县红壤剖面 2(左图)及植被(右图)

3. 主要性状

新丰县典型红壤剖面 2 的土壤理化性质如表 3-67、3-68 所示。

土壤养分包括有机碳、全氮、全磷和全钾,表层土壤(0~20 cm)中,其含量分别为 31. 570 g/kg、2. 113 g/kg、0. 633 g/kg 和 25. 633 g/kg,依据土壤养分分级标准,分别属于 Ⅰ级、Ⅰ级、Ⅲ级和Ⅰ级。表层土壤 pH 值为 4. 500,容重未知。其余各土壤层(20~40 cm、40~60 cm、60~80 cm、80~100 cm)的土壤养分含量、土壤 pH 值见表 3-67。

重金属元素包括镍、铅、铜、锌、汞、镉、砷和铬,表层土壤(0~20 cm)中,其含量分别为 5. 600 mg/kg、27. 180 mg/kg、6. 600 mg/kg、46. 470 mg/kg、0. 211 mg/kg、未检出、6. 630 mg/kg 和 14. 590 mg/kg。所有重金属元素均低于农用地土壤污染风险筛选值。其余各土壤层(20~40 cm、40~60 cm、60~80 cm、80~100 cm)的重金属元素含量见表 3-68。

表 3-67　新丰县红壤剖面 2 pH 值及养分含量统计表

深度 (cm)	pH (H_2O)	有机碳(SOC) (g/kg)	全氮(N) (g/kg)	全磷(P) (g/kg)	全钾(K) (g/kg)
0~20	4. 500±0. 040	31. 570±0. 850	2. 113±0. 035	0. 633±0. 028	25. 633±1. 550
20~40	4. 720±0. 040	13. 570±0. 350	1. 260±0. 020	0. 576±0. 022	25. 900±1. 833
40~60	4. 950±0. 040	7. 710±0. 220	0. 913±0. 021	0. 610±0. 021	23. 500±1. 200
60~80	5. 110±0. 050	6. 850±0. 180	0. 833±0. 021	0. 591±0. 026	26. 533±1. 380
80~100	5. 150±0. 020	5. 390±0. 160	0. 690±0. 019	0. 560±0. 020	25. 300±4. 004

表 3-68　新丰县红壤剖面 2 重金属元素含量统计表

深度 (cm)	镍(Ni) (mg/kg)	铅(Pb) (mg/kg)	铜(Cu) (mg/kg)	锌(Zn) (mg/kg)	汞(Hg) (mg/kg)	砷(As) (mg/kg)	铬(Cr) (mg/kg)
0~20	5.600±0.530	27.180±1.910	6.600±0.260	46.470±1.290	0.211±0.001	6.630±0.420	14.590±1.510
20~40	6.930±0.110	29.450±2.500	6.980±0.370	51.490±4.100	0.209±0.004	7.030±0.500	15.260±1.090
40~60	6.120±0.200	33.670±2.520	7.830±0.610	48.580±1.420	0.213±0.003	6.700±0.300	14.360±0.630
60~80	5.640±0.550	36.730±3.040	8.420±0.620	48.470±4.110	0.205±0.002	6.320±0.330	14.650±1.520
80~100	5.610±0.540	38.000±6.000	7.200±0.600	47.780±1.340	0.183±0.001	5.430±0.850	12.480±0.830

三、剖面 3：赤红壤亚类

1. 剖面位置

地籍号：44023300502000400603；

地理坐标：北纬 24.138049°，东经 114.281376°；

地区：广东省韶关市新丰县马头镇田楼村。

2. 剖面特征

新丰县典型森林赤红壤剖面 3(图 3-35，左图)采自马头镇田楼村，海拔 220 m，丘陵地貌，东南坡向，坡度为 25°，上坡坡位，无侵蚀，凋落物层厚度为 8 cm，腐殖质层厚度为 6 cm，植被类型为暖性针叶林，优势树种为马尾松(图 3-35，右图)。

图 3-35　新丰县赤红壤剖面 3(左图)及植被(右图)

3. 主要性状

新丰县典型赤红壤剖面 3 的土壤理化性质如表 3-69、3-70 所示。

土壤养分包括有机碳、全氮、全磷和全钾，表层土壤(0～20 cm)中，其含量分别为 2.090 g/kg、0.496 g/kg、0.310 g/kg 和 21.200 g/kg，依据土壤养分分级标准，分别属于Ⅵ级、Ⅵ级、Ⅴ级和Ⅱ级。表层土壤 pH 值为 4.210，容重为 1.31 g/cm³。其余各土壤层(20～40 cm、40～60 cm、60～80 cm、80～100 cm)的土壤养分含量、土壤 pH 值和容重值见表 3-69。

重金属元素包括镍、铅、铜、锌、汞、镉、砷和铬，表层土壤(0～20 cm)中，其含量分别为 6.100 mg/kg、27.670 mg/kg、17.140 mg/kg、19.770 mg/kg、0.047 mg/kg、未检出、60.510 mg/kg 和 17.670 mg/kg。其中，砷元素超过农用地土壤污染风险值，其他重金属元素均低于农用地土壤污染风险筛选值。其余各土壤层(20～40 cm、40～60 cm、60～80 cm、80～100 cm)的重金属元素含量见表 3-70。

表 3-69　新丰县赤红壤剖面 3 pH 值及养分含量统计表统计表

深度 (cm)	pH (H₂O)	有机碳(SOC) (g/kg)	全氮(N) (g/kg)	全磷(P) (g/kg)	全钾(K) (g/kg)	容重 (g/cm³)
0～20	4.210±0.040	2.090±0.060	0.496±0.009	0.310±0.014	21.200±0.200	1.310±0.390
20～40	4.290±0.040	5.620±0.150	0.258±0.005	0.337±0.013	25.000±1.803	1.340±0.530
40～60	4.580±0.040	2.850±0.080	0.220±0.005	0.351±0.012	24.767±1.210	1.510±0.340
60～80	4.510±0.050	2.370±0.070	0.199±0.005	0.297±0.013	25.400±2.456	1.080±0.100
80～100	4.900±0.020	2.160±0.060	0.221±0.006	0.310±0.011	26.300±0.700	1.130±0.420

表 3-70　新丰县赤红壤剖面 3 重金属元素含量统计表

深度 (cm)	镍(Ni) (mg/kg)	铅(Pb) (mg/kg)	铜(Cu) (mg/kg)	锌(Zn) (mg/kg)	汞(Hg) (mg/kg)	砷(As) (mg/kg)	铬(Cr) (mg/kg)
0～20	6.100±0.170	27.670±2.520	17.140±0.480	19.770±1.070	0.047±0.003	60.510±0.600	17.670±1.530
20～40	6.440±0.510	32.880±2.580	18.260±1.290	20.780±1.340	0.032±0.002	62.900±4.420	16.000±1.000
40～60	7.510±0.500	29.320±1.500	20.440±0.510	16.550±0.510	0.031±0.001	65.860±3.250	16.330±0.580
60～80	6.810±0.340	23.720±1.550	16.200±1.370	18.670±1.150	0.031±0.003	47.270±4.500	15.240±1.080
80～100	7.270±0.470	27.500±1.810	17.830±0.470	19.000±3.000	0.054±0.002	55.440±1.430	13.670±1.530

四、剖面 4：赤红壤亚类

1. 剖面位置

地籍号：440233005016000300500；

地理坐标：北纬 24.078403°，东经 114.328004°；

地区：广东省韶关市新丰县马头镇大陂村。

2. 剖面特征

新丰县典型森林赤红壤剖面 4(图 3-36，左图)采自马头镇大陂村，海拔 216 m，丘陵地貌，北坡向，坡度为 15°，下坡坡位，无侵蚀，凋落物层厚度为 2 cm，腐殖质层厚度为 5 cm，植被类型为常绿阔叶林，优势树种为桉树(图 3-36，右图)。

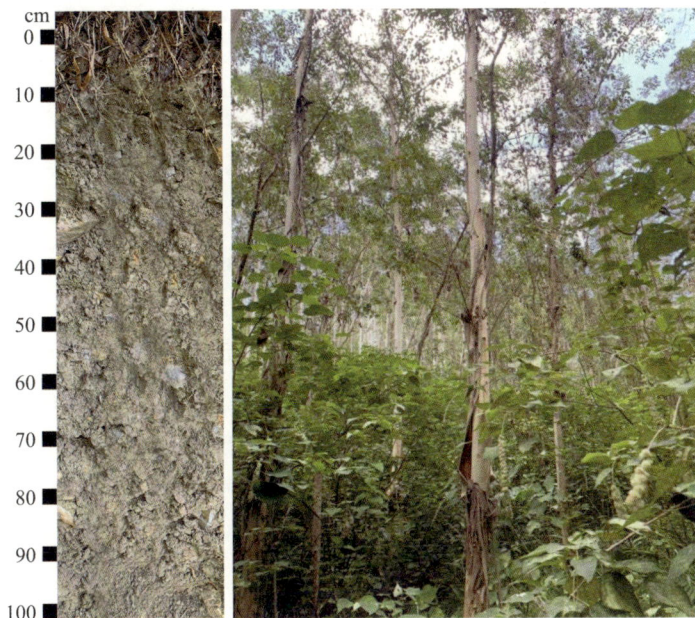

图 3-36 新丰县赤红壤剖面 4(左图)及植被(右图)

3. 主要性状

新丰县典型赤红壤剖面 4 的土壤理化性质如表 3-71、3-72 所示。

土壤养分包括有机碳、全氮、全磷和全钾，表层土壤(0~20 cm)中，其含量分别为 12.070 g/kg、1.240 g/kg、0.359 g/kg 和 34.533 g/kg，依据土壤养分分级标准，分别属于 Ⅲ级、Ⅲ级、Ⅴ级和 Ⅰ级。表层土壤 pH 值为 4.260，容重为 1.24 g/cm³。其余各土壤层(20~40 cm、40~60 cm、60~80 cm、80~100 cm)的土壤养分含量、土壤 pH 值和容重值见表 3-71。

重金属元素包括镍、铅、铜、锌、汞、镉、砷和铬，表层土壤(0~20 cm)中，其含量分别为 4.000 mg/kg、13.190 mg/kg、6.260 mg/kg、11.000 mg/kg、0.083 mg/kg、未检出、3.530 mg/kg 和 22.670 mg/kg。所有重金属元素均低于农用地土壤污染风险筛选值。其余各土壤层(20~40 cm、40~60 cm、60~80 cm、80~100 cm)的重金属元素含量见表 3-72。

表 3-71　新丰县赤红壤剖面 4 pH 值及养分含量统计表

深度 (cm)	pH (H₂O)	有机碳(SOC) (g/kg)	全氮(N) (g/kg)	全磷(P) (g/kg)	全钾(K) (g/kg)	容重 (g/cm³)
0~20	4.260±0.040	12.070±0.350	1.240±0.020	0.359±0.016	34.533±0.351	1.240±0.530
20~40	4.350±0.040	5.960±0.160	0.923±0.017	0.335±0.013	34.967±2.468	1.380±0.160
40~60	4.410±0.040	5.510±0.150	0.801±0.018	0.363±0.013	32.767±1.570	1.160±0.500
60~80	4.340±0.050	6.040±0.170	0.819±0.021	0.401±0.017	37.433±3.525	1.080±0.490
80~100	4.410±0.020	4.410±0.130	0.801±0.022	0.439±0.016	39.733±1.002	1.390±0.470

表 3-72　新丰县赤红壤剖面 4 重金属元素含量统计表

深度 (cm)	镍(Ni) (mg/kg)	铅(Pb) (mg/kg)	铜(Cu) (mg/kg)	锌(Zn) (mg/kg)	汞(Hg) (mg/kg)	砷(As) (mg/kg)	铬(Cr) (mg/kg)
0~20	4.000±0.000	13.190±0.330	6.260±0.050	11.000±1.000	0.083±0.002	3.530±0.310	22.670±0.580
20~40	3.000±0.000	13.330±0.580	5.740±0.410	10.040±1.000	0.076±0.002	3.500±0.260	22.120±1.630
40~60	2.520±0.500	13.860±1.030	6.470±0.320	13.970±0.950	0.083±0.003	3.650±0.180	22.850±0.790
60~80	3.000±0.000	15.860±1.210	8.070±0.760	13.410±1.510	0.090±0.003	3.690±0.260	25.330±2.520
80~100	4.000±1.000	14.990±0.980	9.700±0.260	14.560±2.500	0.104±0.003	4.200±0.260	27.070±0.900

五、剖面 5：赤红壤亚类

1. 剖面位置

地籍号：44023300502000060l614；

地理坐标：北纬 24.019312°，东经 114.352242°；

地区：广东省韶关市新丰县马头镇桐木山村。

2. 剖面特征

新丰县典型森林赤红壤剖面 5(图 3-37，左图)采自马头镇桐木山村，海拔 208 m，丘陵地貌，东坡向，坡度为 15°，下坡坡位，无侵蚀，凋落物层厚度为 10 cm，腐殖质层厚度为 10 cm，植被类型为暖性针阔混交林，优势树种为荷木(图 3-37，右图)。

图 3-37　新丰县赤红壤剖面 5(左图) 及植被(右图)

3. 主要性状

新丰县典型赤红壤剖面 5 的土壤理化性质如表 3-73、3-74 所示。

土壤养分包括有机碳、全氮、全磷和全钾，表层土壤(0～20 cm) 中，其含量分别为 14.630 g/kg、1.503 g/kg、0.189 g/kg 和 19.300 g/kg，依据土壤养分分级标准，分别属于 Ⅲ级、Ⅱ级、Ⅵ级和Ⅲ级。表层土壤 pH 值为 4.180，容重为 1.14 g/cm³。其余各土壤层(20～40 cm、40～60 cm、60～80 cm、80～100 cm) 的土壤养分含量、土壤 pH 值和容重值见表 3-73。

重金属元素包括镍、铅、铜、锌、汞、镉、砷和铬，表层土壤(0～20 cm) 中，其含量分别为 3.180 mg/kg、15.840 mg/kg、4.930 mg/kg、17.000 mg/kg、0.082 mg/kg、未检出、13.770 mg/kg 和 35.590 mg/kg。所有重金属元素均低于农用地土壤污染风险筛选值。其余各土壤层(20～40 cm、40～60 cm、60～80 cm、80～100 cm) 的重金属元素含量见表 3-74。

表 3-73　新丰县赤红壤剖面 5 pH 值及养分含量统计表

深度 (cm)	pH (H₂O)	有机碳(SOC) (g/kg)	全氮(N) (g/kg)	全磷(P) (g/kg)	全钾(K) (g/kg)	容重 (g/cm³)
0～20	4.180±0.030	14.630±0.450	1.503±0.025	0.189±0.008	19.300±0.529	1.140±0.410
20～40	4.430±0.040	6.990±0.180	0.933±0.018	0.186±0.007	19.833±1.401	1.130±0.360
40～60	4.400±0.050	6.310±0.180	0.959±0.022	0.173±0.007	22.500±0.557	1.190±0.550
60～80	4.560±0.040	4.920±0.130	0.841±0.022	0.179±0.008	22.633±1.922	0.920±0.430
80～100	4.710±0.050	3.910±0.120	0.788±0.022	0.166±0.006	20.300±0.529	0.930±0.070

表 3-74　　新丰县赤红壤剖面 5 重金属元素含量统计表

深度 (cm)	镍(Ni) (mg/kg)	铅(Pb) (mg/kg)	铜(Cu) (mg/kg)	锌(Zn) (mg/kg)	汞(Hg) (mg/kg)	砷(As) (mg/kg)	铬(Cr) (mg/kg)
0~20	3.180±0.320	15.840±1.040	4.930±0.400	17.000±1.000	0.082±0.003	13.770±0.520	35.590±0.520
20~40	3.980±0.030	17.720±1.440	6.160±0.410	21.000±1.000	0.084±0.003	17.880±0.980	40.670±3.060
40~60	4.030±0.050	17.960±1.000	7.070±0.310	20.67±1.150	0.098±0.001	17.930±1.430	39.150±1.880
60~80	4.560±0.510	18.120±0.820	8.360±0.670	22.000±1.730	0.104±0.003	22.300±1.660	44.550±4.070
80~100	4.510±0.500	17.370±2.510	8.530±0.510	22.510±2.500	0.101±0.002	21.900±1.750	44.880±1.180

六、剖面 6：赤红壤亚类

1. 剖面位置

地籍号：440233005021000100700；

地理坐标：北纬 24.007065°，东经 114.377369°；

地区：广东省韶关市新丰县马头镇黄草峒村。

2. 剖面特征

新丰县典型森林赤红壤剖面 6(图 3-38，左图)采自马头镇黄草峒村，海拔 265 m，丘陵地貌，南坡向，坡度为 30°，中坡坡位，无侵蚀，凋落物层厚度为 8 cm，腐殖质层厚度为 10 cm，植被类型为常绿落叶阔叶混交林，优势树种为荷木(图 3-38，右图)。

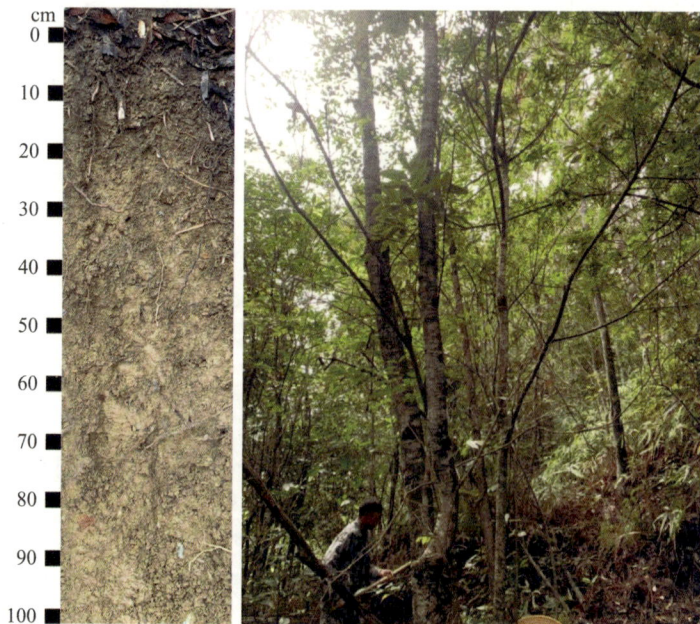

图 3-38　新丰县赤红壤剖面 6(左图)及植被(右图)

3. 主要性状

新丰县典型赤红壤剖面 6 的土壤理化性质如表 3-75、3-76 所示。

土壤养分包括有机碳、全氮、全磷和全钾，表层土壤(0~20 cm)中，其含量分别为 15.270 g/kg、1.240 g/kg、0.245 g/kg 和 15.933 g/kg，依据土壤养分分级标准，分别属于 Ⅲ级、Ⅲ级、Ⅴ级和Ⅲ级。表层土壤 pH 值为 4.390，容重为 1.28 g/cm³。其余各土壤层(20~40 cm、40~60 cm、60~80 cm、80~100 cm)的土壤养分含量、土壤 pH 值和容重值见表 3-75。

重金属元素包括镍、铅、铜、锌、汞、镉、砷和铬，表层土壤(0~20 cm)中，其含量分别为 4.000 mg/kg、18.570 mg/kg、9.400 mg/kg、23.300 mg/kg、0.112 mg/kg、未检出、8.900 mg/kg 和 27.180 mg/kg。所有重金属元素均低于农用地土壤污染风险筛选值。其余各土壤层(20~40 cm、40~60 cm、60~80 cm、80~100 cm)的重金属元素含量见表 3-76。

表 3-75　新丰县赤红壤剖面 6 pH 值及养分含量统计表

深度 (cm)	pH (H₂O)	有机碳(SOC) (g/kg)	全氮(N) (g/kg)	全磷(P) (g/kg)	全钾(K) (g/kg)	容重 (g/cm³)
0~20	4.390±0.030	15.270±0.450	1.240±0.020	0.245±0.011	15.933±0.153	1.280±0.530
20~40	4.370±0.040	13.070±0.350	1.005±0.018	0.231±0.009	15.267±1.026	0.760±0.270
40~60	4.410±0.050	12.530±0.350	1.007±0.025	0.228±0.008	14.933±0.737	1.020±0.210
60~80	4.400±0.040	10.500±0.300	1.017±0.025	0.216±0.010	17.100±1.637	1.060±0.430
80~100	4.350±0.050	11.600±0.300	1.029±0.032	0.227±0.008	17.600±0.436	1.000±0.660

表 3-76　新丰县赤红壤剖面 6 重金属元素含量统计表

深度 (cm)	镍(Ni) (mg/kg)	铅(Pb) (mg/kg)	铜(Cu) (mg/kg)	锌(Zn) (mg/kg)	汞(Hg) (mg/kg)	砷(As) (mg/kg)	铬(Cr) (mg/kg)
0~20	4.000±0.000	18.570±1.510	9.400±0.260	23.300±1.540	0.112±0.002	8.900±0.100	27.180±2.030
20~40	4.470±0.500	19.230±1.080	10.740±0.770	26.380±2.010	0.117±0.002	7.510±0.520	27.670±1.530
40~60	4.670±0.580	17.670±1.150	10.480±0.280	23.900±1.010	0.103±0.002	6.570±0.320	27.330±1.530
60~80	4.840±0.270	18.670±1.530	11.270±0.960	25.620±1.200	0.087±0.003	7.530±0.710	28.180±2.020
80~100	4.200±0.350	19.000±1.000	11.280±0.290	23.460±3.500	0.119±0.003	7.690±0.200	29.070±3.000

七、剖面 7：红壤亚类

1. 剖面位置

地籍号：440233005022000200300；

地理坐标：北纬 23.940756°，东经 114.313741°；

地区：广东省韶关市新丰县马头镇文义村。

2. 剖面特征

新丰县典型森林红壤剖面 7(图 3-39,左图)采自马头镇文义村,海拔 548 m,低山地貌,南坡向,坡度为 35°,上坡坡位,无侵蚀,凋落物层厚度为 2 cm,腐殖质层厚度为 2 cm,植被类型为常绿落叶阔叶混交林(图 3-39,右图)。

图 3-39　新丰县红壤剖面 7(左图)及植被(右图)

3. 主要性状

新丰县典型红壤剖面 7 的土壤理化性质如表 3-77、3-78 所示。

土壤养分包括有机碳、全氮、全磷和全钾,表层土壤(0~20 cm)中,其含量分别为31.200 g/kg、1.850 g/kg、0.273 g/kg 和 14.000 g/kg,依据土壤养分分级标准,分别属于Ⅰ级、Ⅱ级、Ⅴ级和Ⅳ级。表层土壤 pH 值为 4.310,容重为 1.19 g/cm³。其余各土壤层(20~40 cm、40~60 cm、60~80 cm、80~100 cm)的土壤养分含量、土壤 pH 值和容重值见表 3-77。

重金属元素包括镍、铅、铜、锌、汞、镉、砷和铬,表层土壤(0~20 cm)中,其含量分别为 8.000 mg/kg、41.330 mg/kg、2.980 mg/kg、37.230 mg/kg、0.142 mg/kg、未检出、5.910 mg/kg 和 19.840 mg/kg。所有重金属元素均低于农用地土壤污染风险筛选值。其余各土壤层(20~40 cm、40~60 cm、60~80 cm、80~100 cm)的重金属元素含量见表 3-78。

表 3-77　新丰县红壤剖面 7 pH 值及养分含量统计表

深度 （cm）	pH （H₂O）	有机碳（SOC） （g/kg）	全氮（N） （g/kg）	全磷（P） （g/kg）	全钾（K） （g/kg）	容重 （g/cm³）
0~20	4.310±0.030	31.200±0.900	1.850±0.030	0.273±0.012	14.000±0.872	1.190±0.250
20~40	4.550±0.040	18.830±0.500	1.227±0.025	0.245±0.010	17.133±1.222	1.090±0.210
40~60	4.510±0.050	17.100±0.500	1.177±0.025	0.220±0.008	16.367±0.850	1.490±0.140
60~80	4.660±0.040	8.700±0.230	0.889±0.023	0.206±0.009	17.133±0.850	1.300±0.400
80~100	4.560±0.050	5.990±0.180	0.695±0.019	0.210±0.007	16.333±2.603	1.440±0.230

表 3-78　新丰县红壤剖面 7 重金属元素含量统计表

深度 （cm）	镍（Ni） （mg/kg）	铅（Pb） （mg/kg）	铜（Cu） （mg/kg）	锌（Zn） （mg/kg）	汞（Hg） （mg/kg）	砷（As） （mg/kg）	铬（Cr） （mg/kg）
0~20	8.000±0.000	41.330±1.150	2.980±0.250	37.230±3.030	0.142±0.002	5.910±0.460	19.840±1.040
20~40	7.670±0.580	46.670±3.060	2.930±0.250	36.420±2.130	0.130±0.002	6.400±0.300	21.610±1.610
40~60	7.000±0.000	42.920±0.890	2.110±0.120	31.720±1.250	0.131±0.002	6.000±0.260	18.670±0.580
60~80	8.000±1.000	50.590±4.060	2.570±0.210	35.460±3.110	0.127±0.002	6.760±0.510	18.060±0.910
80~100	8.000±0.000	59.140±1.500	2.240±0.350	30.670±2.080	0.143±0.003	5.960±0.650	15.450±2.500

八、剖面 8：红壤亚类

1. 剖面位置

地籍号：440233001001000700201；

地理坐标：北纬 24.216631°，东经 114.157841°；

地区：广东省韶关市新丰县马头镇茶洞村。

2. 剖面特征

新丰县典型森林红壤剖面 8（图 3-40，左图）采自马头镇茶洞村，海拔 706 m，低山地貌，西坡向，坡度为 25°，下坡坡位，无侵蚀，凋落物层厚度为 2 cm，腐殖质层厚度为 1 cm，植被类型为灌木林，优势树种为茶叶（图 3-40，右图）。

图 3-40　新丰县红壤剖面 8(左图)及植被(右图)

3. 主要性状

新丰县典型红壤剖面 8 的土壤理化性质如表 3-79、3-80 所示。

土壤养分包括有机碳、全氮、全磷和全钾,表层土壤(0～20 cm)中,其含量分别为 22.370 g/kg、1.383 g/kg、0.244 g/kg 和 54.567 g/kg,依据土壤养分分级标准,分别属于 Ⅱ级、Ⅲ级、Ⅴ级和 Ⅰ级。表层土壤 pH 值为 4.550,容重未知。其余各土壤层(20～40 cm、40～60 cm、60～80 cm、80～100 cm)的土壤养分含量、土壤 pH 值见表 3-79。

重金属元素包括镍、铅、铜、锌、汞、镉、砷和铬,表层土壤(0～20 cm)中,其含量分别为 4.000 mg/kg、29.720 mg/kg、5.810 mg/kg、29.190 mg/kg、0.111 mg/kg、未检出、6.250 mg/kg 和 8.000 mg/kg。所有重金属元素均低于农用地土壤污染风险筛选值。其余各土壤层(20～40 cm、40～60 cm、60～80 cm、80～100 cm)的重金属元素含量见表 3-80。

表 3-79　新丰县红壤剖面 8 pH 值及养分含量统计表

深度 (cm)	pH (H₂O)	有机碳(SOC) (g/kg)	全氮(N) (g/kg)	全磷(P) (g/kg)	全钾(K) (g/kg)
0～20	4.550±0.030	22.370±0.650	1.383±0.025	0.244±0.011	54.567±3.443
20～40	4.540±0.040	27.030±0.700	1.440±0.030	0.246±0.010	62.533±4.430
40～60	4.480±0.050	19.400±0.500	1.107±0.025	0.237±0.009	55.900±2.800
60～80	4.560±0.040	26.330±0.750	1.377±0.035	0.265±0.011	47.233±2.438
80～100	4.540±0.050	15.530±0.550	1.001±0.029	0.211±0.007	55.300±8.807

表 3-80　新丰县红壤剖面 8 重金属元素含量统计表

深度 （cm）	镍（Ni） （mg/kg）	铅（Pb） （mg/kg）	铜（Cu） （mg/kg）	锌（Zn） （mg/kg）	汞（Hg） （mg/kg）	砷（As） （mg/kg）	铬（Cr） （mg/kg）
0~20	4.000±0.000	29.720±2.530	5.810±0.180	29.190±1.590	0.111±0.002	6.250±0.050	8.000±1.000
20~40	3.940±0.100	29.470±2.160	6.690±0.460	31.720±2.430	0.123±0.003	6.100±0.460	7.470±0.500
40~60	4.450±0.510	25.090±1.130	4.810±0.110	27.990±1.000	0.099±0.001	5.590±0.260	7.350±0.600
60~80	4.340±0.570	34.440±3.100	5.500±0.460	28.330±1.530	0.114±0.003	5.630±0.520	7.560±0.510
80~100	4.000±0.000	24.240±1.370	4.920±0.140	28.340±4.510	0.087±0.003	5.920±0.140	8.090±1.010

九、剖面 9：赤红壤亚类

1. 剖面位置

地籍号：440233005019000601600；

地理坐标：北纬 24.027582°，东经 114.356005°；

地区：广东省韶关市新丰县马头镇湾田村。

2. 剖面特征

新丰县典型森林赤红壤剖面 9（图 3-41，左图）采自马头镇湾田村，海拔 215 m，丘陵地貌，无坡向，坡度为 0°，下坡坡位，无侵蚀，凋落物层厚度为 3 cm，腐殖质层厚度为 1 cm，植被类型为灌木林，优势树种为油茶（图 3-41，右图）。

图 3-41　新丰县赤红壤剖面 9（左图）及植被（右图）

3. 主要性状

新丰县典型赤红壤剖面 9 的土壤理化性质如表 3-81、3-82 所示。

土壤养分包括有机碳、全氮、全磷和全钾，表层土壤（0～20 cm）中，其含量分别为 18.500 g/kg、0.984 g/kg、0.332 g/kg 和 8.867 g/kg，依据土壤养分分级标准，分别属于 Ⅱ 级、Ⅳ 级、Ⅴ 级和 Ⅴ 级。表层土壤 pH 值为 4.670，容重未知。其余各土壤层（20～40 cm、40～60 cm、60～80 cm、80～100 cm）的土壤养分含量、土壤 pH 值见表 3-81。

重金属元素包括镍、铅、铜、锌、汞、镉、砷和铬，表层土壤（0～20 cm）中，其含量分别为 13.000 mg/kg、14.250 mg/kg、8.370 mg/kg、42.130 mg/kg、0.049 mg/kg、0.167 mg/kg、8.350 mg/kg 和 15.670 mg/kg。所有重金属元素均低于农用地土壤污染风险筛选值。其余各土壤层（20～40 cm、40～60 cm、60～80 cm、80～100 cm）的重金属元素含量见表 3-82。

表 3-81　新丰县赤红壤剖面 9 pH 值及养分含量统计表

深度 （cm）	pH （H₂O）	有机碳（SOC） （g/kg）	全氮（N） （g/kg）	全磷（P） （g/kg）	全钾（K） （g/kg）
0～20	4.670±0.030	18.500±0.600	0.984±0.016	0.332±0.015	8.867±0.764
20～40	4.960±0.040	12.570±0.350	0.957±0.018	0.310±0.012	9.597±0.660
40～60	5.160±0.050	11.400±0.300	0.799±0.018	0.294±0.010	10.400±0.458
60～80	5.040±0.040	12.730±0.350	0.852±0.022	0.303±0.013	12.600±0.985
80～100	5.270±0.050	9.740±0.340	0.894±0.025	0.287±0.011	12.467±0.737

表 3-82　新丰县赤红壤剖面 9 重金属元素含量统计表

深度 （cm）	镍（Ni） （mg/kg）	铅（Pb） （mg/kg）	铜（Cu） （mg/kg）	锌（Zn） （mg/kg）	汞（Hg） （mg/kg）	镉（Cd） （mg/kg）	砷（As） （mg/kg）	铬（Cr） （mg/kg）
0～20	13.000±1.000	14.250±0.440	8.370±0.060	42.130±3.590	0.049±0.002	0.167±0.015	8.350±0.700	15.670±0.580
20～40	15.880±1.180	15.670±1.150	8.960±0.670	48.730±4.030	0.044±0.002	0.160±0.010	8.750±0.580	17.820±1.050
40～60	14.940±1.010	15.830±1.040	8.920±0.450	48.430±3.190	0.048±0.002	0.133±0.005	8.610±0.380	18.160±0.270
60～80	14.320±0.590	18.650±1.550	10.530±0.970	52.600±4.060	0.050±0.002	0.140±0.010	9.010±0.720	19.330±1.530
80～100	14.670±2.520	17.330±1.530	13.010±0.340	61.440±9.500	0.053±0.002	0.083±0.006	8.630±0.510	20.670±0.580

十、剖面 10：赤红壤亚类

1. 剖面位置

地籍号：440233005008000201001；

地理坐标：北纬 24.106824°，东经 114.292672°；

地区：广东省韶关市新丰县马头镇船潭村。

2. 剖面特征

新丰县典型森林赤红壤剖面 10（图 3-42，左图）采自马头镇船潭村，海拔 165 m，丘陵地貌，西北坡向，坡度为 10°，下坡坡位，无侵蚀，凋落物层厚度为 2 cm，腐殖质层厚度为 2 cm，植被类型为竹林，优势树种为杂竹（图 3-42，右图）。

图 3-42　新丰县赤红壤剖面 10（左图）及植被（右图）

3. 主要性状

新丰县典型赤红壤剖面 10 的土壤理化性质如表 3-83、3-84 所示。

土壤养分包括有机碳、全氮、全磷和全钾，表层土壤（0～20 cm）中，其含量分别为 8.660 g/kg、0.801 g/kg、0.213 g/kg 和 10.810 g/kg，依据土壤养分分级标准，分别属于Ⅳ级、Ⅳ级、Ⅴ级和Ⅳ级。表层土壤 pH 值为 4.660，容重为 0.98 g/cm³。其余各土壤层（20～40 cm、40～60 cm、60～80 cm、80～100 cm）的土壤养分含量、土壤 pH 值和容重值见表 3-83。

重金属元素包括镍、铅、铜、锌、汞、镉、砷和铬，表层土壤（0～20 cm）中，其含量分别为 4.000 mg/kg、10.010 mg/kg、8.390 mg/kg、20.330 mg/kg、0.078 mg/kg、未检出、5.040 mg/kg 和 47.160 mg/kg。所有重金属元素均低于农用地土壤污染风险筛选值。其余各土壤层（20～40 cm、40～60 cm、60～80 cm、80～100 cm）的重金属元素含量见表 3-84。

表 3-83　新丰县赤红壤剖面 10 pH 值及养分含量统计表

深度 （cm）	pH （H₂O）	有机碳（SOC） （g/kg）	全氮（N） （g/kg）	全磷（P） （g/kg）	全钾（K） （g/kg）	容重 （g/cm³）
0~20	4.660±0.040	8.660±0.570	0.801±0.014	0.213±0.010	10.810±0.855	0.980±0.300
20~40	4.550±0.030	6.760±0.180	0.595±0.011	0.178±0.007	9.903±0.850	1.400±0.210
40~60	4.730±0.040	7.220±0.200	0.596±0.014	0.192±0.007	8.900±0.572	1.160±0.290
60~80	4.750±0.050	6.760±0.180	0.549±0.014	0.182±0.008	11.900±0.954	1.180±0.210
80~100	4.800±0.050	5.540±0.170	0.509±0.014	0.179±0.006	8.743±1.345	1.090±0.390

表 3-84　新丰县赤红壤剖面 10 重金属元素含量统计表

深度 （cm）	镍（Ni） （mg/kg）	铅（Pb） （mg/kg）	铜（Cu） （mg/kg）	锌（Zn） （mg/kg）	汞（Hg） （mg/kg）	砷（As） （mg/kg）	铬（Cr） （mg/kg）
0~20	4.000±0.000	10.010±1.000	8.390±0.540	20.330±0.580	0.078±0.002	5.040±0.390	47.160±1.890
20~40	4.470±0.500	8.960±0.070	8.000±0.550	18.670±1.150	0.091±0.004	4.970±0.400	41.740±2.000
40~60	4.020±0.040	9.330±0.580	7.500±0.400	16.330±1.150	0.082±0.002	5.230±0.310	42.180±3.540
60~80	4.330±0.580	8.480±0.500	8.630±0.420	21.730±2.050	0.086±0.002	5.610±0.460	53.280±4.120
80~100	3.850±0.260	9.020±1.000	6.540±1.050	15.670±0.580	0.084±0.002	4.570±0.700	33.770±2.660

第八节　乳源瑶族自治县森林土壤剖面

乳源瑶族自治县森林土壤养分指标(包括有机碳、全氮、全磷和全钾)含量平均值分别为 19.506 g/kg、1.463 g/kg、0.353 g/kg、23.033 g/kg。乳源瑶族自治县森林土壤 pH 值平均值为 4.80。乳源瑶族自治县森林土壤重金属元素(包括镍、铅、铜、锌、汞、镉、砷和铬)平均含量分别为 19.052 mg/kg、52.710 mg/kg、18.773 mg/kg、79.998 mg/kg、0.248 mg/kg、0.286 mg/kg、43.655 mg/kg、30.154 mg/kg。

一、剖面 1：红壤亚类

1. 剖面位置

地籍号：44023200500800023 0800；

地理坐标：北纬 24.826811°，东经 113.142977°；

地区：广东省韶关市乳源瑶族自治县东坪镇龙溪村。

2. 剖面特征

乳源瑶族自治县典型森林土壤剖面 1(图 3-43，左图)土壤类型为红壤亚类、麻红壤土属。该剖面采自东坪镇龙溪村，海拔 322 m，低山地貌，东坡向，坡度为 39°，中坡坡位、轻度侵蚀，凋落物层厚度为 3 cm，腐殖质层厚度为 17 cm，植被类型为热性针阔混交林，优势树种为荷木(图 3-43，右图)。

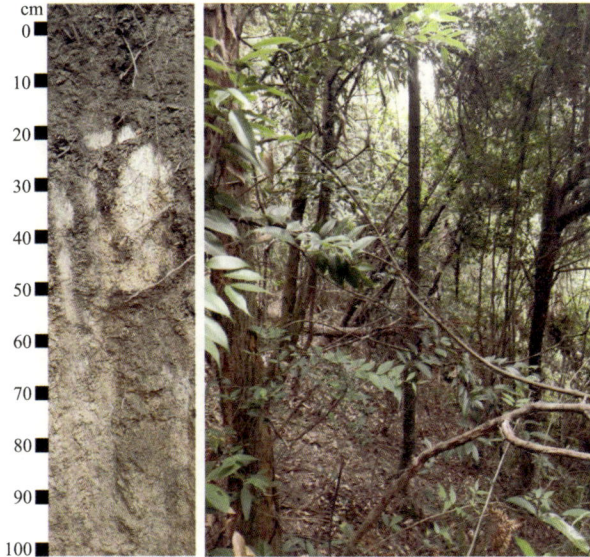

图 3-43　乳源瑶族自治县红壤剖面 1(左图)及植被(右图)

3. 主要性状

乳源瑶族自治县典型红壤剖面 1 的土壤理化性质如表 3-85、3-86 所示。

土壤养分包括有机碳、全氮、全磷和全钾，表层土壤(0~20 cm)中，其含量分别为 39.670 g/kg、1.616 g/kg、0.169 g/kg 和 32.649 g/kg，依据土壤养分分级标准，分别属于 I 级、II 级、VI 级和 I 级。表层土壤 pH 值为 4.720，容重为 0.82 g/cm³。其余各土壤层(20~40 cm、40~60 cm、60~80 cm、80~100 cm)的土壤养分含量、土壤 pH 值和容重值见表 3-85。

重金属元素包括镍、铅、铜、锌、汞、镉、砷和铬，表层土壤(0~20 cm)中，其含量分别为 3.150 mg/kg、39.070 mg/kg、3.920 mg/kg、39.130 mg/kg、0.137 mg/kg、0.140 mg/kg、11.470 mg/kg 和 6.830 mg/kg。所有重金属元素均低于农用地土壤污染风险筛选值。其余各土壤层(20~40 cm、40~60 cm、60~80 cm、80~100 cm)的重金属元素含量见表 3-86。

表 3-85　乳源瑶族自治县红壤剖面 1 pH 值及养分含量统计表

深度 (cm)	pH (H₂O)	有机碳(SOC) (g/kg)	全氮(N) (g/kg)	全磷(P) (g/kg)	全钾(K) (g/kg)	容重 (g/cm³)
0~20	4.720±0.040	39.670±1.230	1.616±0.014	0.169±0.011	32.649±0.242	0.820±0.110
20~40	4.630±0.040	20.670±0.350	0.894±0.013	0.118±0.007	29.747±0.276	0.830±0.190
40~60	4.590±0.040	10.300±0.100	0.677±0.009	0.112±0.007	30.113±0.195	1.280±0.370
60~80	4.600±0.030	7.290±0.160	0.544±0.008	0.094±0.003	29.706±0.196	1.150±0.400
80~100	4.720±0.010	3.600±0.080	0.373±0.007	0.085±0.005	32.596±0.185	1.480±0.060

表 3-86 乳源瑶族自治县红壤剖面 1 重金属元素含量统计表

深度 （cm）	镍（Ni） （mg/kg）	铅（Pb） （mg/kg）	铜（Cu） （mg/kg）	锌（Zn） （mg/kg）	汞（Hg） （mg/kg）	镉（Cd） （mg/kg）	砷（As） （mg/kg）	铬（Cr） （mg/kg）
0~20	3.150±0.130	39.070±0.150	3.920±0.500	39.130±0.450	0.137±0.000	0.140±0.021	11.470±0.380	6.830±0.170
20~40	3.780±1.070	31.500±1.500	4.420±0.260	37.580±3.500	0.105±0.004	0.084±0.005	10.460±0.350	7.810±1.050
40~60	3.460±0.500	35.780±3.530	2.320±0.200	36.270±1.550	0.088±0.002	未检出	9.200±0.270	6.830±1.600
60~80	4.190±0.740	48.520±2.500	2.120±0.160	33.860±3.010	0.070±0.003	未检出	8.860±0.350	7.700±0.600
80~100	3.290±0.620	55.110±2.010	2.500±0.180	32.570±2.500	0.063±0.003	未检出	7.000±0.300	6.290±0.620

二、剖面 2：黄壤亚类

1. 剖面位置

地籍号：440232008007000102902；

地理坐标：北纬 22.64785°，东经 112.900403°；

地区：广东省韶关市乳源瑶族自治县洛阳镇月坪村。

2. 剖面特征

乳源瑶族自治县典型森林黄壤剖面 2（图 3-44，左图）采自洛阳镇月坪村，海拔 802.1 m，山地地貌，东南坡向，坡度为 21°，中坡位，无侵蚀，凋落物层厚度为 4 cm，腐殖质层厚度为 12 cm，植被类型为常绿阔叶林，优势树种为桉树（图 3-44，右图）。

图 3-44 乳源瑶族自治县黄壤剖面 2（左图）及植被（右图）

3. 主要性状

乳源瑶族自治县典型黄壤剖面 2 的土壤理化性质如表 3-87、3-88 所示。

土壤养分包括有机碳、全氮、全磷和全钾，表层土壤（0~20 cm）中，其含量分别为 44.030 g/kg、2.892 g/kg、0.260 g/kg 和 21.926 g/kg，依据土壤养分分级标准，分别属于 Ⅰ级、Ⅰ级、Ⅴ级和Ⅱ级。表层土壤 pH 值为 4.770，容重未知。其余各土壤层（20~40 cm、40~60 cm、60~80 cm、80~100 cm）的土壤养分含量、土壤 pH 值见表 3-87。

重金属元素包括镍、铅、铜、锌、汞、镉、砷和铬，表层土壤（0~20 cm）中，其含量分别为 8.670 mg/kg、47.620 mg/kg、8.30 mg/kg、46.470 mg/kg、0.159 mg/kg、0.155 mg/kg、14.340 mg/kg 和 21.290 mg/kg。所有重金属元素均低于农用地土壤污染风险筛选值。其余各土壤层（20~40 cm、40~60 cm、60~80 cm、80~100 cm）的重金属元素含量见表 3-88。

表 3-87　乳源瑶族自治县黄壤剖面 2 pH 值及养分含量统计表

深度 （cm）	pH （H_2O）	有机碳（SOC） （g/kg）	全氮（N） （g/kg）	全磷（P） （g/kg）	全钾（K） （g/kg）
0~20	4.770±0.030	44.030±1.390	2.892±0.025	0.260±0.006	21.926±0.310
20~40	4.650±0.020	23.670±0.450	1.533±0.023	0.223±0.007	23.590±0.249
40~60	4.610±0.030	14.630±0.150	1.271±0.017	0.238±0.006	25.059±0.309
60~80	4.630±0.020	9.590±0.200	1.008±0.014	0.221±0.006	24.280±0.333
80~100	4.780±0.040	7.310±0.150	0.934±0.017	0.254±0.008	27.750±0.235

表 3-88　乳源瑶族自治县黄壤剖面 2 重金属元素含量统计表

深度 （cm）	镍（Ni） （mg/kg）	铅（Pb） （mg/kg）	铜（Cu） （mg/kg）	锌（Zn） （mg/kg）	汞（Hg） （mg/kg）	镉（Cd） （mg/kg）	砷（As） （mg/kg）	铬（Cr） （mg/kg）
0~20	8.670±1.150	47.620±2.510	8.300±0.200	46.470±1.500	0.159±0.014	0.155±0.009	14.340±0.210	21.290±1.540
20~40	9.130±1.020	40.260±1.560	8.350±0.350	46.110±1.830	0.196±0.014	未检出	14.110±0.200	24.760±1.570
40~60	11.580±1.230	39.360±2.100	8.460±0.220	48.890±1.020	0.217±0.009	未检出	13.260±0.250	27.390±1.510
60~80	11.510±0.500	43.790±2.030	11.210±0.200	52.420±2.500	0.215±0.017	未检出	13.240±0.120	27.200±1.060
80~100	11.480±1.300	52.440±2.500	14.060±0.150	58.420±2.130	0.207±0.013	未检出	43.340±0.310	28.680±1.530

三、剖面 3：红壤亚类

1. 剖面位置

地籍号：440232008009000100900；

地理坐标：北纬 24.617365°，东经 112.993247°；

地区：广东省韶关市乳源瑶族自治县洛阳镇富塘村。

2. 剖面特征

乳源瑶族自治县典型森林红壤剖面 3(图 3-45,左图)采自洛阳镇富塘村,海拔 378.9 m,山地地貌,东北坡向,坡度为 44°,上坡位,无侵蚀,凋落物层厚度为 5 cm,腐殖质层厚度为 25 cm,植被类型为常绿落叶阔叶混交林,优势树种为木荷(图 3-45,右图)。

图 3-45　乳源瑶族自治县红壤剖面 3(左图)及植被(右图)

3. 主要性状

乳源瑶族自治县典型红壤剖面 3 的土壤理化性质如表 3-89、3-90 所示。

土壤养分包括有机碳、全氮、全磷和全钾,表层土壤(0~20 cm)中,其含量分别为 29.970 g/kg、1.446 g/kg、0.200 g/kg 和 42.629 g/kg,依据土壤养分分级标准,分别属于 Ⅰ 级、Ⅲ 级、Ⅴ 级和 Ⅰ 级。表层土壤 pH 值为 4.810,容重为 1.16 g/cm³。其余各土壤层(20~40 cm、40~60 cm、60~80 cm、80~100 cm)的土壤养分含量、土壤 pH 值和容重值见表 3-89。

重金属元素包括镍、铅、铜、锌、汞、镉、砷和铬,表层土壤(0~20 cm)中,其含量分别为未检出、38.830 mg/kg、4.360 mg/kg、35.940 mg/kg、0.117 mg/kg、0.096 mg/kg、8.640 mg/kg 和 4.530 mg/kg。所有重金属元素均低于农用地土壤污染风险筛选值。其余各土壤层(20~40 cm、40~60 cm、60~80 cm、80~100 cm)的重金属元素含量见表 3-90。

表 3-89　乳源瑶族自治县红壤剖面 3 pH 值及养分含量统计表

深度 (cm)	pH (H₂O)	有机碳(SOC) (g/kg)	全氮(N) (g/kg)	全磷(P) (g/kg)	全钾(K) (g/kg)	容重 (g/cm³)
0~20	4.810±0.030	29.970±0.970	1.446±0.013	0.200±0.004	42.629±0.220	1.160±0.180
20~40	4.750±0.020	11.670±0.250	0.755±0.011	0.144±0.005	40.430±0.230	0.990±0.370
40~60	4.630±0.030	6.120±0.070	0.451±0.006	0.132±0.004	40.354±0.107	1.460±0.330
60~80	4.650±0.020	5.650±0.120	0.371±0.006	0.124±0.004	41.029±0.289	1.090±0.410
80~100	4.710±0.040	2.590±0.060	0.262±0.005	0.125±0.004	42.457±0.239	1.380±0.230

表 3-90　乳源瑶族自治县红壤剖面 3 重金属元素含量统计表

深度 (cm)	铅(Pb) (mg/kg)	铜(Cu) (mg/kg)	锌(Zn) (mg/kg)	汞(Hg) (mg/kg)	镉(Cd) (mg/kg)	砷(As) (mg/kg)	铬(Cr) (mg/kg)
0~20	38.830±2.020	4.360±0.210	35.940±2.680	0.117±0.003	0.096±0.015	8.640±0.350	4.530±1.290
20~40	35.080±2.000	3.390±0.260	34.920±2.600	0.082±0.002	未检出	8.450±0.250	3.850±1.030
40~60	36.150±4.010	2.610±0.200	30.390±2.510	0.073±0.003	未检出	7.550±0.050	4.150±0.780
60~80	36.690±1.540	3.340±0.350	32.860±3.010	0.071±0.002	未检出	7.770±0.350	3.460±0.510
80~100	43.750±2.540	2.770±0.210	37.190±3.020	0.082±0.003	未检出	8.270±0.250	3.460±0.500

四、剖面 4：红壤亚类

1. 剖面位置

地籍号：440232008011000103129；

地理坐标：北纬 24.561623°，东经 112.988035°；

地区：广东省韶关市乳源瑶族自治县洛阳镇双坪村。

2. 剖面特征

乳源瑶族自治县典型森林红壤剖面 4(图 3-46，左图)采自洛阳镇双坪村，海拔456.7 m，山地地貌，无坡向坡向，坡度为 0°，全坡坡位，无侵蚀，凋落物层厚度为 4 cm，腐殖质层厚度为 15 cm，植被类型为常绿针叶林，优势树种为湿地松(图 3-46，右图)。

图 3-46　乳源瑶族自治县红壤剖面 4(左图)及植被(右图)

3. 主要性状

乳源瑶族自治县典型红壤剖面 4 的土壤理化性质如表 3-91、3-92 所示。

土壤养分包括有机碳、全氮、全磷和全钾，表层土壤(0~20 cm)中，其含量分别为 22. 400 g/kg、1. 684 g/kg、0. 378 g/kg 和 10. 552 g/kg，依据土壤养分分级标准，分别属于 Ⅱ级、Ⅱ级、Ⅴ级和Ⅳ级。表层土壤 pH 值为 4. 180，容重为 0. 97 g/cm³。其余各土壤层(20~40 cm、40~60 cm、60~80 cm、80~100 cm)的土壤养分含量、土壤 pH 值和容重值见表 3-91。

重金属元素包括镍、铅、铜、锌、汞、镉、砷和铬，表层土壤(0~20 cm)中，其含量分别为 44. 160 mg/kg、58. 760 mg/kg、32. 160 mg/kg、172. 940 mg/kg、0. 253 mg/kg、0. 252 mg/kg、358. 760 mg/kg 和 46. 170 mg/kg。其中，砷元素超过农用地土壤污染风险值，其他重金属元素均低于农用地土壤污染风险筛选值。其余各土壤层(20~40 cm、40~60 cm、60~80 cm、80~100 cm)的重金属元素含量见表 3-92。

表 3-91　乳源瑶族自治县红壤剖面 4 pH 值及养分含量统计表

深度 (cm)	pH (H₂O)	有机碳(SOC) (g/kg)	全氮(N) (g/kg)	全磷(P) (g/kg)	全钾(K) (g/kg)	容重 (g/cm³)
0~20	4. 180±0. 030	22. 400±0. 720	1. 684±0. 015	0. 378±0. 008	10. 552±0. 245	0. 970±0. 200
20~40	4. 300±0. 020	17. 270±0. 350	1. 257±0. 018	0. 369±0. 011	11. 134±0. 165	1. 130±0. 390
40~60	4. 400±0. 030	11. 930±0. 150	1. 087±0. 015	0. 380±0. 010	13. 173±0. 237	1. 330±0. 530
60~80	4. 730±0. 020	9. 390±0. 200	1. 011±0. 014	0. 441±0. 012	15. 739±0. 331	1. 030±0. 230
80~100	5. 090±0. 040	7. 880±0. 160	0. 983±0. 018	0. 458±0. 014	15. 984±0. 217	1. 510±0. 210

表 3-92　乳源瑶族自治县红壤剖面 4 重金属元素含量统计表

深度 (cm)	镍(Ni) (mg/kg)	铅(Pb) (mg/kg)	铜(Cu) (mg/kg)	锌(Zn) (mg/kg)	汞(Hg) (mg/kg)	镉(Cd) (mg/kg)	砷(As) (mg/kg)	铬(Cr) (mg/kg)
0~20	44.160±1.290	58.760±0.920	32.160±1.290	172.940±7.180	0.253±0.001	0.252±0.013	358.760±10.860	46.170±1.480
20~40	42.820±3.020	55.150±2.020	29.350±0.250	156.250±4.520	0.271±0.004	0.268±0.026	354.040±4.000	43.240±2.540
40~60	48.010±2.650	57.740±3.520	34.590±0.270	168.170±4.010	0.362±0.002	0.399±0.017	474.070±6.000	44.070±4.000
60~80	60.120±2.010	70.510±0.500	42.900±0.400	198.120±5.600	0.434±0.002	0.543±0.029	613.180±5.200	51.010±2.000
80~100	61.830±2.560	70.030±3.000	43.530±0.310	199.980±4.000	0.473±0.002	0.643±0.021	614.640±3.510	49.440±2.140

第九节　乐昌市森林土壤剖面

乐昌市森林土壤养分指标(包括有机碳、全氮、全磷和全钾)含量平均值分别为 13.269 g/kg、1.044 g/kg、0.319 g/kg、19.496 g/kg。乐昌市森林土壤 pH 值平均值为 4.92。乐昌市森林土壤重金属元素(包括镍、铅、铜、锌、汞、镉、砷和铬)平均含量分别为 14.322 mg/kg、43.255 mg/kg、21.157 mg/kg、62.177 mg/kg、0.174 mg/kg、0.162 mg/kg、24.859 mg/kg、30.060 mg/kg。

一、剖面 1：赤红壤亚类

1. 剖面位置

地籍号：440281010010000100900；

地理坐标：北纬 25.265068°，东经 113.155529°；

地区：广东省韶关市乐昌县大源镇泗公坑村。

2. 剖面特征

乐昌县典型森林土壤剖面 1(图 3-47，左图)土壤类型为赤红壤亚类、页赤红壤土属。该剖面采自大源镇泗公坑村，海拔 202 m，低山地貌，东南坡向，坡度为 25°，下坡坡位，无侵蚀，凋落物层厚度为 10 cm，腐殖质层厚度为 10 cm，植被类型为暖性针叶林，优势树种为杉木(图 3-47，右图)。

图 3-47　乐昌市赤红壤剖面 1(左图)及植被(右图)

3. 主要性状

乐昌县典型赤红壤剖面 1 的土壤理化性质如表 3-93、3-94 所示。

土壤养分包括有机碳、全氮、全磷和全钾，表层土壤(0~20 cm)中，其含量分别为 27.730 g/kg、1.833 g/kg、0.238 g/kg 和 24.330 g/kg，依据土壤养分分级标准，分别属于 Ⅰ 级、Ⅱ 级、Ⅴ 级和 Ⅱ 级。表层土壤 pH 值为 3.960，容重为 0.90 g/cm³。其余各土壤层(20~40 cm、40~60 cm、60~80 cm、80~100 cm)的土壤养分含量、土壤 pH 值和容重值见表 3-93。

重金属元素包括镍、铅、铜、锌、汞、镉、砷和铬，表层土壤(0~20 cm)中，其含量分别为 15.270 mg/kg、44.780 mg/kg、55.90 mg/kg、96.590 mg/kg、0.204 mg/kg、0.237 mg/kg、32.87 mg/kg 和 39.850 mg/kg。其中，铜元素超过农用地土壤污染风险值，其他重金属元素均低于农用地土壤污染风险筛选值。其余各土壤层(20~40 cm、40~60 cm、60~80 cm、80~100 cm)的重金属元素含量见表 3-94。

表 3-93　乐昌市赤红壤剖面 1 pH 值及养分含量统计表

深度 (cm)	pH (H₂O)	有机碳(SOC) (g/kg)	全氮(N) (g/kg)	全磷(P) (g/kg)	全钾(K) (g/kg)	容重 (g/cm³)
0~20	3.960±0.040	27.730±0.950	1.833±0.035	0.238±0.008	24.330±0.341	0.900±0.280
20~40	4.010±0.050	21.530±0.700	1.697±0.035	0.222±0.006	24.092±0.343	1.430±0.540
40~60	4.080±0.040	18.130±0.550	1.447±0.035	0.206±0.006	23.197±0.165	1.110±0.450
60~80	4.080±0.050	14.770±0.670	1.287±0.035	0.212±0.006	26.836±0.228	1.270±0.470
80~100	4.050±0.050	14.230±0.350	1.350±0.040	0.225±0.007	28.091±0.346	1.410±0.560

表 3-94　乐昌市赤红壤剖面 1 重金属元素含量统计表

深度 (cm)	镍(Ni) (mg/kg)	铅(Pb) (mg/kg)	铜(Cu) (mg/kg)	锌(Zn) (mg/kg)	汞(Hg) (mg/kg)	镉(Cd) (mg/kg)	砷(As) (mg/kg)	铬(Cr) (mg/kg)
0~20	15.270±0.630	44.780±1.680	55.900±0.600	96.590±7.490	0.204±0.002	0.237±0.015	32.870±2.810	39.850±0.780
20~40	16.000±1.000	43.150±2.480	59.270±4.170	106.360±9.070	0.187±0.004	0.205±0.005	30.930±2.150	33.640±2.090
40~60	15.470±0.500	40.630±3.070	54.970±2.720	95.670±6.510	0.173±0.003	0.164±0.007	30.870±1.360	32.670±0.580
60~80	20.680±1.140	47.100±3.430	73.360±6.960	129.330±10.070	0.202±0.001	0.167±0.015	36.990±2.950	38.600±3.080
80~100	24.010±4.000	43.250±3.380	82.790±2.130	149.820±23.00C	0.211±0.005	0.192±0.020	39.430±2.390	43.280±1.240

二、剖面 2：红壤亚类

1. 剖面位置

地籍号：4402810130016000202101；

地理坐标：北纬 25.245606°，东经 113.155358°；

地区：广东省韶关市乐昌县梅花镇坪溪村。

2. 剖面特征

乐昌县典型森林土壤剖面 2(图 3-48，左图)土壤类型为红壤亚类、页红壤土属。该剖面采自梅花镇坪溪村，海拔 449 m，低山地貌，东坡向，坡度为 25°，上坡坡位，无侵蚀，凋落物层厚度为 5 cm，腐殖质层厚度为 15 cm，植被类型为暖性针叶林，优势树种为杉木(图 3-48，右图)。

图 3-48　乐昌市红壤剖面 2(左图)及植被(右图)

3. 主要性状

乐昌县典型红壤剖面 2 的土壤理化性质如表 3-95、3-96 所示。

土壤养分包括有机碳、全氮、全磷和全钾，表层土壤(0~20 cm)中，其含量分别为 14.900 g/kg、0.907 g/kg、0.489 g/kg 和 19.448 g/kg，依据土壤养分分级标准，分别属于 Ⅲ级、Ⅳ级、Ⅳ级和Ⅲ级。表层土壤 pH 值为 4.450，容重为 1.13 g/cm³。其余各土壤层(20~40 cm、40~60 cm、60~80 cm、80~100 cm)的土壤养分含量、土壤 pH 值和容重值见表 3-95。

重金属元素包括镍、铅、铜、锌、汞、镉、砷和铬，表层土壤(0~20 cm)中，其含量分别为 10.140 mg/kg、25.950 mg/kg、25.730 mg/kg、50.720 mg/kg、0.147 mg/kg、0.151 mg/kg、76.44 mg/kg 和 18.020 mg/kg。其中，砷元素超过农用地土壤污染风险值，其他重金属元素均低于农用地土壤污染风险筛选值。其余各土壤层(20~40 cm、40~60 cm、60~80 cm、80~100 cm)的重金属元素含量见表 3-96。

表 3-95　乐昌市红壤剖面 2 pH 值及养分含量统计表

深度 (cm)	pH (H₂O)	有机碳(SOC) (g/kg)	全氮(N) (g/kg)	全磷(P) (g/kg)	全钾(K) (g/kg)	容重 (g/cm³)
0~20	4.450±0.040	14.900±0.500	0.907±0.016	0.489±0.015	19.448±0.270	1.130±0.250
20~40	4.360±0.050	14.700±0.400	0.896±0.017	0.508±0.014	22.355±0.259	1.120±0.260
40~60	4.360±0.040	15.330±0.450	0.944±0.022	0.480±0.013	16.606±0.396	1.060±0.200
60~80	4.240±0.050	19.300±0.500	0.993±0.027	0.436±0.012	15.583±0.169	0.960±0.560
80~100	4.260±0.050	15.830±0.350	0.943±0.026	0.415±0.013	17.100±0.092	1.520±0.020

表 3-96　乐昌市红壤剖面 2 重金属元素含量统计表

深度 (cm)	镍(Ni) (mg/kg)	铅(Pb) (mg/kg)	铜(Cu) (mg/kg)	锌(Zn) (mg/kg)	汞(Hg) (mg/kg)	镉(Cd) (mg/kg)	砷(As) (mg/kg)	铬(Cr) (mg/kg)
0~20	10.140±0.250	25.950±0.090	25.730±0.580	50.720±3.090	0.147±0.001	0.151±0.014	76.440±0.800	18.020±0.040
20~40	10.750±2.040	26.440±2.500	27.140±0.350	49.090±2.700	0.136±0.004	0.128±0.016	72.600±0.400	17.710±2.060
40~60	8.990±2.000	27.970±3.000	23.910±0.400	50.000±3.610	0.133±0.002	0.113±0.011	69.700±0.400	18.120±2.010
60~80	6.670±1.150	27.650±2.510	16.400±0.300	42.910±3.000	0.150±0.004	0.088±0.007	59.230±0.210	16.060±1.790
80~100	5.090±1.010	21.990±2.000	16.620±0.300	46.680±3.050	0.152±0.001	0.080±0.000	61.840±0.350	15.330±3.060

三、剖面 3：赤红壤亚类

1. 剖面位置

地籍号：440281013016000401403；

地理坐标：北纬 25.223326°，东经 113.136888°；

地区：广东省韶关市乐昌县梅花镇坪溪村。

2. 剖面特征

乐昌县典型森林土壤剖面 3(图 3-49，左图)土壤类型为赤红壤亚类、页赤红壤土属。该剖面采自梅花镇坪溪村，海拔 261 m，低山地貌，西北坡向，坡度为 25°，下坡坡位，无侵蚀，凋落物层厚度为 5 cm，腐殖质层厚度为 10 cm，植被类型为暖性针叶林，优势树种为杉木(图 3-49，右图)。

图 3-49 乐昌市赤红壤剖面 3(左图)及植被(右图)

3. 主要性状

乐昌县典型赤红壤剖面 3 的土壤理化性质如表 3-97、3-98 所示。

土壤养分包括有机碳、全氮、全磷和全钾，表层土壤(0~20 cm)中，其含量分别为 12.300 g/kg、0.907 g/kg、0.340 g/kg 和 18.288 g/kg，依据土壤养分分级标准，分别属于 Ⅲ级、Ⅳ级、Ⅴ级和Ⅲ级。表层土壤 pH 值为 4.480，容重为 1.40 g/cm³。其余各土壤层(20~40 cm、40~60 cm、60~80 cm、80~100 cm)的土壤养分含量、土壤 pH 值和容重值见表 3-97。

重金属元素包括镍、铅、铜、锌、汞、镉、砷和铬，表层土壤(0~20 cm)中，其含量分别为 14.620 mg/kg、87.260 mg/kg、18.070 mg/kg、83.670 mg/kg、0.555 mg/kg、0.117 mg/kg、29.990 mg/kg 和 17.510 mg/kg。其中，铅元素超过农用地土壤污染风险值，其他重金属元素均低于农用地土壤污染风险筛选值。其余各土壤层(20~40 cm、40~60 cm、60~80 cm、80~100 cm)的重金属元素含量见表 3-98。

表 3-97　乐昌市赤红壤剖面 3 pH 值及养分含量统计表

深度 (cm)	pH (H₂O)	有机碳(SOC) (g/kg)	全氮(N) (g/kg)	全磷(P) (g/kg)	全钾(K) (g/kg)	容重 (g/cm³)
0~20	4.480±0.040	12.300±0.400	0.907±0.016	0.340±0.011	18.288±0.206	1.400±0.340
20~40	4.430±0.050	7.630±0.220	0.737±0.014	0.358±0.010	22.473±0.228	1.330±0.360
40~60	4.680±0.040	4.770±0.140	0.577±0.013	0.320±0.009	19.289±0.313	1.260±0.470
60~80	4.980±0.050	3.790±0.100	0.605±0.015	0.331±0.009	22.812±0.253	1.320±0.480
80~100	4.960±0.050	4.570±0.120	0.561±0.016	0.310±0.010	21.138±0.312	1.140±0.460

表 3-98　乐昌市赤红壤剖面 3 重金属元素含量统计表

深度 (cm)	镍(Ni) (mg/kg)	铅(Pb) (mg/kg)	铜(Cu) (mg/kg)	锌(Zn) (mg/kg)	汞(Hg) (mg/kg)	镉(Cd) (mg/kg)	砷(As) (mg/kg)	铬(Cr) (mg/kg)
0~20	14.620±1.190	87.260±2.530	18.070±0.310	83.670±2.080	0.555±0.003	0.117±0.015	29.990±0.40	17.510±2.170
20~40	20.670±2.080	105.170±4.010	22.010±0.370	116.910±6.000	0.825±0.003	0.220±0.017	34.820±0.460	16.890±2.590
40~60	18.490±2.170	96.440±2.500	21.360±0.350	113.350±4.050	0.816±0.000	0.221±0.010	33.710±0.300	18.000±3.610
60~80	19.670±2.080	93.740±2.530	20.960±0.310	111.320±4.170	0.823±0.002	0.267±0.023	32.430±0.310	16.390±3.510
80~100	18.850±2.020	90.070±2.690	21.270±0.450	105.840±4.010	0.774±0.005	0.227±0.015	32.350±0.150	15.900±2.600

四、剖面 4：红壤亚类

1. 剖面位置

地籍号：440281015005000300600；

地理坐标：北纬 25.197645°，东经 113.510208°；

地区：广东省韶关市乐昌县廊田镇葫芦坪村。

2. 剖面特征

乐昌县典型森林土壤剖面 4(图 3-50，左图)土壤类型为红壤亚类、麻红壤土属。该剖面采自廊田镇葫芦坪村，海拔 452 m，低山地貌，西北坡向，坡度为 25°，下坡坡位，无侵蚀，凋落物层厚度为 4 cm，腐殖质层厚度为 2 cm，植被类型为竹林，优势树种为毛竹(图 3-50，右图)。

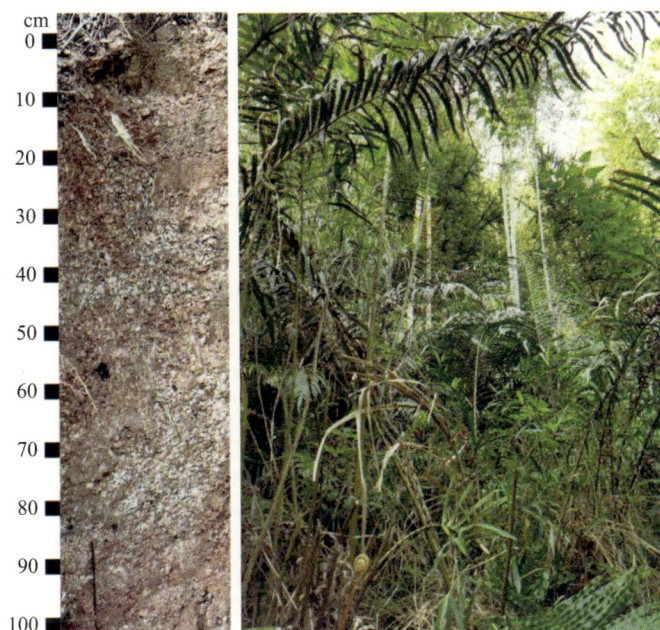

图 3-50　乐昌市红壤剖面 4(左图)及植被(右图)

3. 主要性状

乐昌县典型红壤剖面 4 的土壤理化性质如表 3-99、3-100 所示。

土壤养分包括有机碳、全氮、全磷和全钾，表层土壤(0~20 cm)中，其含量分别为 5.700 g/kg、0.544 g/kg、0.467 g/kg 和 33.447 g/kg，依据土壤养分分级标准，分别属于 V 级、V 级、IV 级和 I 级。表层土壤 pH 值为 4.900，容重为 1.21 g/cm³。其余各土壤层(20~40 cm、40~60 cm、60~80 cm、80~100 cm)的土壤养分含量、土壤 pH 值和容重值见表 3-99。

重金属元素包括镍、铅、铜、锌、汞、镉、砷和铬，表层土壤(0~20 cm)中，其含量分别为 5.490 mg/kg、46.980 mg/kg、57.670 mg/kg、50.730 mg/kg、0.077 mg/kg、0.147 mg/kg、4.030 mg/kg 和 8.510 mg/kg。其中，铜元素超过农用地土壤污染风险值，其他重金属元素均低于农用地土壤污染风险筛选值。其余各土壤层(20~40 cm、40~60 cm、60~80 cm、80~100 cm)的重金属元素含量见表 3-100。

表 3-99　乐昌市红壤剖面 4 pH 值及养分含量统计表

深度 (cm)	pH (H₂O)	有机碳(SOC) (g/kg)	全氮(N) (g/kg)	全磷(P) (g/kg)	全钾(K) (g/kg)	容重 (g/cm³)
0~20	4.900±0.040	5.700±0.190	0.544±0.010	0.467±0.141	33.447±0.270	1.210±0.530
20~40	4.970±0.050	4.220±0.130	0.387±0.008	0.341±0.010	31.423±0.242	1.300±0.260
40~60	5.420±0.040	1.150±0.040	0.211±0.005	0.333±0.009	34.603±0.268	1.380±0.460
60~80	5.370±0.050	1.880±0.050	0.227±0.006	0.328±0.009	35.079±0.196	1.470±0.540
80~100	5.470±0.050	1.720±0.050	0.217±0.006	0.328±0.011	33.586±0.316	0.840±0.350

表 3-100　　乐昌市红壤剖面 4 重金属元素含量统计表

深度 (cm)	镍(Ni) (mg/kg)	铅(Pb) (mg/kg)	铜(Cu) (mg/kg)	锌(Zn) (mg/kg)	汞(Hg) (mg/kg)	镉(Cd) (mg/kg)	砷(As) (mg/kg)	铬(Cr) (mg/kg)
0~20	5.490±0.500	46.980±0.970	57.670±4.600	50.730±4.520	0.077±0.003	0.147±0.006	4.030±0.300	8.510±0.500
20~40	4.010±0.020	42.480±3.130	48.210±4.070	53.190±3.700	0.075±0.004	0.102±0.007	3.350±0.150	8.750±0.430
40~60	3.000±0.000	34.860±0.800	42.530±2.710	38.930±1.620	0.038±0.002	0.138±0.011	2.260±0.110	5.020±0.040
60~80	2.910±0.150	41.070±3.580	47.350±3.790	40.330±3.060	0.054±0.002	0.225±0.017	2.680±0.160	7.280±0.620
80~100	3.000±0.010	43.440±0.980	52.320±8.100	39.000±2.650	0.041±0.003	0.220±0.019	2.770±0.250	5.990±1.000

第十节　南雄市森林土壤剖面

南雄市森林土壤养分指标(包括有机碳、全氮、全磷和全钾)含量平均值分别为 9.301 g/kg、0.748 g/kg、0.405 g/kg、28.607 g/kg。南雄市森林土壤 pH 值平均值为 4.84。南雄市森林土壤重金属元素(包括镍、铅、铜、锌、汞、镉、砷和铬)平均含量分别为 11.979 mg/kg、42.696 mg/kg、15.842 mg/kg、63.370 mg/kg、0.091 mg/kg、0.021 mg/kg、10.727 mg/kg、27.978 mg/kg。

一、剖面 1：赤红壤亚类

1. 剖面位置
地籍号：440282009005000200700；
地理坐标：北纬 25.225876°，东经 114.336717°；
地区：广东省韶关市南雄市珠玑镇叟里元村。
2. 剖面特征
南雄市典型森林土壤剖面 1(图 3-51，左图)土壤类型为赤红壤亚类、页赤红壤土属。该剖面采自珠玑镇叟里元村，海拔 266 m，低山地貌，东南坡向，坡度为 25°，中坡坡位，无侵蚀，凋落物层厚度为 5 cm，腐殖质层厚度为 10 cm，植被类型为暖性针叶林，优势树种为马尾松(图 3-51，右图)。

图 3-51　南雄市赤红壤剖面 1(左图)及植被(右图)

3. 主要性状

南雄市典型赤红壤剖面 1 的土壤理化性质如表 3-101、3-102 所示。

土壤养分包括有机碳、全氮、全磷和全钾,表层土壤(0~20 cm)中,其含量分别为 1.860 g/kg、0.273 g/kg、0.180 g/kg 和 12.067 g/kg,依据土壤养分分级标准,分别属于Ⅵ级、Ⅵ级、Ⅵ级和Ⅳ级。表层土壤 pH 值为 4.710,容重为 0.93 g/cm³。其余各土壤层(20~40 cm、40~60 cm、60~80 cm、80~100 cm)的土壤养分含量、土壤 pH 值和容重值见表 3-101。

重金属元素包括镍、铅、铜、锌、汞、镉、砷和铬,表层土壤(0~20 cm)中,其含量分别为 20.000 mg/kg、17.000 mg/kg、26.100 mg/kg、47.770 mg/kg、0.079 mg/kg、未检出、14.450 mg/kg 和 79.000 mg/kg。所有重金属元素均低于农用地土壤污染风险筛选值。其余各土壤层(20~40 cm、40~60 cm、60~80 cm、80~100 cm)的重金属元素含量见表 3-102。

表 3-101　南雄市赤红壤剖面 1 pH 值及养分含量统计表

深度 (cm)	pH (H₂O)	有机碳(SOC) (g/kg)	全氮(N) (g/kg)	全磷(P) (g/kg)	全钾(K) (g/kg)	容重 (g/cm³)
0~20	4.710±0.030	1.860±0.050	0.273±0.005	0.180±0.007	12.067±1.007	0.930±0.460
20~40	4.840±0.040	1.160±0.030	0.232±0.004	0.172±0.006	11.733±0.833	1.330±0.270
40~60	5.020±0.040	1.920±0.050	0.237±0.006	0.168±0.006	12.233±0.513	0.980±0.260
60~80	4.970±0.040	0.570±0.020	0.234±0.006	0.168±0.006	11.500±0.889	1.280±0.590
80~100	5.070±0.030	0.990±0.030	0.241±0.007	0.164±0.005	12.233±0.777	0.950±0.340

表 3-102　南雄市赤红壤剖面 1 重金属元素含量统计表

深度 (cm)	镍(Ni) (mg/kg)	铅(Pb) (mg/kg)	铜(Cu) (mg/kg)	锌(Zn) (mg/kg)	汞(Hg) (mg/kg)	砷(As) (mg/kg)	铬(Cr) (mg/kg)
0~20	20.000±2.000	17.000±0.000	26.100±2.030	47.770±1.660	0.079±0.005	14.450±0.400	79.000±6.080
20~40	19.640±1.520	16.000±1.000	27.900±1.250	50.670±2.890	0.083±0.006	14.460±1.030	86.050±7.540
40~60	18.540±0.930	15.300±1.120	25.620±1.170	48.030±3.590	0.073±0.004	12.970±0.360	77.270±4.940
60~80	19.650±1.520	16.400±1.510	27.330±2.010	51.380±3.970	0.088±0.004	14.380±1.220	85.470±7.060
80~100	19.650±1.120	18.000±0.000	29.350±3.100	46.670±3.510	0.092±0.015	15.070±0.420	87.330±13.500

二、剖面 2：赤红壤亚类

1. 剖面位置

地籍号：44028202000200201401；

地理坐标：北纬 25.107748°，东经 114.205674°；

地区：广东省韶关市南雄市古市镇柴岭村。

2. 剖面特征

南雄市典型森林土壤剖面 2(图 3-52，左图)土壤类型为赤红壤亚类、页赤红壤土属。该剖面采自古市镇柴岭村，海拔 147 m，丘陵地貌，东南坡向，坡度为 14°，中坡坡位，轻微侵蚀，凋落物层厚度为 2 cm，腐殖质层厚度为 1 cm，植被类型为暖性针叶林，优势树种为马尾松(图 3-52，右图)。

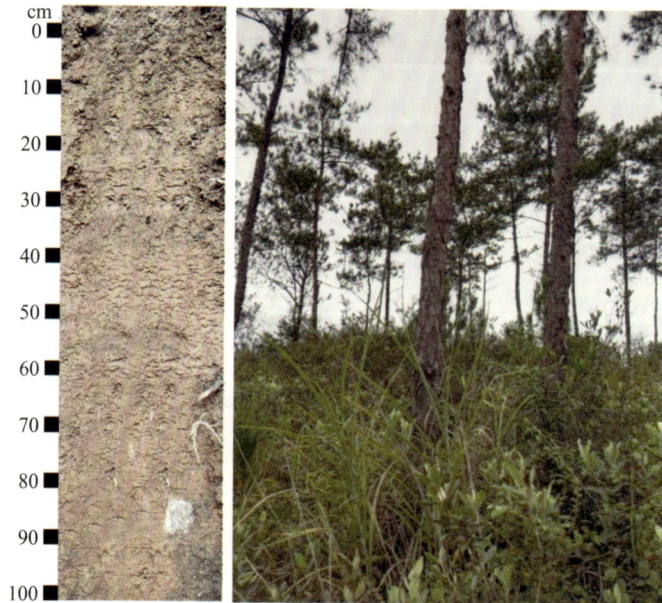

图 3-52　南雄市赤红壤剖面 2(左图)及植被(右图)

3. 主要性状

南雄市典型赤红壤剖面 2 的土壤理化性质如表 3-103、3-104 所示。

土壤养分包括有机碳、全氮、全磷和全钾，表层土壤（0~20 cm）中，其含量分别为 2.710 g/kg、0.409 g/kg、0.106 g/kg 和 20.333 g/kg，依据土壤养分分级标准，分别属于Ⅵ级、Ⅵ级、Ⅵ级和Ⅱ级。表层土壤 pH 值为 5.210，容重未知。其余各土壤层（20~40 cm、40~60 cm、60~80 cm、80~100 cm）的土壤养分含量、土壤 pH 值见表 3-103。

重金属元素包括镍、铅、铜、锌、汞、镉、砷和铬，表层土壤（0~20 cm）中，其含量分别为 7.330 mg/kg、54.230 mg/kg、9.400 mg/kg、39.660 mg/kg、0.116 mg/kg、未检出、9.330 mg/kg 和 34.670 mg/kg。所有重金属元素均低于农用地土壤污染风险筛选值。其余各土壤层（20~40 cm、40~60 cm、60~80 cm、80~100 cm）的重金属元素含量见表 3-104。

表 3-103 南雄市赤红壤剖面 2 pH 值及养分含量统计表

深度 （cm）	pH （H₂O）	有机碳（SOC） （g/kg）	全氮（N） （g/kg）	全磷（P） （g/kg）	全钾（K） （g/kg）
0~20	5.210±0.030	2.710±0.080	0.409±0.007	0.106±0.004	20.333±1.582
20~40	5.250±0.040	2.140±0.060	0.401±0.008	0.107±0.004	21.500±0.954
40~60	5.240±0.040	2.860±0.080	0.420±0.010	0.107±0.004	20.133±0.929
60~80	5.240±0.040	2.930±0.080	0.419±0.011	0.105±0.004	20.567±1.498
80~100	5.200±0.030	3.770±0.110	0.466±0.013	0.104±0.003	19.900±2.052

表 3-104 南雄市赤红壤剖面 2 重金属元素含量统计表

深度 （cm）	镍（Ni） （mg/kg）	铅（Pb） （mg/kg）	铜（Cu） （mg/kg）	锌（Zn） （mg/kg）	汞（Hg） （mg/kg）	砷（As） （mg/kg）	铬（Cr） （mg/kg）
0~20	7.330±0.580	54.230±1.960	9.400±0.100	39.660±3.210	0.116±0.01	9.330±0.800	34.670±0.580
20~40	7.330±0.580	55.330±3.210	9.000±0.620	40.670±3.060	0.110±0.008	8.610±0.630	35.080±2.600
40~60	7.500±0.500	55.460±4.110	8.150±0.400	40.580±2.400	0.119±0.005	9.200±0.360	36.000±1.000
60~80	7.410±0.520	59.080±4.460	8.600±0.820	42.330±3.510	0.116±0.009	9.310±0.730	36.590±3.080
80~100	6.980±1.000	47.870±3.800	8.910±0.240	42.330±6.510	0.109±0.007	8.070±0.480	35.970±1.040

第四章
森林土壤基本计量指标统计分析

第一节 森林土壤酸碱度

韶关市各区(县)森林土壤酸碱度如表4-1所示。全市森林土壤酸碱度总体呈酸性，均值为4.67，标准差为0.53，最小值为3.79，最大值为8.28，多集中在4.49～4.64的范围。各区(县)的土壤酸碱度平均值由小到大依次为浈江区、曲江区、仁化县、翁源县、新丰县、始兴县、武江区、乳源瑶族自治县、南雄市、乐昌市，分别为4.45、4.48、4.50、4.54、4.65、4.67、4.72、4.80、4.84、4.92。各区(县)的土壤酸碱度标准差范围为0.31～0.54，由小到大依次为始兴县、南雄市、仁化县、新丰县、浈江区、翁源县、曲江区、武江区、乳源瑶族自治县、乐昌市，分别为0.28、0.28、0.30、0.34、0.34、0.37、0.44、0.62、0.69、0.88。各区(县)的土壤酸碱度最小值范围为3.79～4.34，由小到大依次为乳源瑶族自治县、乐昌市、翁源县、曲江区、仁化县、新丰县、始兴县、浈江区、武江区、南雄市，分别为3.79、3.83、3.85、3.98、4.00、4.01、4.06、4.13、4.17、4.34。各区(县)的土壤酸碱度最大值范围为5.52～8.28，由小到大依次为南雄市、浈江区、始兴县、仁化县、翁源县、新丰县、武江区、曲江区、乳源瑶族自治县、乐昌市，分别为5.52、5.74、5.78、5.83、6.24、6.96、7.51、8.01、8.04、8.28。其中，翁源县的森林土壤酸碱度多集中于4.42～4.52；乳源瑶族自治县的森林土壤酸碱度多集中于4.51～4.69；曲江区的森林土壤酸碱度多集中于4.36～4.45；始兴县的森林土壤酸碱度多集中于4.61～4.73；乐昌市的森林土壤酸碱度多集中于4.48～4.73；仁化县的森林土壤酸碱度多集中于4.38～4.55；武江区的森林土壤酸碱度多集中于4.53～4.64；新丰县的森林土壤酸碱度多集中于4.56～4.67。浈江区的森林土壤酸碱度多集中于4.28～4.4；南雄市的森林土壤酸碱度多集中于4.74～4.89。

表4-1　韶关市各区(县)森林土壤酸碱度

地区	均值	标准差	最小值	最大值	百分位数(%)			
					20	40	60	80
翁源县	4.54	0.37	3.85	6.24	4.29	4.42	4.52	4.67
乳源瑶族自治县	4.80	0.69	3.79	8.04	4.35	4.51	4.69	5.19

（续）

地区	均值	标准差	最小值	最大值	百分位数（%）			
					20	40	60	80
曲江区	4.48	0.44	3.98	8.01	4.24	4.36	4.45	4.62
始兴县	4.67	0.28	4.06	5.78	4.44	4.61	4.73	4.87
乐昌市	4.92	0.88	3.83	8.28	4.32	4.48	4.73	5.32
仁化县	4.50	0.30	4.00	5.83	4.23	4.38	4.55	4.72
武江区	4.72	0.62	4.17	7.51	4.41	4.53	4.64	4.86
新丰县	4.65	0.34	4.01	6.96	4.44	4.56	4.67	4.82
浈江区	4.45	0.34	4.13	5.74	4.22	4.28	4.40	4.66
南雄市	4.84	0.28	4.34	5.52	4.59	4.74	4.89	5.07
全市	4.67	0.53	3.79	8.28	4.33	4.49	4.64	4.87

第二节　森林土壤养分含量

一、土壤有机碳含量

韶关市各区（县）森林土壤有机碳含量如表4-2所示。由表可知，全市森林土壤有机碳含量的平均值为23.00 g/kg，对应的土壤肥力等级为Ⅲ级，土壤肥力为高。各区（县）森林土壤有机碳含量的平均值由小到大依次为南雄市、浈江区、新丰县、武江区、翁源县、始兴县、曲江区、乐昌市、仁化县和乳源瑶族自治县，分别为16.03 g/kg、16.68 g/kg、20.43 g/kg、20.59 g/kg、20.61 g/kg、21.55 g/kg、22.07 g/kg、22.88 g/kg、26.97 g/kg和33.69 g/kg，其中仁化县和乳源瑶族自治县高于全市的平均水平，南雄市、浈江区、新丰县、武江区、翁源县、始兴县、曲江区和乐昌市低于全市的平均水平。除乳源瑶族自治县、仁化县、南雄市和浈江区外，其余区（县）森林土壤有机碳含量的平均值对应的土壤肥力等级均为Ⅱ级，土壤肥力很高，乳源瑶族自治县和仁化县为Ⅰ级，土壤肥力极高，南雄市和浈江区为Ⅲ级，土壤肥力高。

全市森林土壤有机碳含量的最大值为105.16 g/kg，分布在乳源瑶族自治县，对应的土壤肥力等级为Ⅰ级，土壤肥力极高。其他各区（县）森林土壤有机碳含量的最大值范围在38.20~105.16 g/kg之间，由小到大依次为南雄市、浈江区、武江区、新丰县、始兴县、曲江区、乐昌市、翁源县、仁化县和乳源瑶族自治县，分别为38.20 g/kg、43.20 g/kg、46.37 g/kg、49.08 g/kg、71.12 g/kg、74.50 g/kg、76.33 g/kg、85.83 g/kg、99.66 g/kg和105.16 g/kg；全市所有区（县）的有机碳含量的最大值对应的土壤肥力等级为Ⅰ级，土壤肥力极高。

全市森林土壤有机碳含量的最小值为0.55 g/kg，分布在南雄市，对应的土壤肥力等级为Ⅵ级，土壤肥力很低。其他各区县森林土壤有机碳含量的最小值范围在 0.55~8.93 g/kg 之间，由小到大依次为南雄市、乳源瑶族自治县、武江区、新丰县、翁源县、乐昌市、仁化县、始兴县、曲江区和浈江区，分别为 0.55 g/kg、1.97 g/kg、3.10 g/kg、3.10 g/kg、3.70 g/kg、4.04 g/kg、4.21 g/kg、6.14 g/kg、7.45 g/kg 和 8.93 g/kg；南雄市和乳源瑶族自治县森林土壤有机碳含量的最小值对应的土壤肥力等级为Ⅵ级，土壤肥力很低；武江区、新丰县、翁源县、乐昌市和仁化县森林土壤有机碳含量的最小值对应的土壤肥力等级为Ⅴ级，土壤肥力低；始兴县、曲江区和浈江区森林土壤有机碳含量的最小值对应的土壤肥力等级为Ⅳ级，土壤肥力中等。

表 4-2　韶关市各区(县)森林土壤有机碳含量

地区	平均值		最大值		最小值	
	含量(g/kg)	等级	含量(g/kg)	等级	含量(g/kg)	等级
翁源县	20.61	Ⅱ	85.83	Ⅰ	3.70	Ⅴ
乳源瑶族自治县	33.69	Ⅰ	105.16	Ⅰ	1.97	Ⅵ
曲江区	22.07	Ⅱ	74.50	Ⅰ	7.45	Ⅳ
始兴县	21.55	Ⅱ	71.12	Ⅰ	6.14	Ⅳ
乐昌市	22.88	Ⅱ	76.33	Ⅰ	4.04	Ⅴ
仁化县	26.97	Ⅱ	99.66	Ⅰ	4.21	Ⅴ
武江区	20.59	Ⅱ	46.37	Ⅰ	3.10	Ⅴ
新丰县	20.43	Ⅱ	49.08	Ⅰ	3.10	Ⅴ
浈江区	16.68	Ⅲ	43.20	Ⅰ	8.93	Ⅳ
南雄市	16.03	Ⅲ	38.20	Ⅰ	0.55	Ⅵ
全市	23.00	Ⅱ	105.16	Ⅰ	0.55	Ⅵ

二、土壤全氮含量

韶关市各区(县)森林土壤全氮含量状况如表 4-3 所示。由表可知，全市全氮含量平均值为 1.03 g/kg，各区(县)全氮含量的平均值由小到大依次为南雄市、浈江区、始兴县、新丰县、曲江区、武江区、乐昌市、翁源县、仁化县和乳源瑶族自治县，其平均值含量分别为 0.75 g/kg、0.82 g/kg、0.92 g/kg、0.93 g/kg、0.96 g/kg、1.02 g/kg、1.04 g/kg、1.06 g/kg、1.09 g/kg、1.46 g/kg，其中南雄市、浈江区、始兴县、新丰县和曲江区的森林土壤全氮含量对应的土壤肥力等级为Ⅳ级，土壤肥力一般；武江区、乐昌市、翁源县、仁化县和乳源瑶族自治县为Ⅲ级，土壤肥力高。

全市全氮含量的最大值为 4.70 g/kg，各区(县)全氮含量的最大值的范围在 1.53~4.70 g/kg 之间，由小到大依次为浈江区、南雄市、武江、始兴县、新丰县、曲江区、乐昌市、仁化县、翁源县、乳源瑶族自治县，其最大值含量分别为 1.53 g/kg、1.53 g/kg、1.90 g/kg、2.09 g/kg、2.09 g/kg、2.72 g/kg、2.89 g/kg、3.33 g/kg、3.46 g/

kg、4.70 g/kg，除武江区、浈江区和南雄市外，其余区(县)全氮含量的最大值对应的土壤肥力等级为Ⅰ级，土壤肥力极高；武江区、浈江区和南雄市为Ⅱ级，土壤肥力很高。

全市全氮含量的最小值为 0.11 g/kg，各区(县)全氮含量的最小值的范围在 0.11～0.49 g/kg 之间，由小到大依次为南雄市、浈江区、乐昌市、仁化县、新丰县、乳源瑶族自治县、始兴县、翁源县、曲江区、武江区，其最小值含量分别为 0.11 g/kg、0.14 g/kg、0.15 g/kg、0.26 g/kg、0.27 g/kg、0.34 g/kg、0.35 g/kg、0.36 g/kg、0.38 g/kg、0.49 g/kg，全市各区(县)的全氮含量的最小值对应的土壤肥力等级为Ⅵ级，土壤肥力很低。

表4-3　韶关市各区(县)森林土壤全氮含量

地区	平均值		最大值		最小值	
	含量(g/kg)	等级	含量(g/kg)	等级	含量(g/kg)	等级
翁源县	1.06	Ⅲ	3.46	Ⅰ	0.36	Ⅵ
乳源瑶族自治县	1.46	Ⅲ	4.70	Ⅰ	0.34	Ⅵ
曲江区	0.96	Ⅳ	2.72	Ⅰ	0.38	Ⅵ
始兴县	0.92	Ⅳ	2.09	Ⅰ	0.35	Ⅵ
乐昌市	1.04	Ⅲ	2.89	Ⅰ	0.15	Ⅵ
仁化县	1.09	Ⅲ	3.33	Ⅰ	0.26	Ⅵ
武江区	1.02	Ⅲ	1.90	Ⅱ	0.49	Ⅵ
新丰县	0.93	Ⅳ	2.09	Ⅰ	0.27	Ⅵ
浈江区	0.82	Ⅳ	1.53	Ⅱ	0.14	Ⅵ
南雄市	0.75	Ⅳ	1.53	Ⅱ	0.11	Ⅵ
全市	1.03	Ⅲ	4.70	Ⅰ	0.11	Ⅵ

韶关市各区(县)森林土壤全氮含量各等级数量占比如图 4-1 所示。从韶关市整体来看，全氮含量等级主要集中于Ⅲ级、Ⅳ级，土壤肥力等级为高或一般，其次为Ⅴ级、Ⅱ级，土壤肥力等级为低或很高，极少数土壤肥力等级极高或很低。全市土壤全氮含量各等级数量占比由大到小依次为Ⅲ级(34%)＞Ⅳ级(31%)＞Ⅴ级(18%)＞Ⅱ级(8%)＞Ⅵ级(6%)＞Ⅰ级(4%)。各区(县)的森林土壤全氮含量各等级数量占比如下：南雄市Ⅳ级(30%)＞Ⅴ级(29%)＞Ⅵ级(20%)＞Ⅲ级(19%)＞Ⅱ级(2%)；浈江区Ⅳ级(42%)＞Ⅴ级(35%)＞Ⅲ级(16%)＞Ⅵ级(5%)＞Ⅱ级(2%)；新丰县Ⅲ级(34%)＞Ⅳ级(33%)＞Ⅴ级(22%)＞Ⅵ级(7%)＞Ⅱ级(3%)＞Ⅰ级(1%)；武江区Ⅳ级(43%)＞Ⅲ级(37%)＞Ⅴ级(11%)＞Ⅱ级(7%)＞Ⅰ级(2%)；仁化县Ⅲ级(37%)＞Ⅳ级(29%)＞Ⅴ级(17%)＞Ⅱ级(11%)＞Ⅰ级(3%)＞Ⅵ级(3%)；乐昌市Ⅲ级(34%)＞Ⅳ级(30%)＞Ⅴ级(18%)＞Ⅱ级(8%)＞Ⅵ级(6%)＞Ⅰ级(4%)；始兴县Ⅳ级(35%)＞Ⅲ级(34%)＞Ⅴ级(25%)＞Ⅵ级(4%)＞Ⅱ级(2%)＞Ⅰ级(1%)；曲江区Ⅳ级(40%)＞Ⅲ级(33%)＞Ⅴ级(18%)＞Ⅱ级(5%)＞Ⅵ级(4%)＞Ⅰ级(1%)；乳源瑶族自治县Ⅲ级(45%)＞Ⅱ级(19%)＞Ⅰ级(17%)＞Ⅳ

级(13%)>Ⅴ级(5%)>Ⅵ级(1%);翁源县Ⅲ级(35%)=Ⅳ级(35%)>Ⅴ级(13%)>Ⅱ级(9%)>Ⅵ级(5%)>Ⅰ级(3%)。

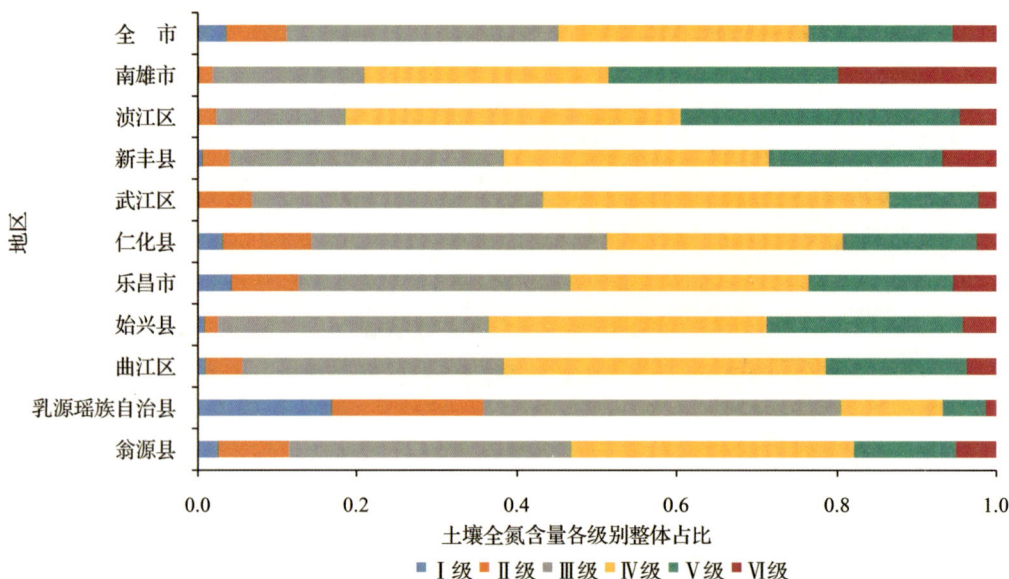

图4-1　韶关市各区(县)森林土壤全氮含量各级别占比

三、土壤全磷含量

韶关市各区(县)森林土壤全磷含量状况如表4-4所示。由表可知,全市全磷含量平均值为0.33 g/kg,各区(县)全磷含量的平均值由小到大依次为浈江区、曲江区、新丰县、始兴县、武江区、乐昌市、仁化县、乳源瑶族自治县、翁源县和南雄市,其平均值含量分别为0.25 g/kg、0.29 g/kg、0.29 g/kg、0.31 g/kg、0.31 g/kg、0.32 g/kg、0.32 g/kg、0.35 g/kg、0.38 g/kg、0.40 g/kg,除南雄市外,其余区(县)森林土壤全磷含量对应的土壤肥力等级为Ⅴ级,土壤肥力低;南雄市为Ⅳ级,土壤肥力一般。

全市全磷含量的最大值为1.67 g/kg,各区(县)全磷含量的最大值的范围在0.70~1.67 g/kg之间,由小到大依次为浈江区、始兴县、武江区、曲江区、乐昌市、新丰县、南雄市、翁源县、仁化县、乳源瑶族自治县,其最大值含量分别为0.70 g/kg、0.77 g/kg、0.83 g/kg、0.90 g/kg、0.93 g/kg、1.10 g/kg、1.16 g/kg、1.26 g/kg、1.66 g/kg、1.67 g/kg,翁源县、乳源瑶族自治县、仁化县、新丰县和南雄市的全磷含量的最大值对应的土壤肥力等级为Ⅰ级,土壤肥力极高;曲江区、乐昌市和武江区为Ⅱ级,土壤肥力很高;始兴县和浈江区为Ⅲ级,土壤肥力高。

全市全磷含量的最小值为0.05 g/kg,各区(县)全磷含量的最小值的范围在0.05~0.11 g/kg之间,由小到大依次为武江区、新丰县、乳源瑶族自治县、始兴县、仁化县、翁源县、曲江区、乐昌市、浈江区、南雄市,其最小值含量分别为0.05 g/kg、0.05 g/kg、0.06 g/kg、0.06 g/kg、0.06 g/kg、0.07 g/kg、0.07 g/kg、0.07 g/kg、0.10 g/kg、0.11 g/kg,全市各区(县)的全磷含量的最小值对应的土壤肥力等级为Ⅵ级,土壤肥力很低。

表 4-4　韶关市各区(县)森林土壤全磷含量

地区	平均值		最大值		最小值	
	含量(g/kg)	等级	含量(g/kg)	等级	含量(g/kg)	等级
翁源县	0.38	V	1.26	I	0.07	VI
乳源瑶族自治县	0.35	V	1.67	I	0.06	VI
曲江区	0.29	V	0.90	II	0.07	VI
始兴县	0.31	V	0.77	III	0.06	VI
乐昌市	0.32	V	0.93	II	0.07	VI
仁化县	0.32	V	1.66	I	0.06	VI
武江区	0.31	V	0.83	II	0.05	VI
新丰县	0.29	V	1.10	I	0.05	VI
浈江区	0.25	V	0.70	III	0.10	VI
南雄市	0.40	IV	1.16	I	0.11	VI
全市	0.33	V	1.67	I	0.05	VI

　　韶关市各区(县)森林土壤全磷含量各等级数量占比如图 4-2 所示。从韶关市整体来看，全磷含量等级主要集中于 V 级、VI 级，土壤肥力等级为低或很低，其次为 IV 级、III 级，土壤肥力等级为一般或高，极少数土壤肥力等级很高或极高。全市土壤全磷含量各等级数量占比由大到小依次为 V 级(51%) > VI 级(23%) > IV 级(19%) > III 级(5%) > II 级(2%) > I 级(1%)。各区(县)的森林土壤全磷含量各等级数量占比如下：南雄市 V 级(40%) > IV 级(33%) > VI 级(13%) > III 级(10%) > II 级(2%) = I 级(2%)；浈江区 V 级(51%) > IV 级(37%) > IV 级(7%) > III 级(5%)；新丰县 V 级(57%) > VI 级(29%) > IV 级(11%) > III 级(1%) = II 级(1%) = I 级(1%)；武江区 V 级(48%) > VI 级(30%) > IV 级(16%) > III 级(5%) > II 级(2%)；仁化县 V 级(49%) > VI 级(26%) > IV 级(19%) > III 级(4%) > II 级(1%) > I 级(1%)；乐昌市 V 级(52%) > VI 级(24%) > IV 级(18%) > III 级(5%) > II 级(1%)；始兴县 V 级(48%) > VI 级(27%) > IV 级(18%) > III 级(7%)；曲江区 V 级(53%) > VI 级(28%) > IV 级(15%) > III 级(2%) = II 级(2%)；乳源瑶族自治县 V 级(49%) > VI 级(23%) > IV 级(18%) > III 级(5%) > II 级(3%) > I 级(3%)；翁源县 V 级(54%) > IV 级(27%) > VI 级(10%) > III 级(5%) > II 级(3%) > I 级(1%)。

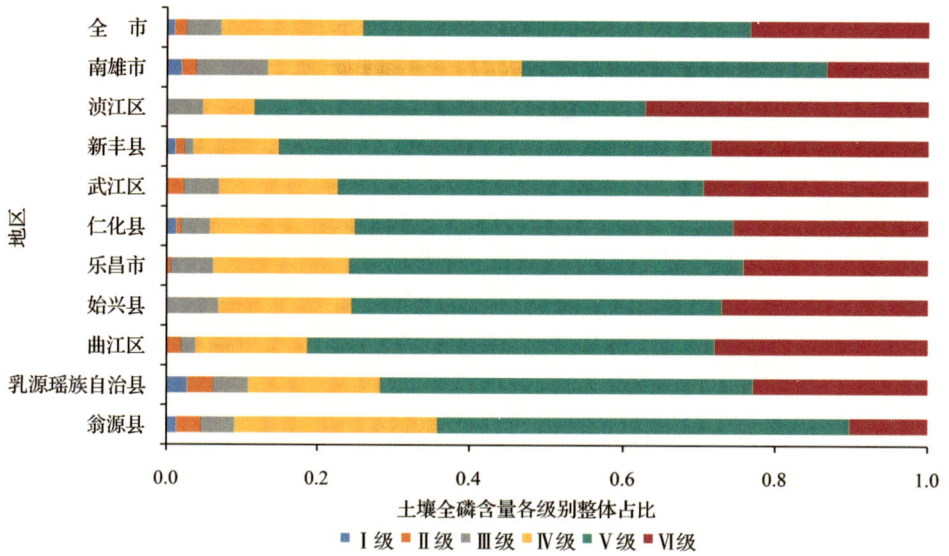

土壤全磷含量各级别整体占比

■ Ⅰ级　■ Ⅱ级　■ Ⅲ级　■ Ⅳ级　■ Ⅴ级　■ Ⅵ级

图4-2　韶关市各区(县)森林土壤全磷含量各级别占比

四、土壤全钾含量

韶关市各区(县)森林土壤全钾含量状况如表4-4所示。由表可知,全市全钾含量平均值为 22.67 g/kg,各区(县)全钾含量的平均值由小到大依次为浈江区、乐昌市、武江区、翁源县、曲江区、乳源瑶族自治县、仁化县、新丰县、始兴县和南雄市,其平均值含量分别为 14.16 g/kg、19.50 g/kg、19.68 g/kg、20.05 g/kg、21.60 g/kg、23.07 g/kg、23.53 g/kg、24.81 g/kg、25.62 g/kg、28.61 g/kg,南雄市和始兴县的森林土壤全钾含量对应的土壤肥力等级为Ⅰ级,土壤肥力极高;翁源县、曲江区、乳源瑶族自治县、仁化县和新丰县为Ⅱ级,土壤肥力很高;武江区、乐昌市和浈江区为Ⅲ级,土壤肥力高。

全市全钾含量的最大值为 61.17 g/kg,各区(县)全钾含量的最大值的范围在 37.13～61.17 g/kg 之间,由小到大依次为浈江区、武江区、翁源县、乐昌市、乳源瑶族自治县、曲江区、仁化县、南雄市、新丰县、始兴县,其最大值含量分别为 37.13 g/kg、42.46 g/kg、43.83 g/kg、43.88 g/kg、47.25 g/kg、48.54 g/kg、50.95 g/kg、56.79 g/kg、60.84 g/kg、61.17 g/kg,全市各区(县)全钾含量的最大值对应的土壤肥力等级为Ⅰ级,土壤肥力极高。

全市全钾含量的最小值为 1.32 g/kg,各区(县)全磷含量的最小值的范围在 1.32～10.09 g/kg 之间,由小到大依次为始兴县、乐昌市、翁源县、浈江区、乳源瑶族自治县、新丰县、仁化县、曲江区、武江区、南雄市,其最小值含量分别为 1.32 g/kg、1.78 g/kg、2.01 g/kg、2.07 g/kg、2.48 g/kg、3.58 g/kg、4.43 g/kg、5.33 g/kg、6.37 g/kg、10.09 g/kg,除南雄市、武江区和曲江区外,其余区(县)的全钾含量的最小值对应的土壤肥力等级为Ⅵ级,土壤肥力很低;武江区和曲江区为Ⅴ级,土壤肥力低;南雄市为Ⅳ级,土壤肥力一般。

表 4-5 韶关市各区(县)森林土壤全钾含量

地区	平均值		最大值		最小值	
	含量(g/kg)	等级	含量(g/kg)	等级	含量(g/kg)	等级
翁源县	20.05	Ⅱ	43.83	Ⅰ	2.01	Ⅵ
乳源瑶族自治县	23.07	Ⅱ	47.25	Ⅰ	2.48	Ⅵ
曲江区	21.60	Ⅱ	48.54	Ⅰ	5.33	Ⅴ
始兴县	25.62	Ⅰ	61.17	Ⅰ	1.32	Ⅵ
乐昌市	19.50	Ⅲ	43.88	Ⅰ	1.78	Ⅵ
仁化县	23.53	Ⅱ	50.95	Ⅰ	4.43	Ⅵ
武江区	19.68	Ⅲ	42.46	Ⅰ	6.37	Ⅴ
新丰县	24.81	Ⅱ	60.84	Ⅰ	3.58	Ⅵ
浈江区	14.16	Ⅳ	37.13	Ⅰ	2.07	Ⅵ
南雄市	28.61	Ⅰ	56.79	Ⅰ	10.09	Ⅳ
全市	22.67	Ⅱ	61.17	Ⅰ	1.32	Ⅵ

　　韶关市各区(县)森林土壤全钾含量各等级数量占比如图 4-3 所示。从韶关市整体来看,全钾含量等级主要集中于Ⅰ级、Ⅲ级,土壤肥力等级为极高或高,其次为Ⅱ级、Ⅳ级,土壤肥力等级为高或一般,极少数土壤肥力等级低或很低。全市土壤全钾含量各等级数量占比由大到小依次为Ⅰ级(37%)＞Ⅲ级(21%)＞Ⅱ级(17%)＞Ⅳ级(16%)＞Ⅴ级(8%)＞Ⅵ级(2%)。各区(县)的森林土壤全钾含量各等级数量占比如下:南雄市Ⅰ级(61%)＞Ⅱ级(17%)＞Ⅲ级(15%)＞Ⅳ级(7%);浈江区Ⅲ级(28%)＞Ⅳ级(23%)＞Ⅴ级(21%)＞Ⅱ级(12%)＞Ⅵ级(9%)＞Ⅰ级(7%);新丰县Ⅰ级(42%)＞Ⅲ级(19%)＞Ⅱ级(17%)＞Ⅳ级(15%)＞Ⅴ级(5%)＞Ⅵ级(2%);武江区Ⅲ级(25%)＞Ⅳ级(23%)＞Ⅱ级(20%)＞Ⅰ级(18%)＞Ⅴ级(14%);仁化县Ⅰ级(46%)＞Ⅲ级(18%)＝Ⅳ级(18%)＞Ⅱ级(11%)＞Ⅴ级(7%)＞Ⅵ级(1%);乐昌市Ⅰ级(27%)＞Ⅲ级(25%)＞Ⅳ级(19%)＞Ⅱ级(15%)＞Ⅴ级(11%)＞Ⅵ级(3%);始兴县Ⅰ级(44%)＞Ⅲ级(19%)＞Ⅱ级(17%)＞Ⅳ级(14%)＞Ⅴ级(5%)＞Ⅵ级(1%);曲江区Ⅰ级(31%)＞Ⅲ级(21%)＞Ⅱ级(18%)＞Ⅳ级(16%)＞Ⅴ级(8%)＞Ⅵ级(1%);乳源瑶族自治县Ⅰ级(41%)＞Ⅱ级(21%)＞Ⅲ级(16%)＞Ⅳ级(16%)＞Ⅴ级(8%)＞Ⅵ级(1%);翁源县Ⅲ级(27%)＞Ⅱ级(23%)＞Ⅰ级(22%)＞Ⅳ级(19%)＞Ⅴ级(7%)＞Ⅵ级(1%)。

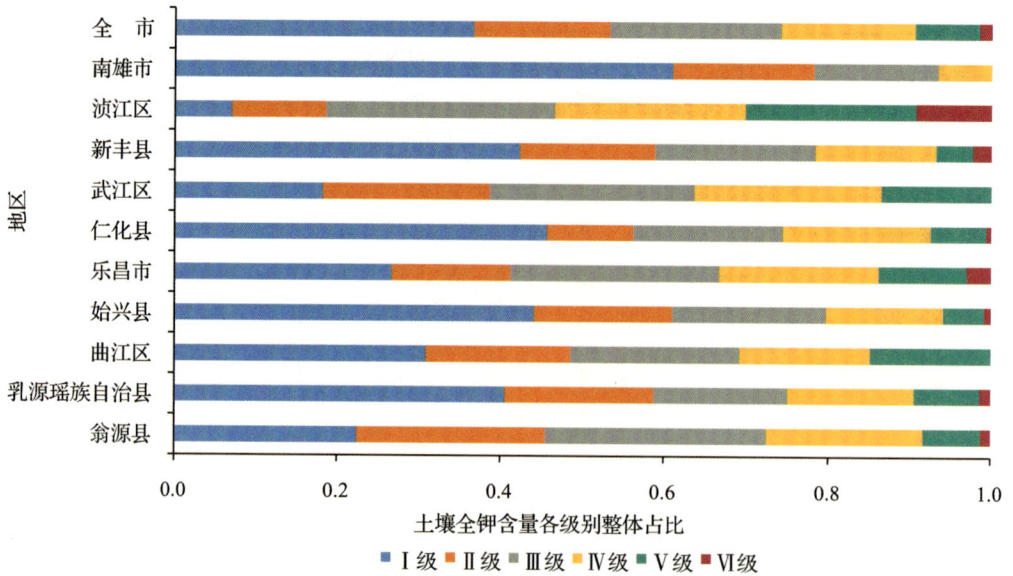

图 4-3　韶关市各区(县)森林土壤全钾含量各级别占比

第三节　森林土壤重金属元素含量

一、土壤重金属镉含量

参照农用地土壤污染风险筛选值,韶关市各区(县)森林土壤重金属镉含量超标情况如表 4-6 所示,全市共调查森林土壤点位数 921 个,无污染风险个数为 828 个,超标个数为 93 个,土壤重金属镉超标率为 10.1%。其中,曲江区无污染风险个数为 87 个,超标个数为 7 个,土壤重金属镉超标率为 7.45%;始兴县无污染风险个数为 81 个,超标个数为 11 个,土壤重金属镉超标率为 11.96%;翁源县无污染风险个数为 83 个,超标个数为 15 个,土壤重金属镉超标率为 15.31%;武江区无污染风险个数为 69 个,超标个数为 10 个,土壤重金属镉超标率为 12.66%;乐昌市无污染风险个数为 139 个,超标个数为 21 个,超标率为 13.13%;南雄市无污染风险个数为 54 个,无土壤重金属镉超标;乳源瑶族自治县无污染风险个数为 112 个,超标个数为 27 个,土壤重金属镉超标率为 19.42%;新丰县无污染风险个数为 57 个,无土壤重金属镉超标;仁化县无污染风险个数为 146 个,超标个数为 2 个,土壤重金属镉超标率为 1.35%。

表 4-6　韶关市各区(县)森林土壤重金属镉含量超标情况

地区	无污染风险个数(个)	超标个数(个)	总数(个)	超标率(%)
曲江区	87	7	94	7.45
始兴县	81	11	92	11.96
翁源县	83	15	98	15.31
武江区	69	10	79	12.66
乐昌市	139	21	160	13.13
南雄市	54	0	54	0.00
乳源瑶族自治县	112	27	139	19.42
新丰县	57	0	57	0.00
仁化县	146	2	148	1.35
全市	828	93	921	10.10

　　韶关市各区(县)森林土壤镉含量均值均值如图 4-4 所示, 依次为乳源瑶族自治县>翁源县>武江区>乐昌市>始兴县>曲江区>仁化县>南雄市>新丰县, 其含量分别为 0.346 mg/kg、0.264 mg/kg、0.228 mg/kg、0.217 mg/kg、0.208 mg/kg、0.169 mg/kg、0.133 mg/kg、0.106 mg/kg、0.105 mg/kg。乳源瑶族自治县森林土壤镉含量离散程度极大, 其标准差为 0.786 mg/kg, 翁源县、乐昌市、始兴县、武江区和曲江区森林土壤镉含量离散程度相对较大, 标准差分别为 0.520 mg/kg、0.312 mg/kg、0.253 mg/kg、0.221 mg/kg 和 0.189 mg/kg; 仁化县、新丰县和南雄市森林土壤镉含量离散程度相对较低, 标准差分别为 0.097 mg/kg、0.039 mg/kg 和 0.032 mg/kg。全市仅南雄市和新丰县所有样点森林土壤重金属镉含量小于农用地土壤污染风险筛选值, 其余县(区)均存在森林土壤重金属镉含量超标现象, 超标率由高到低依次为乳源瑶族自治县、翁源县、乐昌市、武江区、始兴县、曲江区、仁化县。

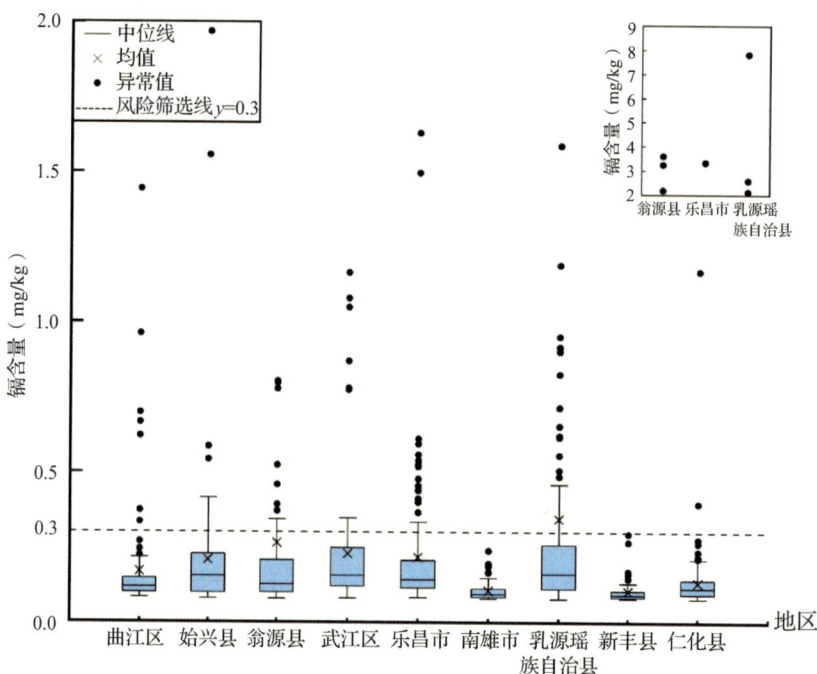

图 4-4　韶关市各区（县）森林土壤镉含量

二、土壤重金属汞含量

参照农用地土壤污染风险筛选值，韶关市各区（县）森林土壤重金属汞含量超标情况如表 4-7 所示，全市共调查森林土壤点位数 1154 个，无污染风险个数为 1150 个，超标个数为 4 个，土壤重金属汞超标率为 0.35%。其中，曲江区无污染风险个数为 107 个，无土壤重金属汞超标；始兴县无污染风险个数为 115 个，无土壤重金属汞超标；翁源县无污染风险个数为 151 个，无土壤重金属汞超标；武江区无污染风险个数为 44 个，无土壤重金属汞超标；乐昌市无污染风险个数为 164 个，超标个数为 1 个，土壤重金属汞超标率为 0.61%；南雄市无污染风险个数为 105 个，无土壤重金属汞超标；乳源瑶族自治县无污染风险个数为 140 个，超标个数为 2 个，土壤重金属汞超标率为 1.41%；新丰县无污染风险个数为 169 个，无土壤重金属汞超标；仁化县无污染风险个数为 157 个，超标个数为 1 个，土壤重金属汞超标率为 0.63%。

表 4-7　韶关市各区（县）森林土壤重金属汞含量超标情况

地区	无污染风险个数（个）	超标个数（个）	总数（个）	超标率（%）
曲江区	107	0	107	0.00
始兴县	115	0	115	0.00
翁源县	151	0	151	0.00
武江区	44	0	44	0.00

（续）

地区	无污染风险个数（个）	超标个数（个）	总数（个）	超标率（%）
乐昌市	162	1	163	0.61
南雄市	105	0	105	0.00
乳源瑶族自治县	140	2	142	1.41
新丰县	169	0	169	0.00
仁化县	157	1	158	0.63
全市	1150	4	1154	0.35

　　韶关市各区（县）森林土壤汞含量均值均值如图 4-5 所示，依次为乳源瑶族自治县>乐昌市>仁化县>武江区>曲江区>翁源县>新丰县>始兴县>南雄市，其含量分别为 0.250 mg/kg、0.171 mg/kg、0.162 mg/kg、0.153 mg/kg、0.152 mg/kg、0.117 mg/kg、0.115 mg/kg、0.110 mg/kg、0.091 mg/kg。仁化县森林土壤汞含量离散程度极大，其标准差为 0.369 mg/kg，乳源瑶族自治县和乐昌市森林土壤汞含量离散程度相对较大，标准差分别为 0.242 mg/kg 和 0.146 mg/kg；武江区、曲江区、翁源县、新丰县、始兴县和南雄市森林土壤汞含量离散程度相对较低，标准差分别为 0.081 mg/kg、0.073 mg/kg 和 0.067 mg/kg、0.046 mg/kg、0.044 mg/kg 和 0.038 mg/kg。除乐昌市、乳源瑶族自治县和仁化县外，其余县（区）所有样点森林土壤重金属汞含量小于农用地土壤污染风险筛选值。其中，超标率由高到低依次为乳源瑶族自治县、仁化县、乐昌市。

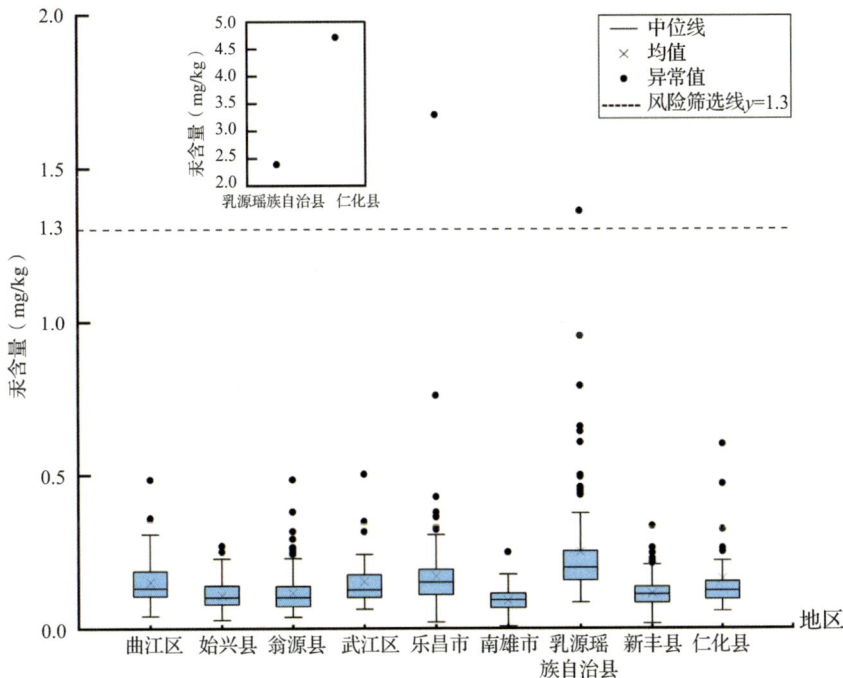

图 4-5　韶关市各区（县）森林土壤汞含量

三、土壤重金属砷含量

参照农用地土壤污染风险筛选值，韶关市各区(县)森林土壤重金属砷含量超标情况如表 4-8 所示，全市共调查森林土壤点位数 1197 个，无污染风险个数为 1013 个，超标个数为 184 个，土壤重金属砷超标率为 15.37%。其中，曲江区无污染风险个数为 94 个，超标个数为 13 个，土壤重金属砷超标率为 12.15%；始兴县无污染风险个数为 90 个，超标个数为 25 个，土壤重金属砷超标率为 21.74%；翁源县无污染风险个数为 116 个，超标个数为 35 个，土壤重金属砷超标率为 23.18%；武江区无污染风险个数为 60 个，超标个数为 27 个，土壤重金属砷超标率为 31.03%；乐昌市无污染风险个数为 139 个，超标个数为 24 个，土壤重金属砷超标率为 14.72%；南雄市无污染风险个数为 102 个，超标个数为 3，土壤重金属砷超标率为 2.86%；乳源瑶族自治县无污染风险个数为 110 个，超标个数为 32 个，土壤重金属砷超标率为 22.54%；新丰县无污染风险个数为 154 个，超标个数为 15 个，土壤重金属砷超标率为 8.88%；仁化县无污染风险个数为 148 个，超标个数为 10 个，土壤重金属砷超标率为 6.33%。

表 4-8　韶关市各区(县)森林土壤重金属砷含量超标情况

地区	无污染风险个数(个)	超标个数(个)	总数(个)	超标率(%)
曲江区	94	13	107	12.15
始兴县	90	25	115	21.74
翁源县	116	35	151	23.18
武江区	60	27	87	31.03
乐昌市	139	24	163	14.72
南雄市	102	3	105	2.86
乳源瑶族自治县	110	32	142	22.54
新丰县	154	15	169	8.88
仁化县	148	10	158	6.33
全市	1013	184	1197	15.37

韶关市各区(县)森林土壤砷含量均值如图 4-6 所示，依次为武江区>乳源瑶族自治县>翁源县>始兴县>曲江区>乐昌市>仁化县>新丰县>南雄市，其含量分别为 53.82 mg/kg、43.51 mg/kg、32.45 mg/kg、32.00 mg/kg、25.05 mg/kg、24.74 mg/kg、16.50 mg/kg、15.84 mg/kg、10.78 mg/kg。乳源瑶族自治县和武江区的森林土壤砷含量离散程度极大，其标准差分别为为 111.42 mg/kg 和 110.32 mg/kg，其余区县森林土壤砷含量离散程度相对较小，标准差从大到小依次为分别始兴县、武江区、曲江区、翁源县、乐昌市、新丰县、仁化县、南雄市，标准差分别为 57.88 mg/kg、41.43 mg/kg、37.71 mg/kg、27.96 mg/kg、21.33 mg/kg、15.12 mg/kg 和 9.38 mg/kg。全市各县(区)所有样点森林土壤重金

属砷含量超标现象，超标率由高到低依次为武江区、翁源县、乳源瑶族自治县、始兴县、乐昌市、曲江区、新丰县、仁化县和南雄市。

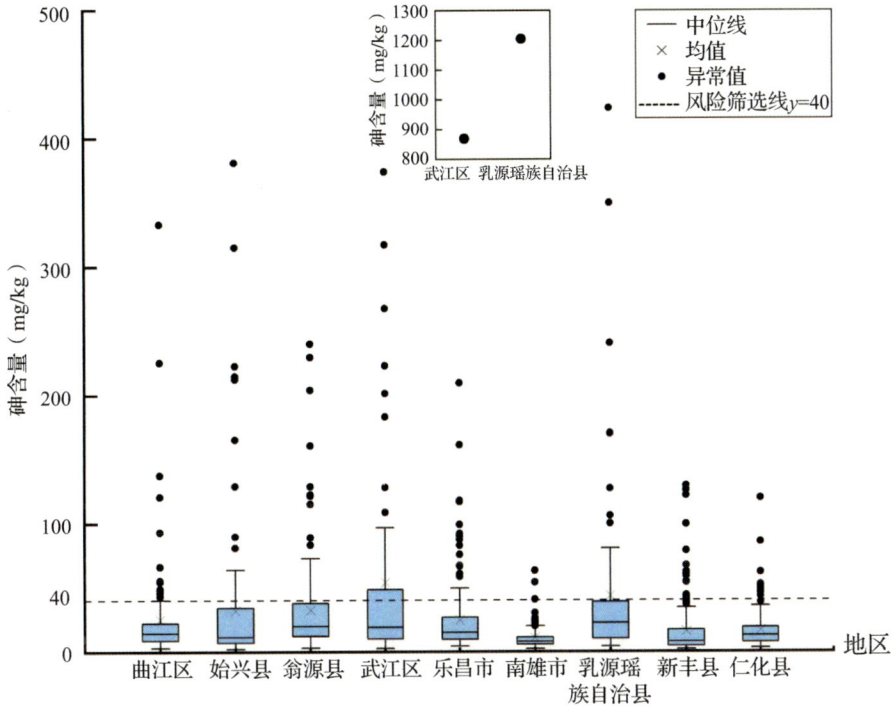

图 4-6　韶关市各区(县)森林土壤砷含量

四、土壤重金属铅含量

参照农用地土壤污染风险筛选值，韶关市各区(县)森林土壤重金属铅含量超标情况如表 4-9 所示，全市共调查森林土壤点位数 1197 个，无污染风险个数为 1078 个，超标个数为 119 个，土壤重金属铅超标率为 9.94%。其中，曲江区无污染风险个数为 97 个，超标个数为 10 个，土壤重金属铅超标率为 9.35%；始兴县无污染风险个数为 92 个，超标个数为 23 个，土壤重金属铅超标率为 20.00%；翁源县无污染风险个数为 142 个，超标个数为 9 个，土壤重金属铅超标率为 5.96%；武江区无污染风险个数为 86 个，超标个数为 1 个，土壤重金属铅超标率为 1.15%；乐昌市无污染风险个数为 143 个，超标个数为 20 个，土壤重金属铅超标率为 12.27%；南雄市无污染风险个数为 95 个，超标个数为 10 个，土壤重金属铅超标率为 9.52%；乳源瑶族自治县无污染风险个数为 120 个，超标个数为 22 个，土壤重金属铅超标率为 15.49%；新丰县无污染风险个数为 157 个，超标个数为 12 个，土壤重金属铅超标率为 7.10%；仁化县无污染风险个数为 146 个，超标个数为 12 个，土壤重金属铅超标率为 7.59%。

表 4-9 韶关市各区(县)森林土壤重金属铅含量超标情况

地区	无污染风险个数(个)	超标个数(个)	总数(个)	超标率(%)
曲江区	97	10	107	9.35
始兴县	92	23	115	20.00
翁源县	142	9	151	5.96
武江区	86	1	87	1.15
乐昌市	143	20	163	12.27
南雄市	95	10	105	9.52
乳源瑶族自治县	120	22	142	15.49
新丰县	157	12	169	7.10
仁化县	146	12	158	7.59
全市	1078	119	1197	9.94

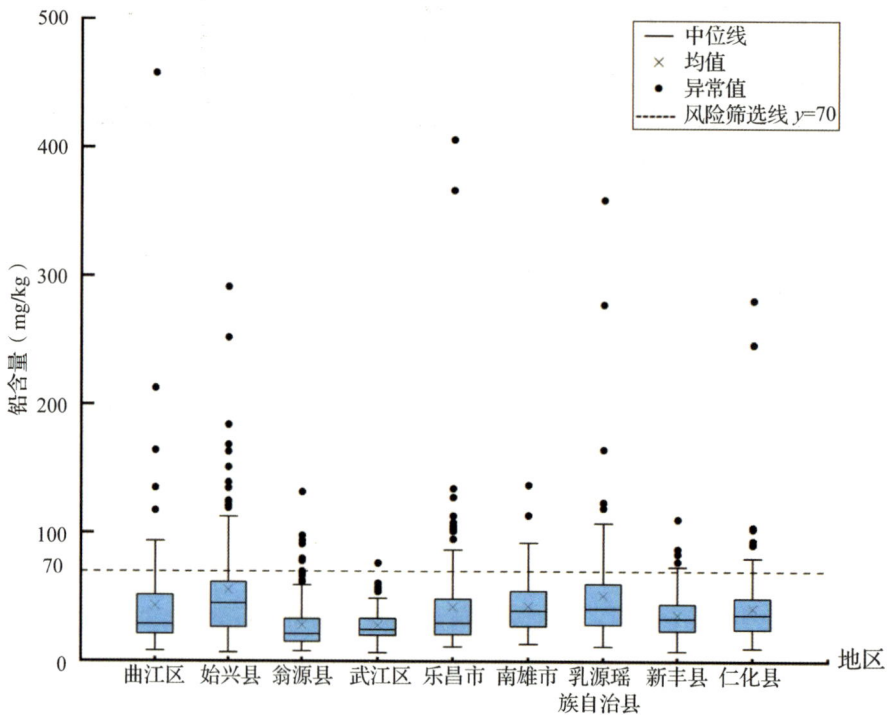

图 4-7 韶关市各区(县)森林土壤铅含量

韶关市各区(县)森林土壤铅含量均值如图 4-7 所示,依次为始兴县>乳源瑶族自治县>曲江区>南雄市>乐昌市>仁化县>新丰县>翁源县>武江区,其含量分别为 55.31 mg/kg、51.15 mg/kg、43.16 mg/kg、42.74 mg/kg、42.41 mg/kg、41.37 mg/kg、36.02 mg/kg、28.35 mg/kg、28.04 mg/kg。曲江区、始兴县、乐昌市和乳源瑶族自治县的森林土壤铅含量离散程度相对较大，其标准差分别为为 50.49 mg/kg、46.17 mg/kg、46.69 mg/kg 和 41.33 mg/kg，其余区县森林土壤铅含量离散程度相对较小，标准差从大到小依次为分别南雄市、翁源县、新丰县、武江区，标准差分别为 20.87 mg/kg、20.74 mg/kg、16.99 mg/kg 和 12.38 mg/kg。全市各县(区)所有样点森林土壤重金属铅含量超标现象，超标率由高到低依次为始兴县、乳源瑶族自治县、乐昌市、南雄市、曲江区、仁化县、新丰县、翁源县和武江区。

五、土壤重金属镍含量

参照农用地土壤污染风险筛选值，韶关市各区(县)森林土壤重金属镍含量超标情况如表 4-10 所示，全市共调查森林土壤点位数 1186 个，无污染风险个数为 1170 个，超标个数为 16 个，土壤重金属镍超标率为 1.35%。其中，曲江区无污染风险个数为 106 个，超标个数为 1 个，土壤重金属镍超标率为 0.94%；始兴县无污染风险个数为 92 个，无土壤重金属镍超标；翁源县无污染风险个数为 150 个，超标个数为 1 个，土壤重金属镍超标率为 0.66%；武江区无污染风险个数为 84 个，超标个数为 1 个，土壤重金属镍超标率为 1.18%；乐昌市无污染风险个数为 143 个，无土壤重金属镍超标；南雄市无污染风险个数为 103 个，超标个数为 2 个，土壤重金属镍超标率为 1.90%；乳源瑶族自治县无污染风险个数为 133 个，超标个数为 9 个，土壤重金属镍超标率为 6.34%；新丰县无污染风险个数为 160 个，超标个数为 2 个，土壤重金属镍超标率为 1.23%；仁化县无污染风险个数为 146 个，无土壤重金属镍超标。

表 4-10　韶关市各区(县)森林土壤重金属镍含量超标情况

地区	无污染风险个数(个)	超标个数(个)	总数(个)	超标率(%)
曲江区	105	1	106	0.94
始兴县	115	0	115	0.00
翁源县	150	1	151	0.66
武江区	84	1	85	1.18
乐昌市	163	0	163	0.00
南雄市	103	2	105	1.90
乳源瑶族自治县	133	9	142	6.34
新丰县	160	2	162	1.23
仁化县	157	0	157	0.00
全市	1170	16	1186	1.35

韶关市各区(县)森林土壤镍含量均值如图 4-8 所示，依次为乳源瑶族自治县>乐昌市>武江区>南雄市>翁源县>始兴县>曲江区>新丰县>仁化县，其含量分别为 19.78 mg/kg、14.32 mg/kg、12.74 mg/kg、12.66 mg/kg、11.29 mg/kg、10.95 mg/kg、9.64 mg/

kg、8.72 mg/kg、8.07 mg/kg。乳源瑶族自治县的森林土壤镍含量离散程度相对较大，其标准差分别为为 24.91 mg/kg，其余区县森林土壤镍含量离散程度相对较小，标准差从大到小依次为分别武江区、南雄市、曲江区、新丰县、翁源县、乐昌市、始兴县和仁化县，标准差分别为 14.53 mg/kg、13.51 mg/kg、10.54 mg/kg、10.05 mg/kg、9.85 mg/kg、7.56 mg/kg、6.91 mg/kg 和 6.06 mg/kg。全市各县（区）除始兴县、乐昌市和仁化县外。其余县（区）所有样点森林土壤重金属镍含量超标现象，超标率由高到低依次为乳源瑶族自治县、南雄市、新丰县、武江区、曲江区和翁源县。

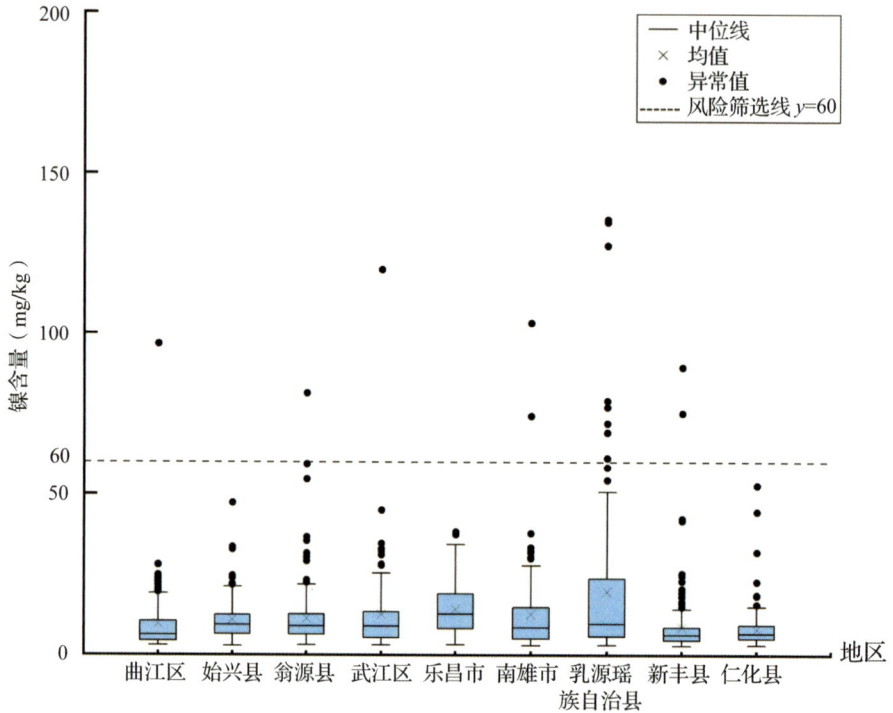

图 4-8　韶关市各区（县）森林土壤镍含量

六、土壤重金属铜含量

参照农用地土壤污染风险筛选值，韶关市各区（县）森林土壤重金属铜含量超标情况如表 4-11 所示，全市共调查森林土壤点位数 1197 个，无污染风险个数为 1167 个，超标个数为 30 个，土壤重金属铜超标率为 2.51%。其中，曲江区无污染风险个数为 105 个，超标个数为 2 个，土壤重金属铜超标率为 1.87%；始兴县无污染风险个数为 109 个，超标个数为 6 个，土壤重金属铜超标率为 5.22%；翁源县无污染风险个数为 148 个，超标个数为 3 个，土壤重金属铜超标率为 1.99%；武江区无污染风险个数为 87 个，无土壤重金属铜超标；乐昌市无污染风险个数为 153 个，超标个数为 10 个，土壤重金属铜超标率为 6.13%；南雄市无污染风险个数为 103 个，超标个数为 2 个，土壤重金属铜超标率为 1.90%；乳源瑶族自治县无污染风险个数为 138 个，超标个数为 4 个，土壤重金属铜超标率为 2.82%；

新丰县无污染风险个数为 160 个, 无土壤重金属铜超标; 仁化县无污染风险个数为 155 个, 超标个数为 3 个, 土壤重金属铜超标率为 1.90%。

表 4-11　韶关市各区(县)森林土壤重金属铜含量超标情况

地区	无污染风险个数(个)	超标个数(个)	总数(个)	超标率(%)
曲江区	105	2	107	1.87
始兴县	109	6	115	5.22
翁源县	148	3	151	1.99
武江区	87	0	87	0.00
乐昌市	153	10	163	6.13
南雄市	103	2	105	1.90
乳源瑶族自治县	138	4	142	2.82
新丰县	169	0	169	0.00
仁化县	155	3	158	1.90
全市	1167	30	1197	2.51

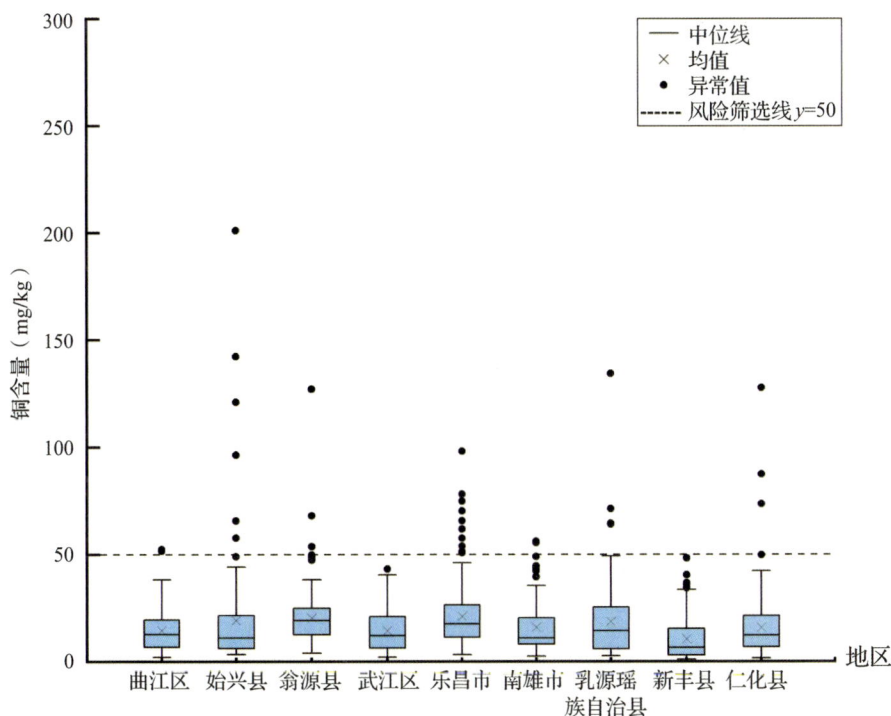

图 4-9　韶关市各区(县)森林土壤铜含量

韶关市各区(县)森林土壤铜含量均值如图 4-9 所示, 依次为乐昌市>翁源县>始兴县>乳源瑶族自治县>南雄市>仁化县>曲江区>武江区>新丰县, 其含量分别为 21.14 mg/

kg、20.35 mg/kg、19.13 mg/kg、18.55 mg/kg、15.89 mg/kg、15.80 mg/kg、14.42 mg/kg、14.33 mg/kg、10.61 mg/kg。始兴县的森林土壤铜含量离散程度相对较大，其标准差分别为为 26.81 mg/kg，其余区县森林土壤铜含量离散程度相对较小，标准差从大到小依次为分别乳源瑶族自治县、乐昌市、仁化县、翁源县、南雄市、新丰县、武江区和曲江区，标准差分别为 16.85 mg/kg、14.93 mg/kg、14.88 mg/kg、13.53 mg/kg、11.63 mg/kg、9.83 mg/kg、9.78 mg/kg 和 9.61 mg/kg。全市各县(区)除武江区和新丰县外。其余县(区)所有样点森林土壤重金属铜含量超标现象，超标率由高到低依次为乐昌市、始兴县、乳源瑶族自治县、翁源县、南雄市、仁化县和曲江区。

七、土壤重金属锌含量

参照农用地土壤污染风险筛选值，韶关市各区(县)森林土壤重金属锌含量超标情况如表 4-12 所示，全市共调查森林土壤点位数 1197 个，无污染风险个数为 1181 个，超标个数为 16 个，土壤重金属锌超标率为 1.34%。其中，曲江区无污染风险个数为 105 个，超标个数为 2 个，土壤重金属锌超标率为 1.87%；始兴县无污染风险个数为 113 个，超标个数为 2 个，土壤重金属锌超标率为 1.74%；翁源县无污染风险个数为 150 个，超标个数为 1 个，土壤重金属锌超标率为 0.66%；武江区无污染风险个数为 86 个，超标个数为 1 个，土壤重金属锌超标率为 1.15%；乐昌市无污染风险个数为 162 个，超标个数为 1 个，土壤重金属锌超标率为 0.61%；南雄市无污染风险个数为 103 个，无土壤重金属锌超标；乳源瑶族自治县无污染风险个数为 134 个，超标个数为 8 个，土壤重金属锌超标率为 5.63%；新丰县无污染风险个数为 169 个，无土壤重金属锌超标；仁化县无污染风险个数为 157 个，超标个数为 1 个，土壤重金属锌超标率为 0.63%。

表 4-12　韶关市各区(县)森林土壤重金属锌含量超标情况

地区	无污染风险个数(个)	超标个数(个)	总数(个)	超标率(%)
曲江区	105	2	107	1.87
始兴县	113	2	115	1.74
翁源县	150	1	151	0.66
武江区	86	1	87	1.15
乐昌市	162	1	163	0.61
南雄市	105	0	105	0.00
乳源瑶族自治县	134	8	142	5.63
新丰县	169	0	169	0.00
仁化县	157	1	158	0.63
全市	1181	16	1197	1.34

韶关市各区(县)森林土壤锌含量均值如图 4-10 所示，依次为乳源瑶族自治县>南雄

市>始兴县>乐昌市>仁化县>曲江区>武江区>翁源县>新丰县，其含量分别为 80.23 mg/kg、63.40 mg/kg、63.13 mg/kg、61.65 mg/kg、50.00 mg/kg、47.88 mg/kg、47.51 mg/kg、47.07 mg/kg、42.80 mg/kg。乳源瑶族自治县的森林土壤锌含量离散程度最大，其标准差分别为为 75.18 mg/kg，其余区县森林土壤锌含量离散程度相对较小，标准差从大到小依次为分别翁源县、仁化县、始兴县、曲江区、乐昌市、武江区、南雄市和新丰县，标准差分别为 43.59 mg/kg、38.29 mg/kg、35.01 mg/kg、34.39 mg/kg、29.40 mg/kg、28.89 mg/kg、26.63 mg/kg 和 19.26 mg/kg。全市各县（区）除南雄市和新丰县外。其余县(区)所有样点森林土壤重金属锌含量超标现象，超标率由高到低依次为乳源瑶族自治县、曲江区、始兴县、武江区、翁源县、仁化县和乐昌市。

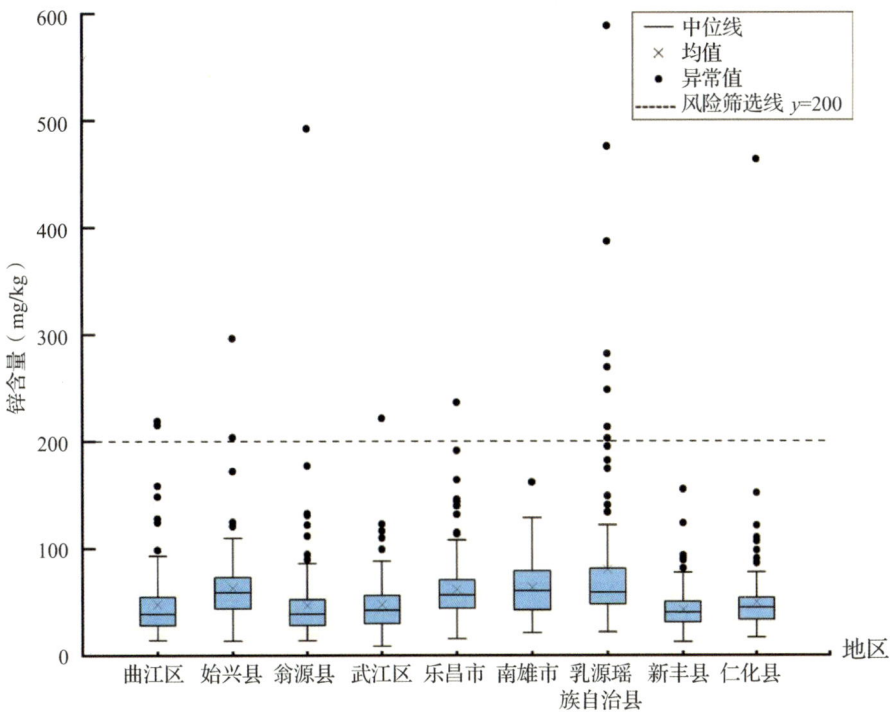

图 4-10　韶关市各区（县）森林土壤锌含量

八、土壤重金属铬含量

参照农用地土壤污染风险筛选值，韶关市各区（县）森林土壤重金属铬含量超标情况如表 4-13 所示，全市共调查森林土壤点位数 1197 个，无污染风险个数为 1188 个，超标个数为 30 个，土壤重金属铬超标率为 2.51%。其中，曲江区无污染风险个数为 105 个，超标个数为 2 个，土壤重金属铬超标率为 1.87%；始兴县无污染风险个数为 109 个，超标个数为 6 个，土壤重金属铬超标率为 5.22%；翁源县无污染风险个数为 148 个，超标个数为 3 个，土壤重金属铬超标率为 1.99%；武江区无污染风险个数为 87 个，无土壤重金属铬超标；乐昌市无污染风险个数为 153 个，超标个数为 10 个，土壤重金属铬超标率为 6.13%；

南雄市无污染风险个数为 103 个,超标个数为 2 个,土壤重金属铬超标率为 1.90%;乳源瑶族自治县无污染风险个数为 138 个,超标个数为 4 个,土壤重金属铬超标率为 2.82%;新丰县无污染风险个数为 169 个,无土壤重金属铬超标;仁化县无污染风险个数为 155 个,超标个数为 3 个,土壤重金属铬超标率为 1.90%。

表 4-13 韶关市各区(县)森林土壤重金属铬含量超标情况

地区	无污染风险个数(个)	超标个数(个)	总数(个)	超标率(%)
曲江区	106	1	107	0.93
始兴县	114	1	115	0.87
翁源县	151	0	151	0.00
武江区	87	0	87	0.00
乐昌市	162	1	163	0.61
南雄市	104	1	105	0.95
乳源瑶族自治县	141	1	142	0.70
新丰县	167	2	169	1.18
仁化县	156	2	158	1.27
全市	1188	9	1197	0.75

韶关市各区(县)森林土壤铬含量均值如图 4-11 所示,依次为武江区>新丰县>乐昌市>乳源瑶族自治县>曲江区>南雄市>翁源县>仁化县>始兴县,其含量分别为 33.52 mg/kg、30.37 mg/kg、30.11 mg/kg、29.93 mg/kg、28.97 mg/kg、28.05 mg/kg、27.95 mg/kg、27.68 mg/kg、26.82 mg/kg。新丰县的森林土壤铬含量离散程度最大,其标准差分别为为 51.89 mg/kg,其余区县森林土壤铬含量离散程度相对较小,标准差从大到小依次为分别乳源瑶族自治县、乐昌市、仁化县、南雄市、武江区、始兴县、曲江区和翁源县,标准差分别为 27.09 mg/kg、24.44 mg/kg、22.88 mg/kg、22.56 mg/kg、20.78 mg/kg、20.73 mg/kg、20.52 mg/kg 和 15.43 mg/kg。全市各县(区)除翁源县和武江区外。其余县(区)所有样点森林土壤重金属铬含量超标现象,超标率由高到低依次为仁化县、新丰县、南雄市、曲江区、始兴县、乳源瑶族自治县和乐昌市。

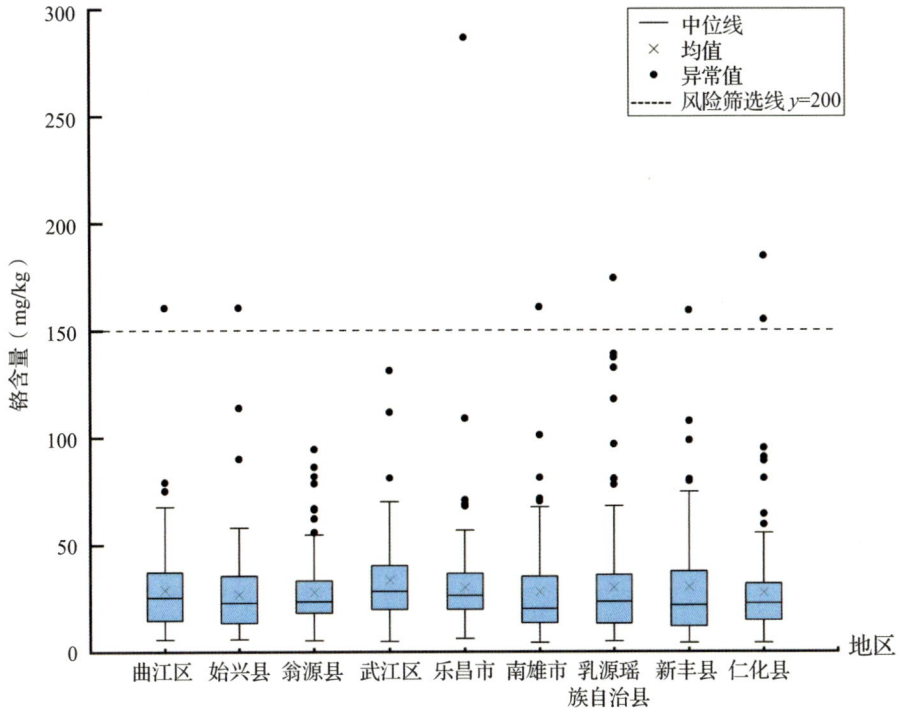

图 4-11　韶关市各区(县)森林土壤铬含量

第五章
森林土壤理化属性空间分布特征

第一节　森林土壤养分空间分布特征

一、森林土壤有机碳含量空间分布特征

森林土壤有机碳含量对森林生态系统和全球环境都有着重要的影响，研究它们的含量、分布和变化情况，可以为森林资源保护、生态系统管理和全球气候变化研究提供重要的参考和支持。韶关市 0~20 cm 土壤层有机碳的空间分布状况如图 5-1 所示，其含量范围主要在 15.82~32.30 g/kg 之间。土壤有机碳含量与海拔高度具有一定的正相关性，海拔

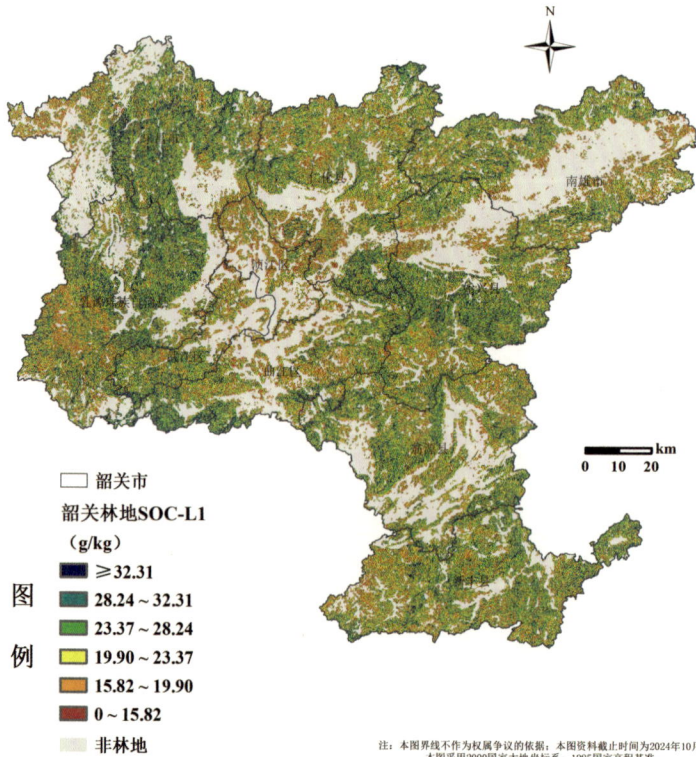

图例

韶关市
韶关林地SOC-L1
（g/kg）

■ ≥32.31
■ 28.24 ~ 32.31
■ 23.37 ~ 28.24
■ 19.90 ~ 23.37
■ 15.82 ~ 19.90
■ 0 ~ 15.82
□ 非林地

注：本图界线不作为权属争议的依据；本图资料截止时间为2024年10月。
本图采用2000国家大地坐标系，1985国家高程基准。

图 5-1　森林土壤有机碳含量 L1 层（0~20 cm）分布

主要通过影响局部地区水热条件从而改变有机碳的储存。在该深度的土层，海拔较低的地区有机碳含量较低，普遍低于 23.36 g/kg；海拔较高的地区有机碳含量较高，普遍高于 23.36 g/kg。韶关市中部林地海拔较而四周高，土壤有机碳含量呈现出中部低四周高的变化趋势。整体来看，有机碳含量在韶关市 0~20 cm 土壤层主要处于Ⅰ级（极高）水平。从行政区划来看，林地有机碳含量的高值区主要分布在乐昌市和乳源瑶族自治县内的瑶山地区、始兴县中部的滑石山地区。

韶关市 20~40 cm 土壤层有机碳的空间分布状况如图 5-2 所示，其含量范围主要在 10.28~26.17 g/kg 之间。该深度有机碳含量低于 10.28 g/kg 的土壤主要分布在中部的浈江区以及南雄市和始兴县的浈江流域低海拔林地内，含量高于 26.17 g/kg 的土壤主要分布在瑶山和滑石山内。与 0~20 cm 土壤层相比，20~40 cm 土壤层的有机碳含量整体都较低，但水平分布的整体格局具有一定相似性。海拔越高的地区，土壤有机碳含量也相对更高，该土壤层整体分布变化规律同样为中部低四周高。瑶山和滑石山地区的有机碳相对较高，普遍在 17.15 g/kg 以上。这可能是因为瑶山和滑石山的植被密度高，更多的植被凋落物能分解出更多的有机碳。整体来看，有机碳含量在韶关市 20~40 cm 土壤层主要处于Ⅱ（很高）、Ⅲ（高）和Ⅳ级（中等）水平。从行政区划来看，浈江区和武江区的有机碳含量最低。这可能是因为浈江区和武江区的海拔高度最低，受人类活动干扰最强烈和频繁，从而导致土壤有机碳的流失比较严重。

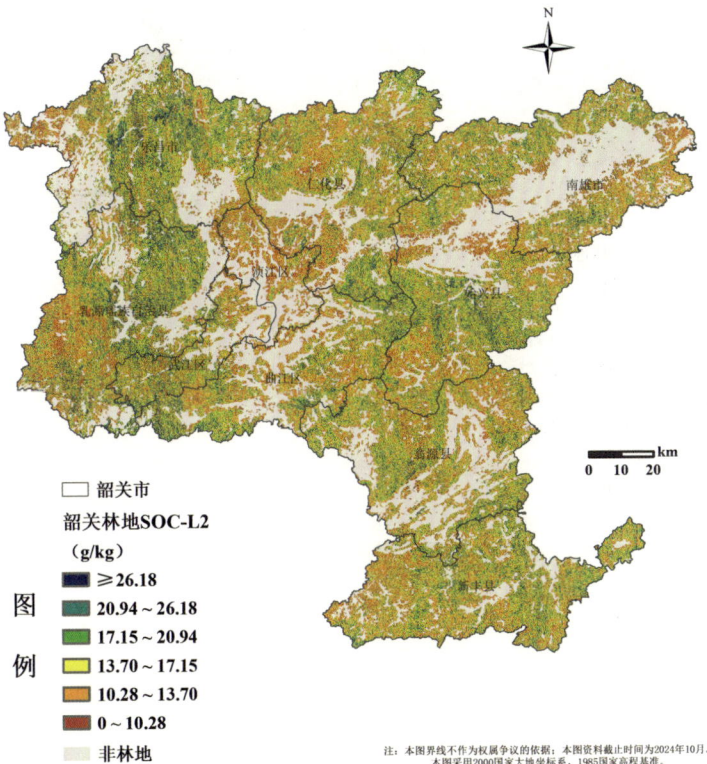

图 5-2 森林土壤有机碳含量 L2 层（20~40 cm）分布

　　韶关市 40~60 cm 土壤层有机碳的空间分布状况如图 5-3 所示，其含量范围主要在 7.37~19.59 g/kg 之间。该深度有机碳含量低于 7.37 g/kg 的土壤所占面积很小，主要分布在韶关市低海拔和西南部大东山的局部地区；有机碳含量高于 19.59 g/kg 的土壤面积也很小，主要分布在瑶山和滑石山地区。与上两层土壤相比，40~60 cm 土壤层的有机碳含量整体降低，并且空间分布格局呈现出的变化趋势比较平缓，高值区与低值区的差异并不是很显著。土壤有机碳含量在 12.88~19.59 g/kg 范围内的林地面积比在 7.37~12.87 g/kg 范围内的面积多。整体来看，韶关市 40~60 cm 土壤层有机碳含量主要处于Ⅲ(高)和Ⅳ级(中等)水平。按行政区划来看，曲江区、武江区和浈江区的林地面积比较小，并且有机碳含量水平比较低，这可能是因为曲江区、武江区和浈江区这些区域的人类生产活动比较活跃，不利于有机碳的储存。

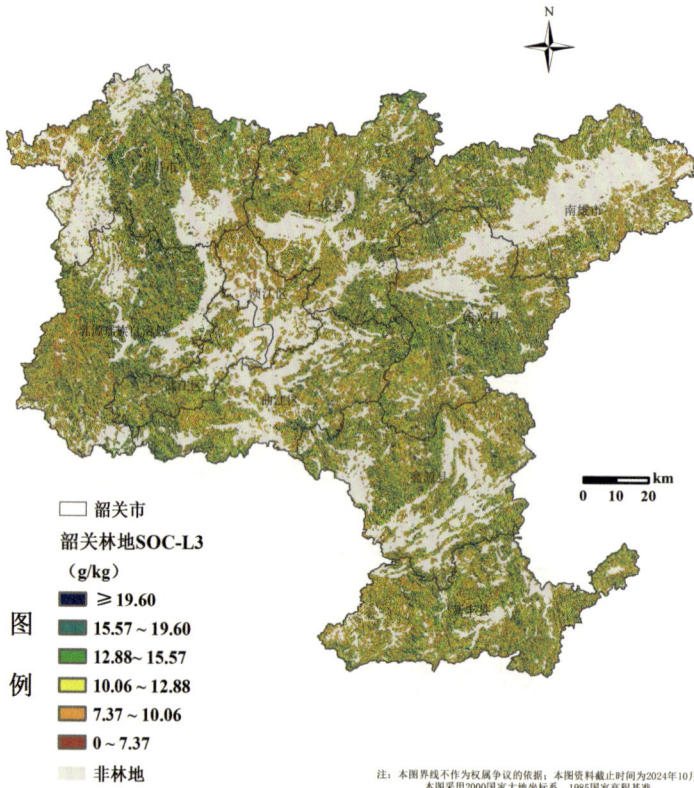

图 5-3　森林土壤有机碳含量 L3 层(40~60 cm)分布

韶关市 60~80 cm 土壤层有机碳的空间分布状况如图 5-4 所示，其含量范围主要在
6.48~15.51 g/kg 之间。与上部三个土壤层相比，60~80 cm 土壤层的有机碳含量最低，并
与 40~60 cm 土壤层有机碳的空间分布格局最为相似。该深度有机碳含量为低值的土壤主
要分布在靠近非林地的低海拔林区，有机碳为高值的土壤整体在高海拔茂密的林地地区。
在韶关市 60~80 cm 土壤层中，有机碳含量低于 6.48 g/kg 和高于 15.51 g/kg 的土壤所占的
面积很小，含量处于 10.55~12.91 g/kg 范围之内的土壤所占面积最大，属于Ⅳ级(中
等)水平。瑶山和滑石山的森林土壤有机碳含量大都处在 10.55~15.51 g/kg 之间，浈江区
的森林土壤有机碳含量则处在 6.48~10.54 g/kg 之间。其余地区的高值有机碳和低值有机
碳所占的面积比例差距不大，即有机碳含量在 6.48~10.54 g/kg 之间的土壤和有机碳含量
在 10.55~15.51 g/kg 之间的土壤所占的面积差异不明显。

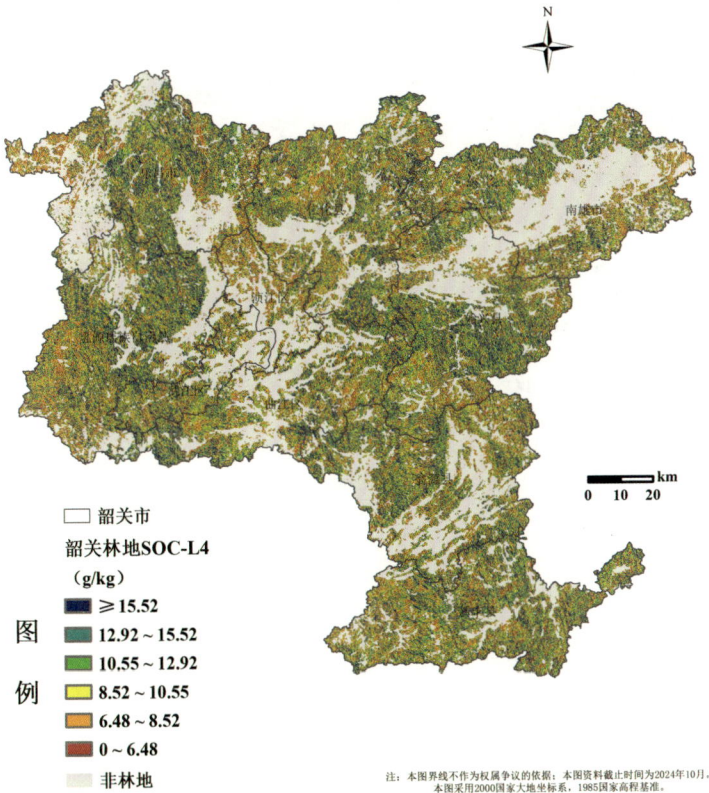

图 5-4　森林土壤有机碳含量 L4 层(60~80 cm)分布

韶关市 80~100 cm 土壤层有机碳的空间分布状况如图 5-5 所示，其含量范围主要在
6.76~14.53 g/kg 之间。80~100 cm 土壤层有机碳含量的平均水平是五个土层中最低，可
见韶关市的土壤有机碳含量随着土层深度加深，整体水平在降低。80~100 cm 土壤层有机
碳空间分布格局与上部四个土层相似，都与海拔具有显著的正相关性。该深度林木比较稀
疏的低海拔林地地区的有机碳含量范围普遍处在 6.76~10.18 g/kg 之间，比较茂密的高海

拔林地地区的有机碳含量普遍在 10. 19~14. 53 g/kg 之间。瑶山和滑石山地区的林地依然保持最高的有机碳水平,这可能是由于有机碳随着降雨的影响,随着降水渗透到深层土壤中。所以,每个土壤层在瑶山和滑石山林地地区的有机碳含量都比较高。与其他行政区相比,浈江区的森林土壤有机碳含量水平最低,整体低于 8. 12 g/kg。

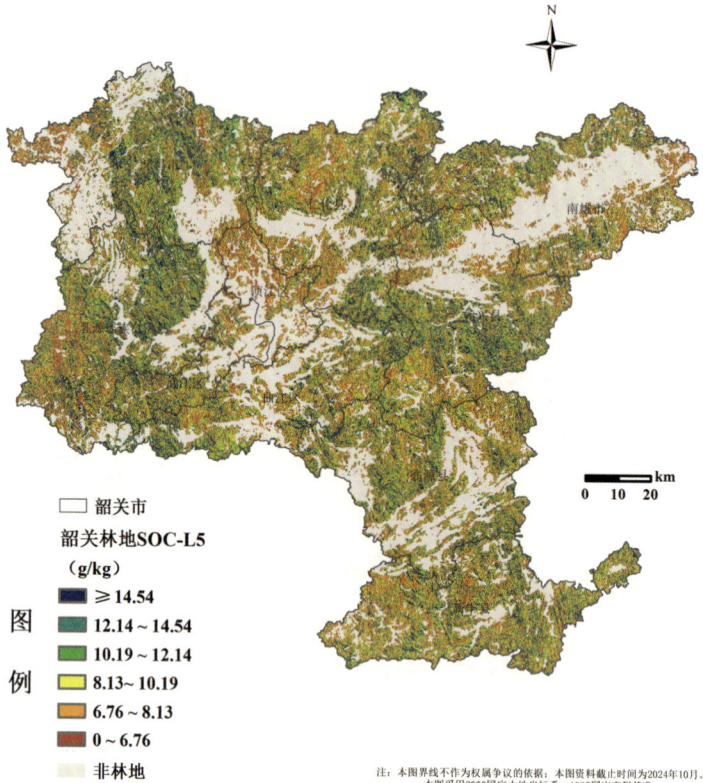

注:本图界线不作为权属争议的依据;本图资料截止时间为2024年10月。
本图采用2000国家大地坐标系;1985国家高程基准。

图 5-5　森林土壤有机碳含量 L5 层(80~100 cm)分布

二、森林土壤全氮含量空间分布特征

森林土壤全氮含量是评估森林土壤质量和健康的重要指标之一,充足的全氮可以增强土壤的保水能力、改善土壤结构和通透性,有利于提高植物生长和保护森林资源。韶关市 0~20 cm 土壤层全氮的空间分布状况如图 5-6 所示,其含量范围主要在 1276. 41~2670. 70 mg/kg 之间。韶关市 0~20 cm 土壤层全氮的空间分布整体比较均匀,无大面积比较明显的全氮高值区和低值区。该深度全氮含量低于 1276. 41 mg/kg 的土壤主要分布在韶关的中部以及西北部地区,含量高于 2670. 70 mg/kg 的土壤分布面积很小。参照全国第二次土壤调查的土壤养分分级标准,韶关市 0~20 cm 土壤层的全氮水平主要处在Ⅲ级(高)水平及以上,Ⅳ级(中等)以下水平的土壤所占面积非常小。韶关 0~20 cm 土壤层的全氮含量整体比较丰富,只有极小部分地区可能需要额外施加氮肥。从行政区划来看,乐昌市和浈江区的土壤全氮含量比其他区县低,需要重视土壤可能存在的全氮缺失问题。

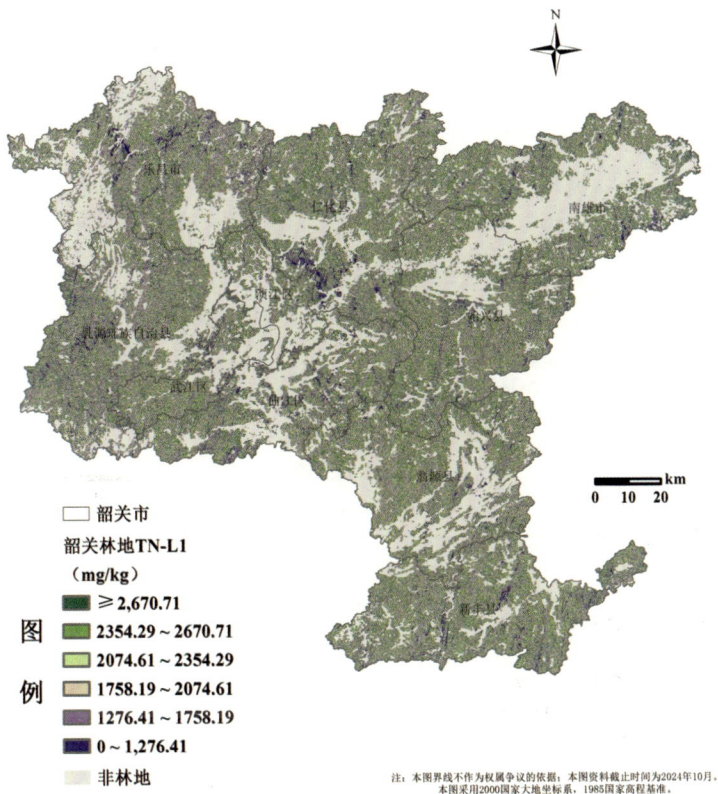

图 5-6　森林土壤全氮含量 L1 层（0～20 cm）分布

　　韶关市 20～40 cm 土壤层全氮的空间分布状况如图 5-7 所示，其含量范围主要在 1243.56～3024.72 mg/kg 之间。该深度全氮含量低于 1243.56 mg/kg 的土壤和高于 3024.72 mg/kg 的土壤所占面积都很小，前者主要分布在林木比较稀疏的中低海拔林地地区，后者主要分布在树木茂密的高海拔林地地区。绝大部分韶关市林地地区 20～40 cm 土壤层的全氮含量都处在 1703.97～2129.26 mg/kg，2129.27～2576.01 mg/kg 和 2576.02～3024.72 mg/kg 之间。从行政区划来看，中部的浈江区和南雄市的全氮整体水平最低。与 0～20 cm 土壤层相比，20～40 cm 土壤层的全氮含量整体稍微有所降低。但参照全国第二次土壤调查的土壤养分分级标准，韶关市 20～40 cm 土壤层的全氮水平等级与 0～20 cm 土壤层一致，整体在Ⅲ级（高）水平及以上，Ⅳ级（中等）以下水平的土壤所占面积非常小。

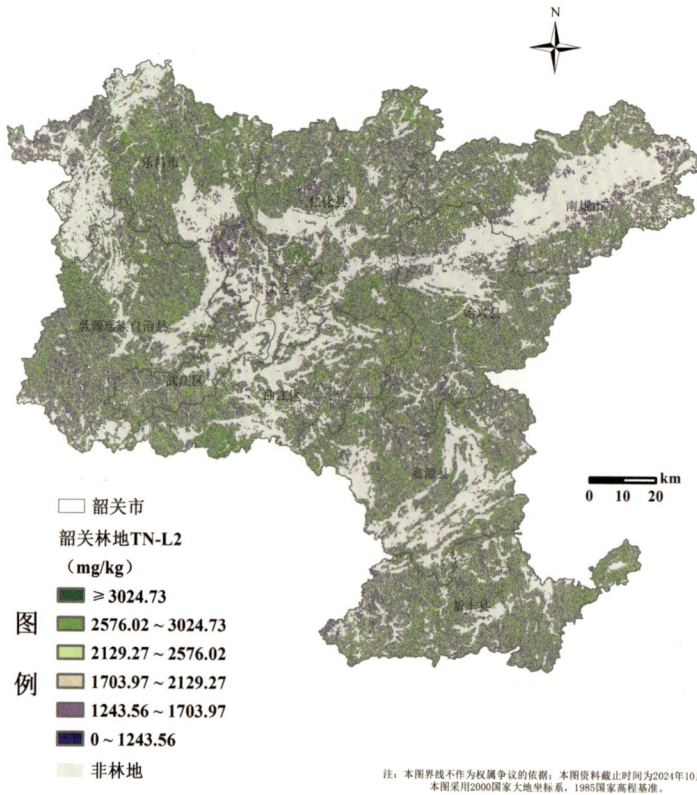

图例
- 韶关市
- 韶关林地TN-L2
- （mg/kg）
- ≥3024.73
- 2576.02～3024.73
- 2129.27～2576.02
- 1703.97～2129.27
- 1243.56～1703.97
- 0～1243.56
- 非林地

注：本图界线不作为权属争议的依据；本图资料截止时间为2024年10月。
本图采用2000国家大地坐标系，1985国家高程基准。

图 5-7　森林土壤全氮含量 L2 层(20~40 cm) 分布

　　韶关市 40~60 cm 土壤层全氮的空间分布状况如图 5-8 所示，其含量范围主要在 792.98~2388.54 mg/kg 之间。与 0~20 cm 和 20~40 cm 土壤层相比，40~60 cm 土壤层全氮含量整体最低。从水平空间分布格局来看该深度，全氮含量小于 792.98 mg/kg、在 792.98~1225.62 mg/kg、1225.63~1603.72 mg/kg、1603.73~1955.89 mg/kg、1955.90~2388.54 mg/kg 之间和高于 2388.54 mg/kg 的土壤在韶关市林地均匀地分布，即全氮含量高值和低值的森林土壤无明显分布偏好性。从水平空间分布格局来看，韶关市 40~60 cm 土壤层的全氮含量无明显的空间差异，每个区域的土壤全氮含量和空间分布格局均比较相似。根据全国第二次土壤调查的土壤养分分级标准，韶关市 40~60 cm 土壤层的全氮含量整体在Ⅳ级(中等)水平以上，Ⅴ级(中等)以下水平的土壤所占面积比较小。

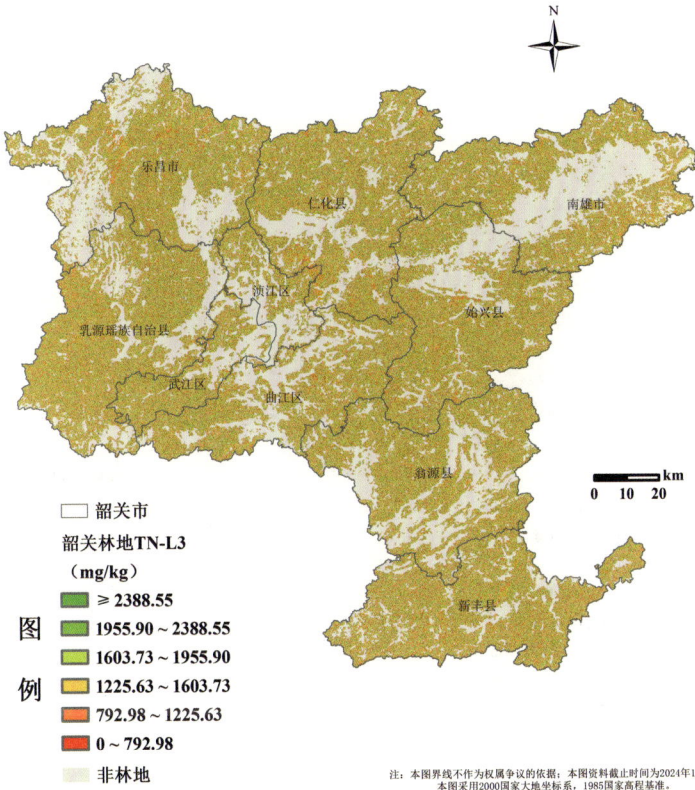

图 5-8　森林土壤全氮含量 L3 层（40~60 cm）分布

韶关市 60~80 cm 土壤层全氮的空间分布状况如图 5-9 所示，其含量范围主要在 872.88~2104.23 mg/kg 之间。该深度全氮含量低于 872.88 mg/kg 的土壤主要分布在韶关的中部以及乐昌市的中部地区，零散分布于其他区域；含量高于 2104.23 mg/kg 的土壤比较均匀地分布在各个地区的林地内，无明显聚集现象。60~80 cm 土壤层与 40~60 cm 土壤层全氮含量相近，并无显著下降的现象。依据全国第二次土壤调查的土壤养分分级标准，韶关市 60~80 cm 土壤层的全氮含量与 40~60 cm 土壤层一样，整体在Ⅳ级（中等）水平以上；Ⅴ级（中等）以下水平的土壤占地面积比较小，但比 40~60 cm 土壤层的占地面积稍大。从行政区划来看，中部的浈江区和曲江区与其他行政区县相比土壤全氮含量水平最低。

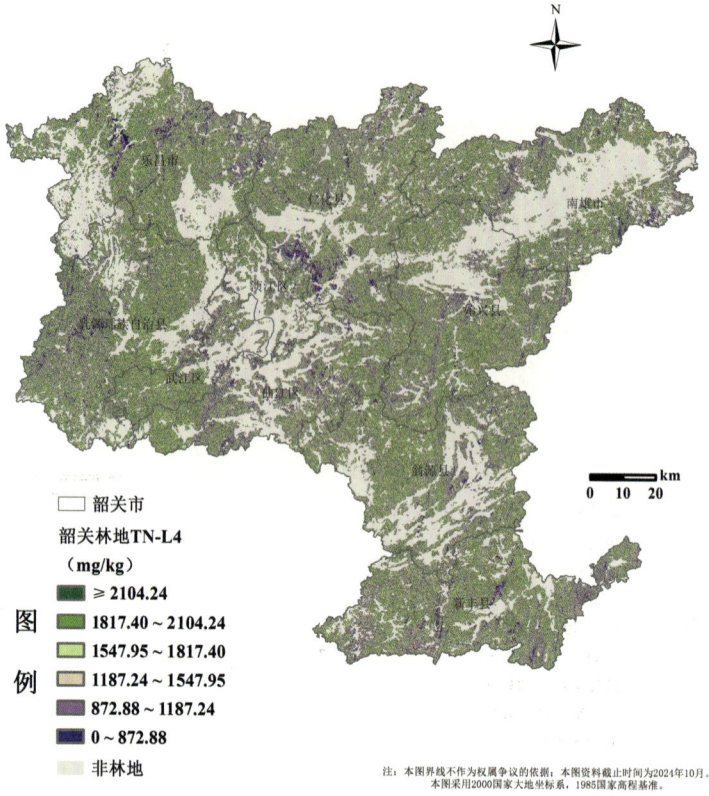

图例

韶关市

韶关林地TN-L4

（mg/kg）

- ≥2104.24
- 1817.40~2104.24
- 1547.95~1817.40
- 1187.24~1547.95
- 872.88~1187.24
- 0~872.88
- 非林地

注：本图界线不作为权属争议的依据；本图资料截止时间为2024年10月。
本图采用2000国家大地坐标系，1985国家高程基准。

图5-9　森林土壤全氮含量L4层(60~80 cm)分布

　　韶关市80~100 cm土壤层全氮的空间分布状况如图5-10所示，其含量范围主要在660.24~1672.33 mg/kg之间。与上部四层土壤相比，80~100 cm土壤层的全氮含量最低。整体上来看，韶关市的土壤全氮含量随着土壤深度加深呈现下降的趋势。该深度全氮含量低于660.24 mg/kg的土壤所占面积比例较小，比较均匀地分布在韶关市的林地地区中；全氮含量高于1672.33 mg/kg的土壤主要分布在东部的瑶山和大东山的树木茂密的林地区域。依据全国第二次土壤调查的土壤养分分级标准，韶关市80~100 cm土壤层与40~60 cm和60~80 cm土壤层全氮含量一样，整体在Ⅳ级(中等)水平及以上，但Ⅳ级(中等)水平的土壤面积占比比40~60 cm和60~80 cm土壤层小；Ⅴ级(中等)及以下水平的土壤占地面积比较小，但比40~60 cm和60~80 cm土壤层占比大。从行政区划来看，各个地区的80~100 cm土壤层全氮含量无明显差异。

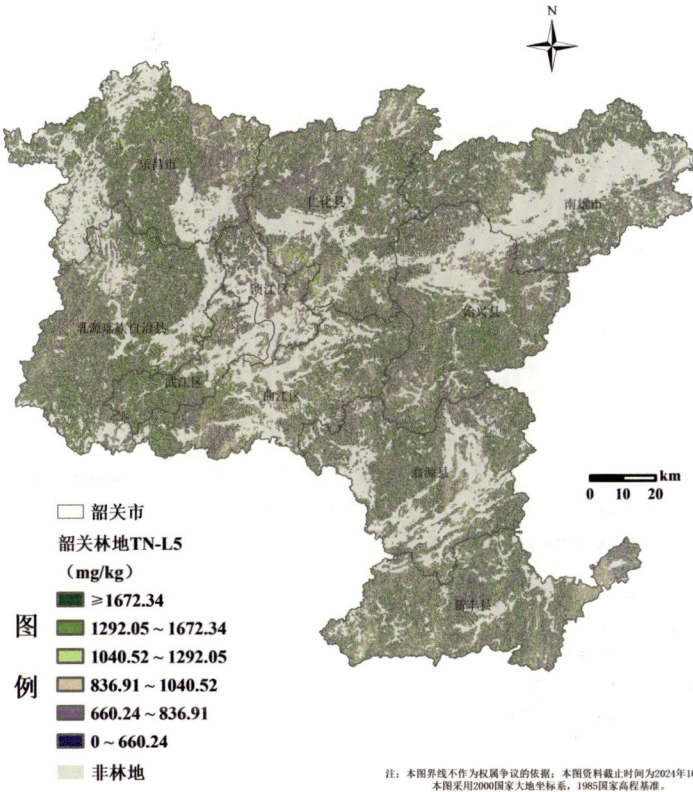

图 5-10　森林土壤全氮含量 L5 层(80~100 cm)分布

三、森林土壤全磷含量空间分布特征

土壤中的全磷是植物生长所必需的关键营养元素之一。磷在植物中发挥着多种重要的功能，对于植物的健康生长和发育至关重要。韶关市 0~20 cm 土壤层的全磷的空间分布状况如图 5-11 所示，其含量范围主要在 278.19~526.83 mg/kg 之间。该深度全磷含量低于 278.19 mg/kg 的土壤主要分布在韶关市的中部以及低海拔地区，含量高于 526.83 mg/kg 的土壤主要分布在韶关市东部的树木茂密的林地和滑石山北部的局部林地。依据全国第二次土壤调查的土壤养分分级标准，韶关市 0~20 cm 土壤层全磷含量主要处在 Ⅳ级(中等)和 V级(低)水平。这说明韶关市的土壤全磷含量整体都不丰富，部分森林土壤存在全磷元素缺乏的状态。土壤缺乏全磷元素的林区主要分布在韶关市中部以及东部的中低海拔地区。从行政区划来看，浈江区和仁化县的土壤全磷含量最低，整体低于 372.58 mg/kg。依据全磷的分级标准，浈江区和仁化县主要处在 V级(低)水平状态，在林业管理中需要注意施加适量磷肥。

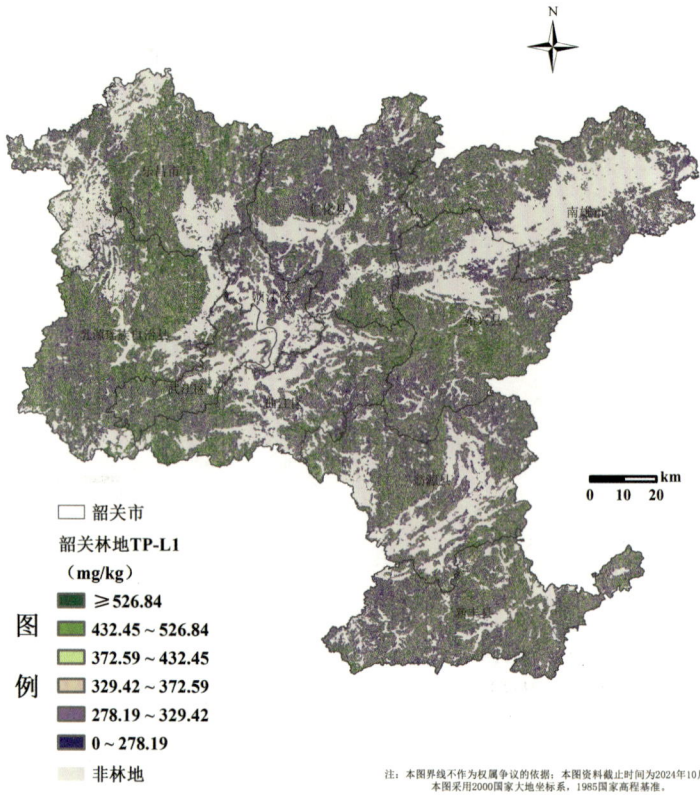

图 5-11　森林土壤全磷含量 L1 层(0~20 cm)分布

　　韶关市 20~40 cm 土壤层全磷的空间分布状况如图 5-12 所示,其含量范围主要在 214.52~748.84 mg/kg 之间。从水平空间分布格局来看,20~40 cm 土壤层的全磷分布特征与 0~20 cm 土壤层很相似,但整体而言土壤全磷含量有所下降。该深度全磷含量低于 214.52 mg/kg 的土壤要分布在韶关市的中部和东部低海拔地区,以及始兴县和翁源县的交界处。低海拔地区人为活动比较频繁,易导致水土流失,从而导致土壤全磷含量的降低。土壤全磷含量高于 748.84 mg/kg 的土壤所占面积很小,主要分布在韶关市东部以及滑石山北部树木茂密的林地。依据全国第二次土壤调查的土壤养分分级标准,韶关市 20~40 cm 土壤层和 0~20 cm 的全磷含量水平一样,主要处在Ⅳ级(中等)和Ⅴ级(低)。从行政区划来看,韶关市中部的浈江区的土壤全磷含量最低,整体都处在Ⅴ级(低)水平;韶关市西部的乐昌县和乳源瑶族自治县的土壤全磷含量整体比较高。

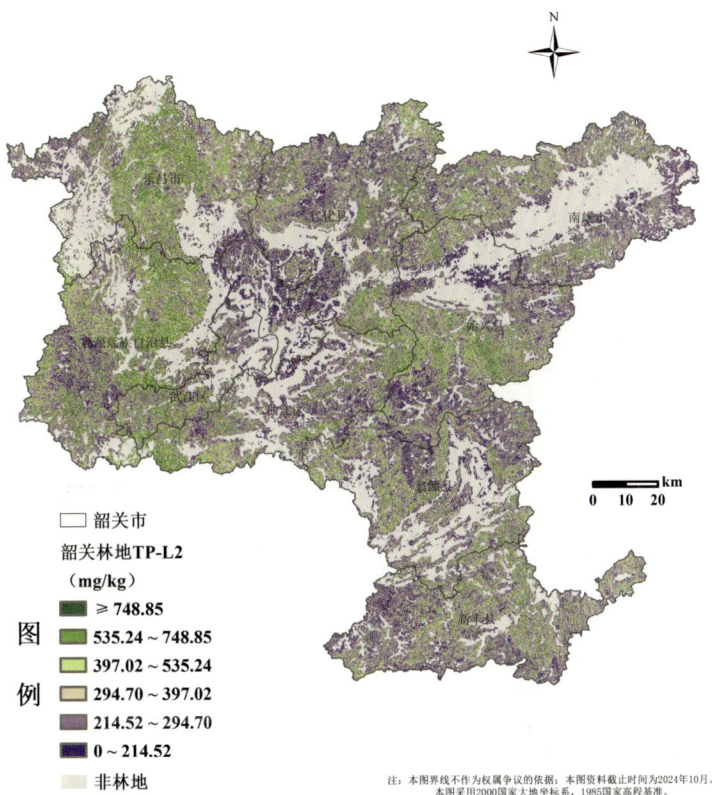

图例

韶关市

韶关林地TP-L2
（mg/kg）

- ≥ 748.85
- 535.24 ~ 748.85
- 397.02 ~ 535.24
- 294.70 ~ 397.02
- 214.52 ~ 294.70
- 0 ~ 214.52
- 非林地

注：本图界线不作为权属争议的依据；本图资料截止时间为2024年10月。
本图采用2000国家大地坐标系，1985国家高程基准。

图 5-12　森林土壤全磷含量 L2 层（20~40 cm）分布

韶关市 40~60 cm 土壤层全磷的空间分布状况如图 5-13 所示，其含量范围主要在 252.76~612.78 mg/kg 之间。40~60 cm 土壤层全磷含量的空间分布格局与 0~20 cm 和 20~40 cm 土壤层的空间格局都相似。该深度全磷含量低于 252.76 mg/kg 的土壤主要分布在韶关市中部和东部的局部低海拔林区，含量高于 612.78 mg/kg 的土壤主要分布在西部和东部的局部高海拔林区。参照全国第二次土壤调查的土壤养分分级标准，韶关市 40~60 cm 土壤层和 0~20 cm 和 20~40 cm 的全磷含量水平一样，主要处在Ⅳ级（中等）和Ⅴ级（低）。从行政区划来看，韶关市东部的仁化县、浈江区、曲江区、南雄市、翁源县和新丰县的土壤全磷含量整体比较低，大部分地区都处在Ⅴ级（低）水平；韶关市东部的始兴县和西部的乐昌市、乳源瑶族自治县和武江区的土壤全磷含量比较高，大部分地区都处于Ⅳ级（中等）水平。

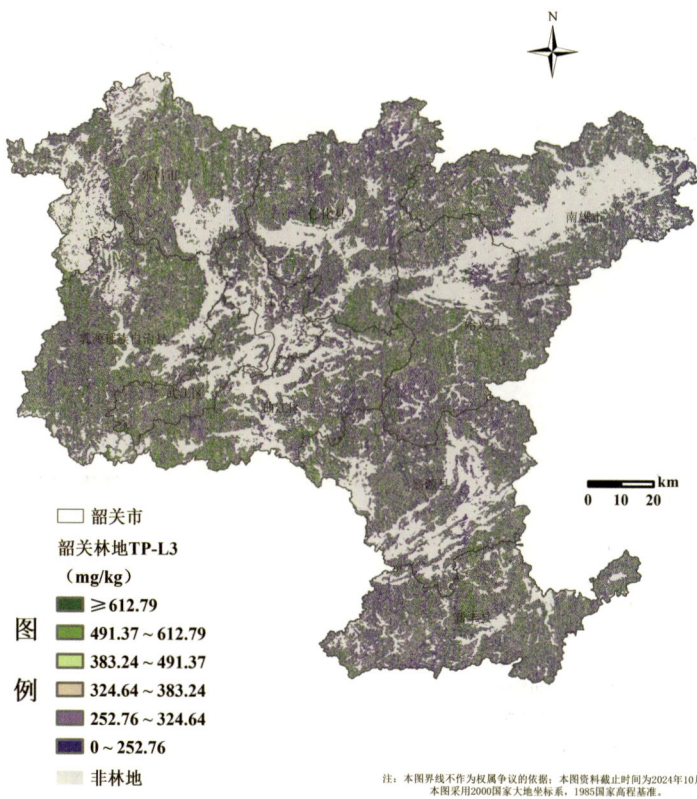

图 5-13　森林土壤全磷含量 L3 层(40~60 cm)分布

　　韶关市 60~80 cm 土壤层全磷的空间分布状况如图 5-14 所示,其含量范围主要在 243.77~551.42 mg/kg 之间。该深度全磷含量低于 243.77 mg/kg 的土壤主要分布在韶关市中部和东部的低海拔局部林区;含量高于 551.42 mg/kg 的土壤面积所占比例很小,主要分布在东部的局部林区以及滑石山北部的林区。从水平空间分布格局来看,60~80 cm 土壤层全磷含量与上部三层土壤全磷含量的空间分布格局相似。参照全国第二次土壤调查的土壤养分分级标准,韶关市 60~80 cm 土壤层全磷含量水平和 0~20 cm、20~40 cm 和 40~60 cm 土壤层的一样,整体处在Ⅳ级(中等)和Ⅴ级(低)水平。相比 0~20 cm、20~40 cm 和 40~60 cm 土壤层,60~80 cm 土壤层中全磷处于Ⅴ级(低)水平的土壤面积占地更大。

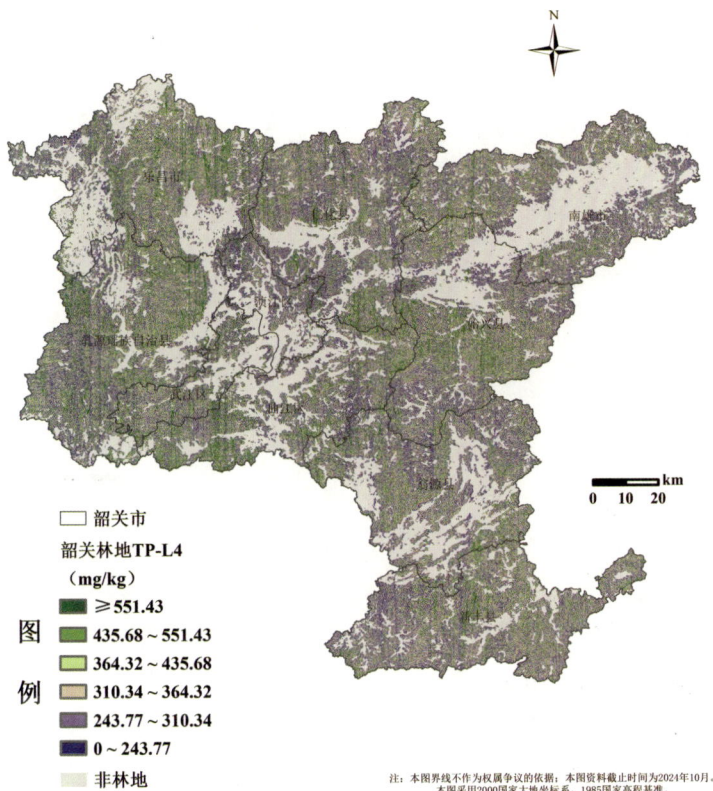

图 5-14　森林土壤全磷含量 L4 层(60~80 cm)分布

韶关市 80~100 cm 土壤层全磷的空间分布状况如图 5-15 所示，其含量范围主要在 233.03~483.88 mg/kg 之间。与 0~20 cm、20~40 cm、40~60 cm 和 60~80 cm 土壤层相比，80~100 cm 土壤层整体的全磷含量最低。参照全国第二次土壤调查的土壤养分分级标准，韶关市 80~100 cm 土壤层全磷含量水平大部分处在Ⅴ级(低)水平，小部分处于Ⅳ级(中等)水平。该深度全磷处于Ⅳ级(中等)水平的土壤主要分布在海拔较低的地区，即韶关市的东部和中部的低海拔林地。从垂直角度来看，随着土壤深度加深，韶关市的土壤全磷含量降低；五个土层的土壤全磷普遍处在Ⅳ级(中等)和Ⅴ级(低)水平，随着土壤深度增加，Ⅳ级(中等)水平的土壤占地面积变小，Ⅴ级(低)水平的占地面积变大。

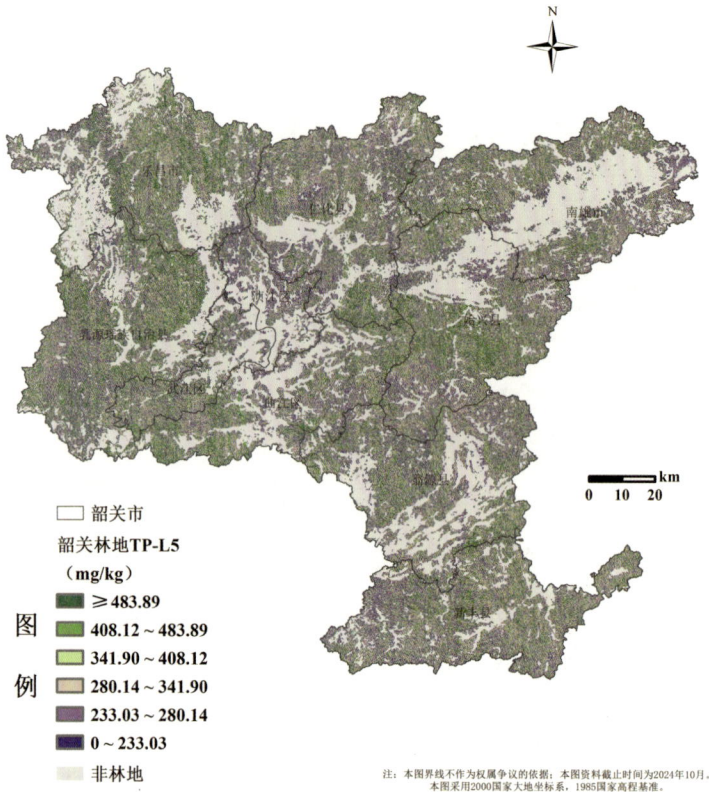

图 5-15 森林土壤全磷含量 L5 层(80 ~ 100 cm) 分布

四、森林土壤全钾含量空间分布特征

土壤中的全钾对于植物的养分吸收、水分调节、酶活性、抗逆性和生长发育具有重要意义。合理管理土壤中的全钾含量,对于保障植物的健康生长和提高农作物产量至关重要。韶关市 0 ~ 20 cm 土壤层全钾的空间分布状况如图 5-16 所示,其含量范围主要在15507. 14 ~ 30630. 59 mg/kg 之间。参照全国第二次土壤调查的土壤养分分级标准,韶关市0 ~ 20 cm 土壤层全钾含量水平整体处在Ⅲ级(高)水平以上。从 0 ~ 20 cm 的土壤深度来看,韶关市森林土壤不需要考虑施加额外的钾肥。该深度全钾含量处在Ⅲ级(高)水平的土壤占地面积最大,其次是Ⅳ(中等)级和Ⅱ级(很高)水平。韶关市 0 ~ 20 cm 土壤层全钾含量的高值区和低值区无明显聚集,零散分布在整个研究区。

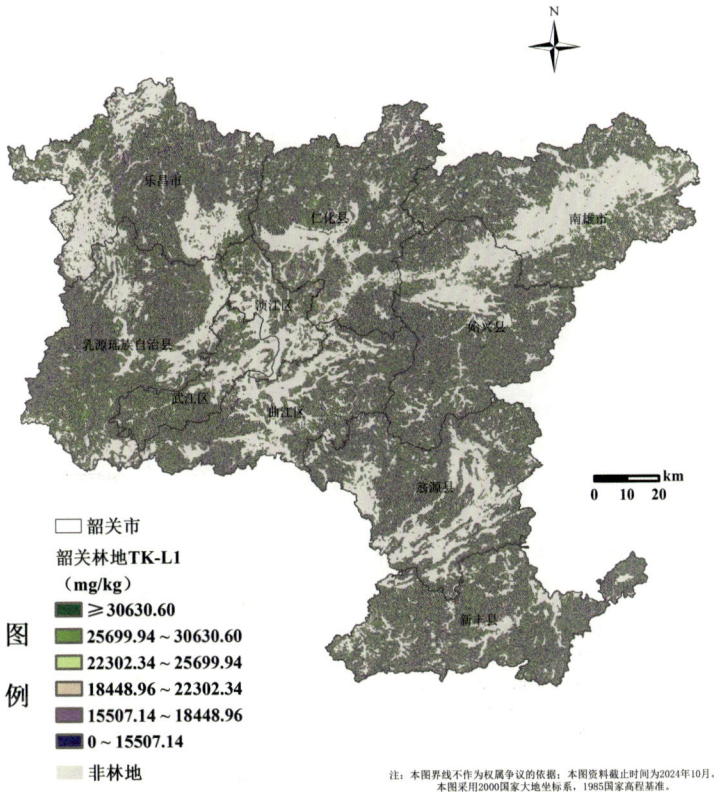

图 5-16 森林土壤全钾含量 L1 层(0~20 cm)分布

韶关市 20~40 cm 土壤层全钾的空间分布状况如图 5-17 所示,其含量整体在 16860.18~28455.42 mg/kg 之间。参照全国第二次土壤调查的土壤养分分级标准,韶关市 20~40 cm 土壤层全钾含量水平整体处在Ⅲ级(高)水平及以上。从 20~40 cm 的土壤深度来看,韶关市林地整体上不需要额外施加钾肥。与 0~20 cm 土壤层相比,韶关市 20~40 cm 土壤层的全钾含量有一定的减少。20~40 cm 土壤层的全钾含量与海拔存在一定的正相关性,局部低海拔地区的全钾含量相对较低,局部高海拔地区的全钾含量相对较高。20~40 cm 土壤层全钾的低值区主要分布在北部和西部的局部低海拔地区。这可能是因为低海拔地区大都是人工林,种植的林木树种对于钾元素的需求比较高,或者是人类生产活动相对活跃,这些条件都不利于土壤全钾的积累。

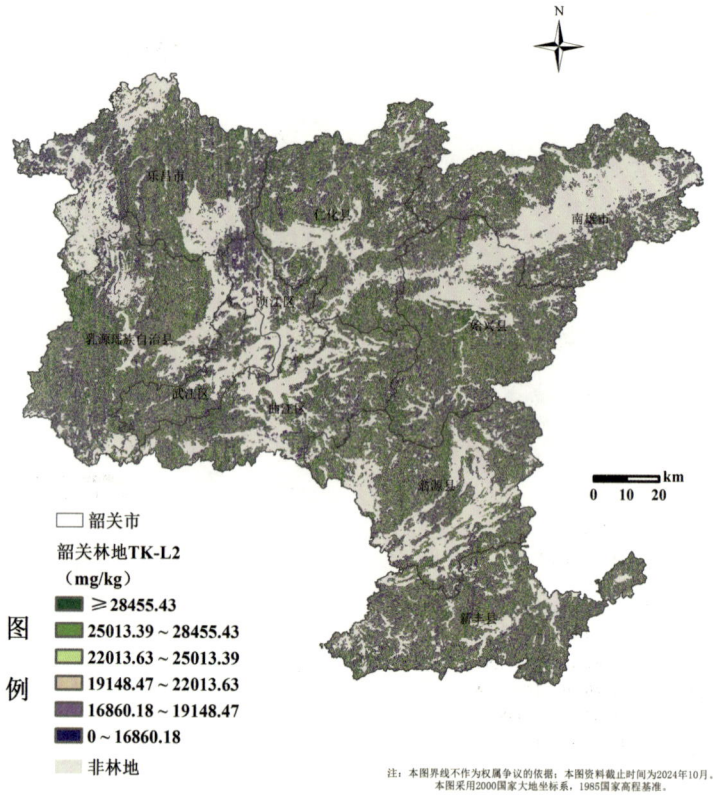

图 5-17　森林土壤全钾含量 L2 层(20~40 cm)分布

　　韶关市 40 ~ 60 cm 土壤层全钾的空间分布状况如图 5-18 所示,其含量整体在 17831.92~25935.67 mg/kg 之间。参照全国第二次土壤调查的土壤养分分级标准,韶关市 40~60 cm 土壤层全钾含量水平整体处在Ⅲ级(高)水平及以上。从 40~60 cm 的土壤深度来看,韶关市林地整体上不需要额外施加钾肥。40 ~ 60 cm 土壤层全钾的空间分布格局与 20~40 cm 土壤层的格局相似,低值区也主要出现在低海拔地区。在植被茂密的林地地区土壤全钾含量相对较高。例如,韶关的瑶山、大东山和滑石山等高海拔地区的林地植物覆盖度较高,土壤全钾含量也相应较高。从行政区划来看,乳源瑶族自治县和始兴县该深度的森林土壤全钾含量水平相对其他行政区域更高。

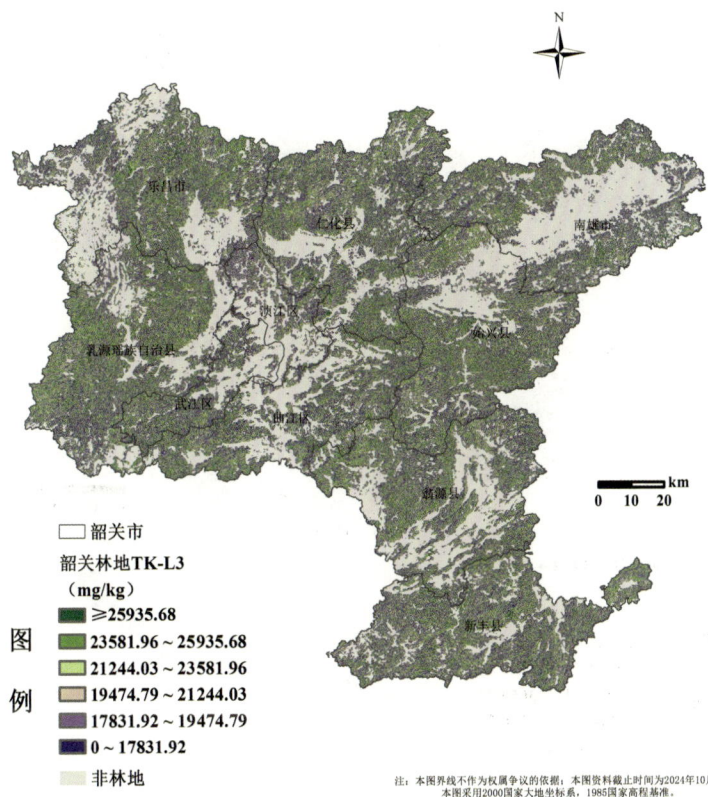

图 5-18　森林土壤全钾含量 L3 层（40～60 cm）分布

韶关市 60～80 cm 土壤层全钾的空间分布状况如图 5-19 所示，其含量整体在 19866.45～27920.50 mg/kg 之间。参照全国第二次土壤调查的土壤养分分级标准，韶关市 60～80 cm 土壤层全钾含量水平整体处在Ⅲ级（高）水平及以上。该深度全钾水平为Ⅲ级（高）水平的土壤面积占比最大，其次是Ⅱ级（很高）水平。从 60～80 cm 的土壤深度来看，韶关市林地整体上不需要额外施加钾肥。韶关市 60～80 cm 土壤层的森林土壤全钾含量与海拔具有一定的正相关性，低海拔的土壤全钾含量普遍较低。与其他行政区域相比，浈江区海拔最低，全钾平均含量最低；全钾含量的高值区主要分布在瑶山和滑石山林地内。

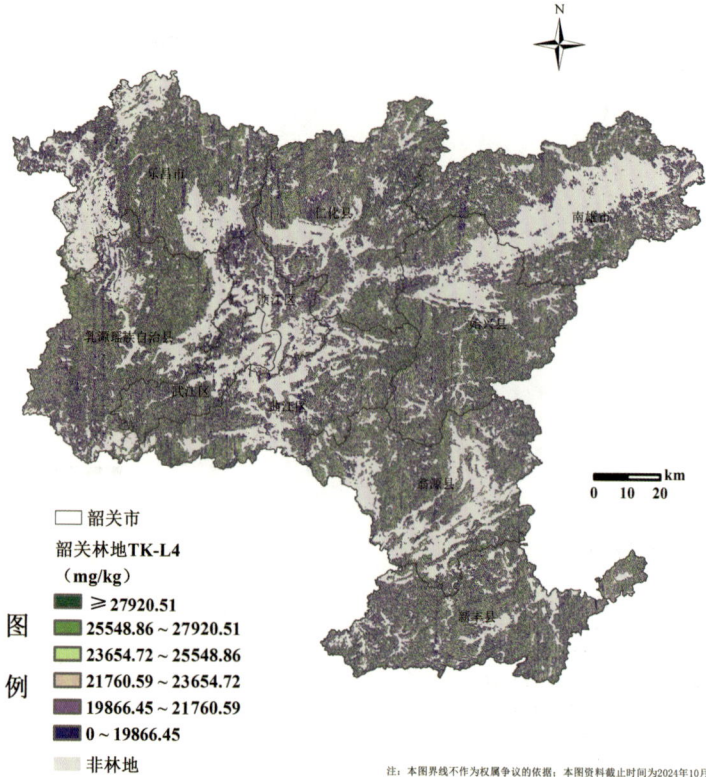

图 5-19　森林土壤全钾含量 L4 层 (60 ~ 80 cm) 分布

　　韶关市 80 ~ 100 cm 土壤层全钾的空间分布状况如图 5-20 所示，其含量整体在 14961. 58 ~ 29037. 56 mg/kg 之间。该深度全钾含量低于 14961. 58 mg/kg 的土壤主要分布在韶关市中部和东部的部分林地，绝大部分的林地全钾含量都高于 20367. 42 mg/kg。参照全国第二次土壤调查的土壤养分分级标准，韶关市 80 ~ 100 cm 土壤层全钾含量水平普遍处在Ⅲ级 (高) 水平及以上。全钾处于Ⅲ级 (高) 水平的土壤面积占比最大，其次是Ⅱ级 (很高) 水平。从 80 ~ 100 cm 的土壤深度来看，韶关市林地整体上不需要额外施加钾肥，适宜种植对钾肥需求较高的植物。总体而言，韶关市的土壤全钾含量并未随着土壤深度加深产生明显变化，普遍都处于Ⅲ级 (高) 及以上水平。

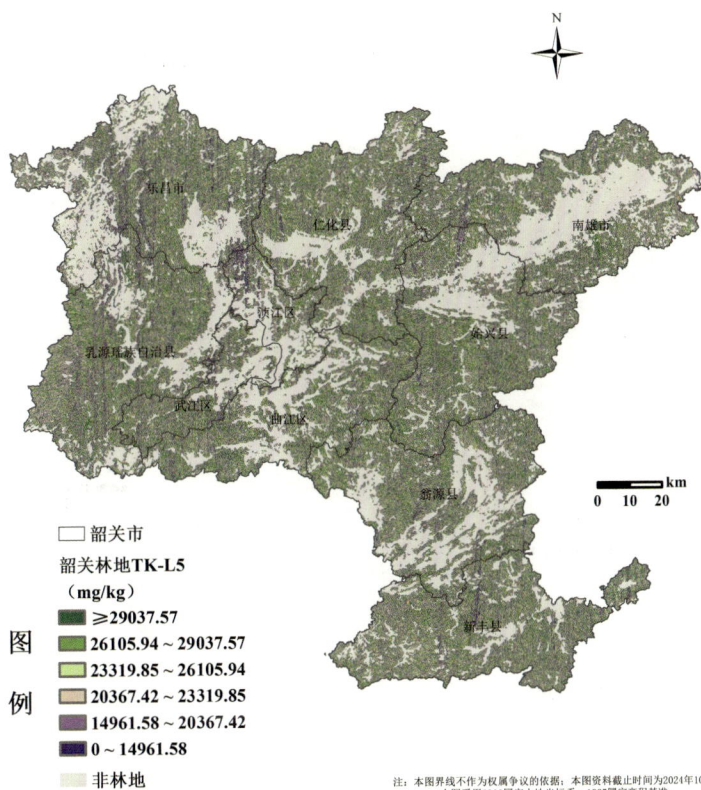

图例

韶关市

韶关林地TK-L5
（mg/kg）

■ ≥29037.57
■ 26105.94～29037.57
■ 23319.85～26105.94
■ 20367.42～23319.85
■ 14961.58～20367.42
■ 0～14961.58

非林地

注：本图界线不作为权属争议的依据；本图资料截止时间为2024年10月。
本图采用2000国家大地坐标系，1985国家高程基准。

图 5-20　森林土壤全钾含量 L5 层（80～100 cm）分布

第二节　森林土壤重金属含量空间分布特征

一、森林土壤镉元素含量空间分布特征

镉是最为常见的重金属污染元素之一，镉含量超标极易引发土壤性质的改变，土壤中镉元素主要来源于自然过程以及人类生产活动废物的排放。韶关市 0～20 cm 土壤层镉元素含量的空间分布状况如图 5-21 所示，含量范围主要在 0.16～0.51 mg/kg 之间。部分地区存在镉含量高于农用地土壤污染风险筛选值（0.3 mg/kg）的情况，所以，韶关市的 0～20 cm 土壤层存在镉污染风险。从水平空间看，该土壤层镉元素含量呈现西部高东部低的特征，含量高于 0.3 mg/kg 的土壤在全市各区（县）都有零星分布。韶关市 0～20 cm 土壤层镉元素含量与海拔高度有比较显著的正相关性，高海拔地区的土壤镉含量较高，低海拔地区的镉含量较低。乳源瑶族自治县的南部地区土壤镉含量高，但主要聚集在低海拔地区，且高于 0.3 mg/kg，存在镉污染风险。这可能是因为该地区受人为影响较大，工业废物的排放、污水灌溉和长期施用磷肥等因素导致了镉累积。

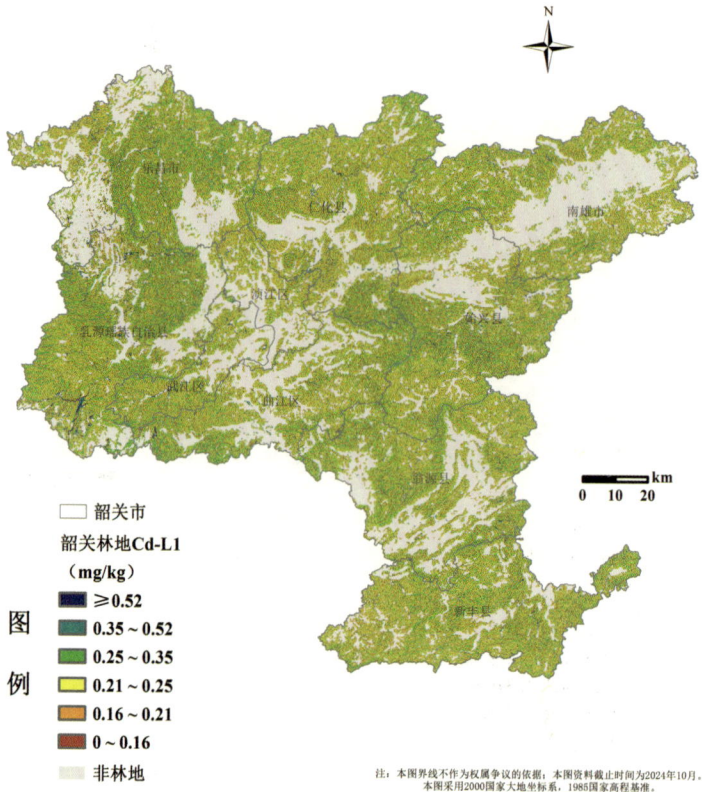

图 5-21　森林土壤镉元素含量 L1 层(0~20 cm)分布

　　韶关市 20~40 cm 土壤层镉元素含量的空间分布格局如图 5-22 所示,含量范围主要在 0. 11~0. 63 mg/kg 之间。部分地区存在镉含量高于农用地土壤污染风险筛选值(0. 3 mg/kg)的情况,所以,韶关市 20~40 cm 土壤层存在镉污染风险。镉含量高于 0. 3 mg/kg 的土壤在全市各区(县)均有零星分布,其中在乳源瑶族自治县分布最广,多集中在南部低海拔地区。这可能是因为低海拔地区的人类活动比较活跃,生产活动制造的镉流入土壤。而镉元素并非大部分植物的必要营养元素,植物根系基本不会吸收它,导致土壤中镉元素积累。

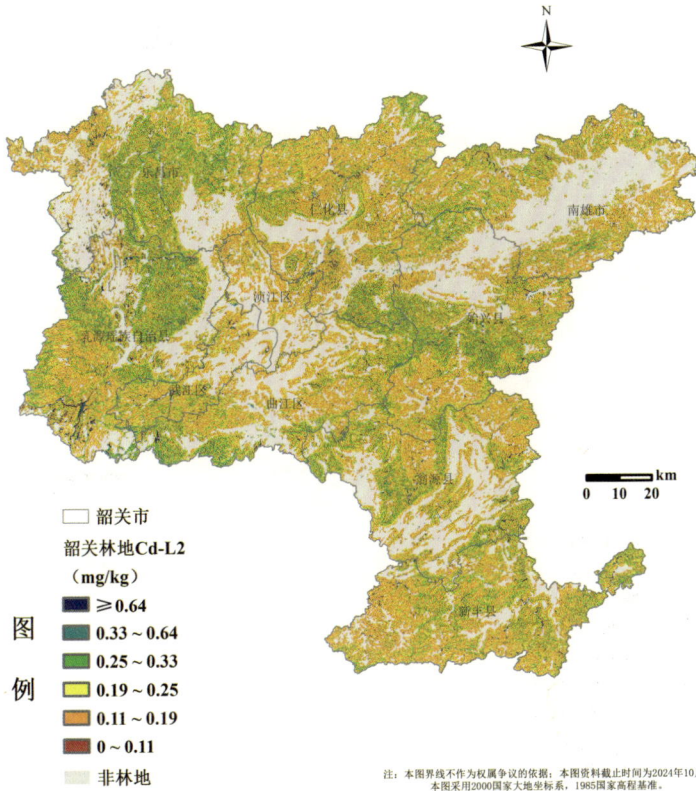

图 5-22　森林土壤镉元素含量 L2 层(20~40 cm)分布

　　韶关市 40~60 cm 土壤层镉元素含量的空间分布情况如图 5-23 所示，含量范围主要在 0.08~0.42 mg/kg 之间。部分地区存在镉含量高于农用地土壤污染风险筛选值(0.3 mg/kg)的情况，所以，该土壤层存在镉污染风险。40~60 cm 土壤层与 20~40 cm 土壤层镉的空间分布格局比较相似，但其含量整体上略比 20~40 cm 土壤层低。可能是因为随着土壤深度的加深，土壤更加稳定，流入深层土壤的镉元素就越少。绝大部分地区的 40~60 cm 土壤层镉元素含量低于 0.3 mg/kg。此外，镉元素含量高于 0.3 mg/kg 的土壤所占面积比例虽极小，但在全市各区(县)均有零星分布。整体来看，中部、北部、南部地区土壤镉含量较低，西部、东部镉含量较高。

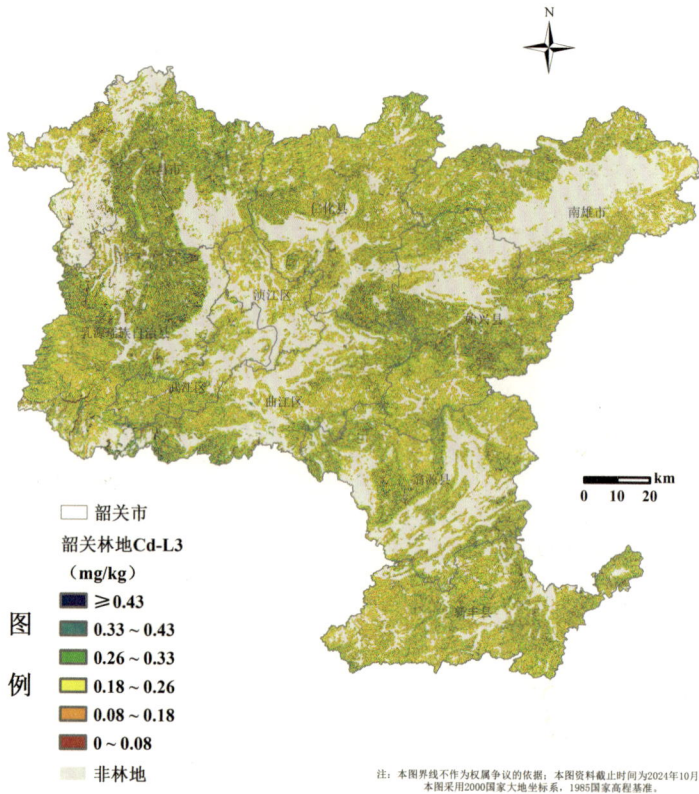

图 5-23　森林土壤镉元素含量 L3 层(40~60 cm)分布

　　韶关市 60~80 cm 土壤层镉元素含量的空间分布情况如图 5-24 所示，含量范围主要在 0.15~0.54 mg/kg 之间。部分地区镉元素高于农用地土壤污染风险筛选值(0.3 mg/kg)，存在镉污染风险。镉元素含量高于 0.3 mg/kg 的土壤在全市各区(县)均有零星分布，多集中在乳源瑶族自治县南部，所占面积小。全局来看，韶关市 60~80 cm 土壤层镉元素含量的空间分布无显著差异，普遍低于 0.30 mg/kg，与海拔的正相关性显著，高海拔地区的土壤镉含量较高，低海拔地区镉含量较低。但也存在相反现象，乳源瑶族自治县南部存在明显的高含量镉区域，主要聚集在低海拔地区，其含量高于 0.3 mg/kg，为镉污染区域。这可能是由于该地区工业废物的排放、污水灌溉和长期施用磷肥等因素导致的镉累积。

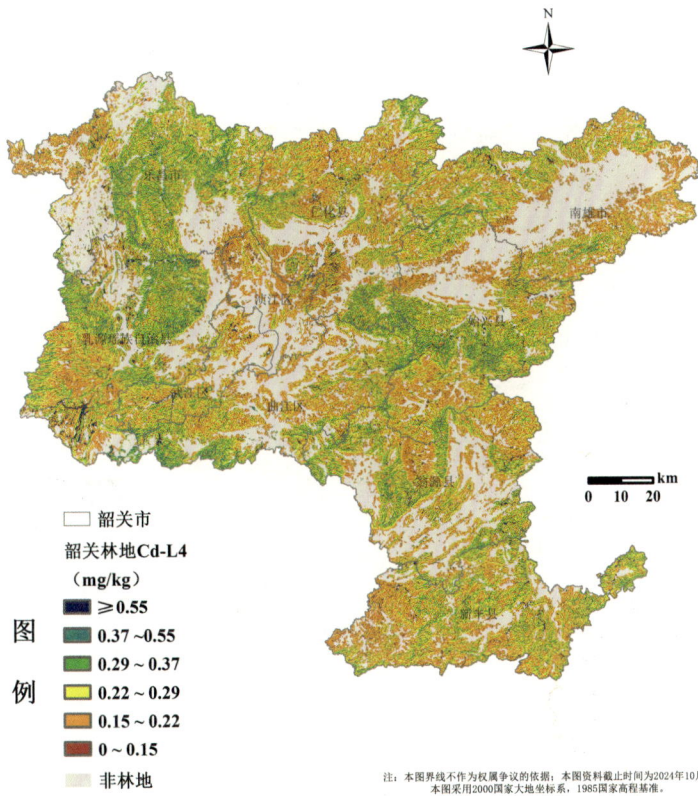

图例

韶关市

韶关林地Cd-L4
（mg/kg）

■ ≥0.55
■ 0.37~0.55
■ 0.29~0.37
■ 0.22~0.29
■ 0.15~0.22
■ 0~0.15
非林地

注：本图界线不作为权属争议的依据；本图资料截止时间为2024年10月，
本图采用2000国家大地坐标系，1985国家高程基准。

图 5-24　森林土壤镉元素含量 L4 层（60~80 cm）分布

韶关市 80~100 cm 土壤层镉元素含量的空间分布情况如图 5-25 所示，含量范围主要在 0.13~0.46 mg/kg 之间。部分地区镉含量高于农用地土壤污染风险筛选值（0.3 mg/kg），存在镉污染风险，零星分布在全市各区（县）。从水平空间来看，韶关市西部、西北部、东部的土壤镉含量相对较高，主要范围在 0.28~0.46 mg/kg 内，这些地区存在镉含量高于农用地土壤污染风险筛选值的情况。中部、北部、东北部、南部的土壤镉含量相对较低，主要范围在 0.13~0.35 mg/kg 内。此外，乳源瑶族自治县南部地区存在明显的镉聚集，且其含量高于 0.3 mg/kg，存在镉污染风险。综上可知，韶关市五个土壤层的镉污染风险区域大致相同，多集中在韶关市西部、西北部、东部。

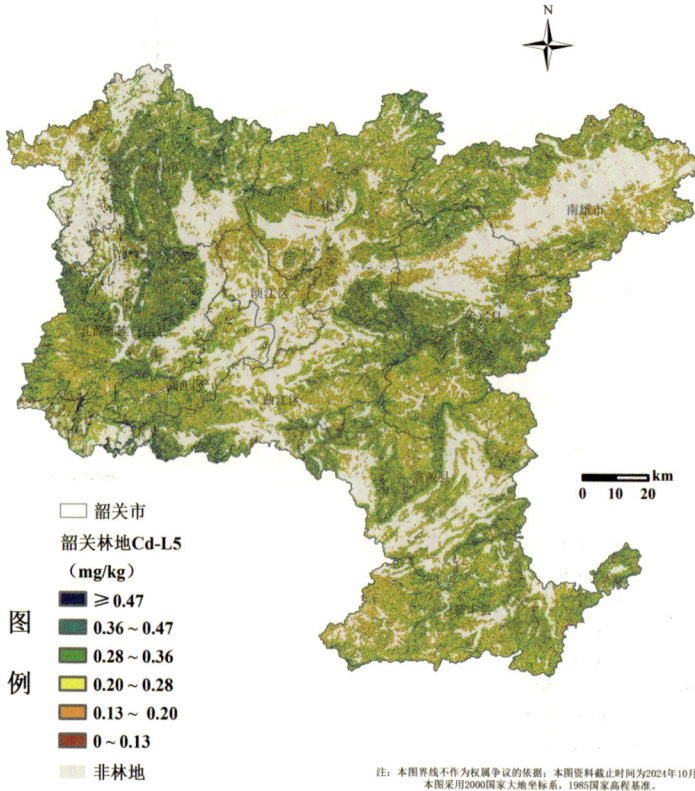

图 5-25　森林土壤镉元素含量 L5 层(80~100 cm)分布

整体来看，韶关市 0~100 cm 土壤层的镉元素含量差异不显著，随着土壤深度加深，土壤镉含量变化复杂，略微降低。此外，五个土壤层都存在镉污染风险，污染风险区域大致相同，多集中在韶关市西部、西北部、东部。韶关市上部的土壤层镉元素含量受土地利用类型和人为活动的影响较大；深层土壤处镉的来源主要是原始土壤母质的发育，受其他环境因素的影响较小。建议在韶关市种植镉的超富集植物，如鱼腥草、印度芥菜、遏蓝菜、叶用红慕菜、宝山菫菜、蒌蒿、商陆等，通过超富集植物对土壤镉进行吸收和转运，以达到降低镉污染风险的目的。

二、森林土壤铅元素含量空间分布特征

铅可在人体和动植物组织中蓄积，过量铅会危害人体健康和作物生长，是有毒重金属元素之一。韶关市 0~20 cm 土壤层铅元素含量的空间分布状况如图 5-26 所示，含量范围主要在 38.75~118.80 mg/kg 之间。韶关市的成土矿物含铅量较高，广东省铅锌资源丰富，是我国大型铅锌生产基地之一，韶关冶炼厂作为广东省主要生产基地，频繁地采矿、冶炼和加工等工业活动，直接或间接释放大量铅元素至外界环境，并在土壤中累积，导致土壤铅含量增加。从全局上看，韶关市的 0~20 cm 土壤层铅元素含量的空间分布与海拔具有

一定的正相关性，高海拔地区的土壤铅含量相比低海拔地区较高。铅元素含量低于 70 mg/kg 的土壤主要分布在乐昌市、仁化县、南雄市、始兴县、乳源瑶族自治县和新丰县内，大都集中在低海拔区域，面积占比小。

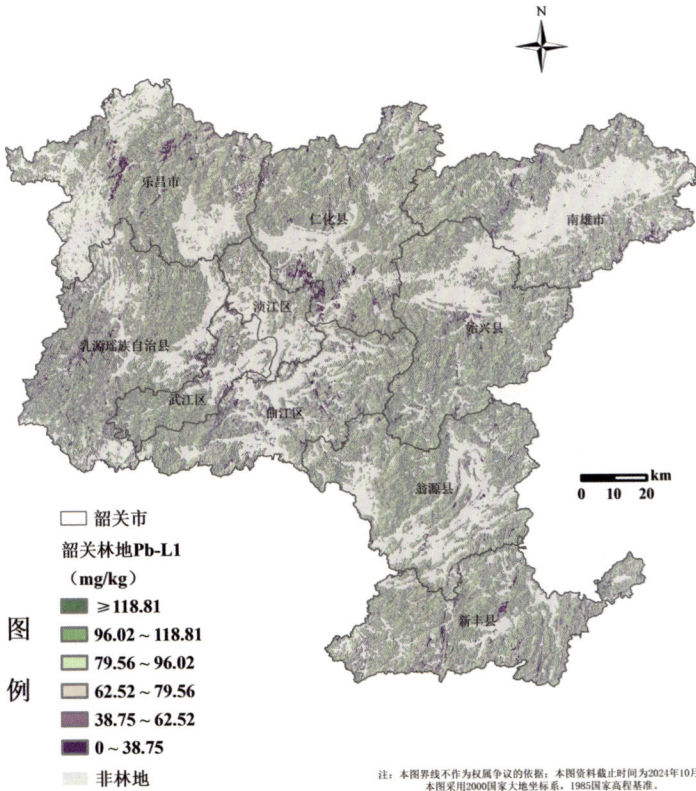

图 5-26　森林土壤铅元素含量 L1 层（0~20 cm）分布

韶关市 20~40 cm 土壤层铅元素含量的空间分布状况如图 5-27 所示，含量范围主要在 48.29~107.69 mg/kg 之间。从水平空间上看，韶关市 20~40 cm 土壤层铅元素含量的分布与 0~20 cm 土壤层基本相同，含量低于 70 mg/kg 的土壤多集中在乐昌市、仁化县、南雄市、始兴县、乳源瑶族自治县和新丰县等市县低海拔区域，面积占比小；含量高于 70 mg/kg 的土壤在全市林地均有分布。

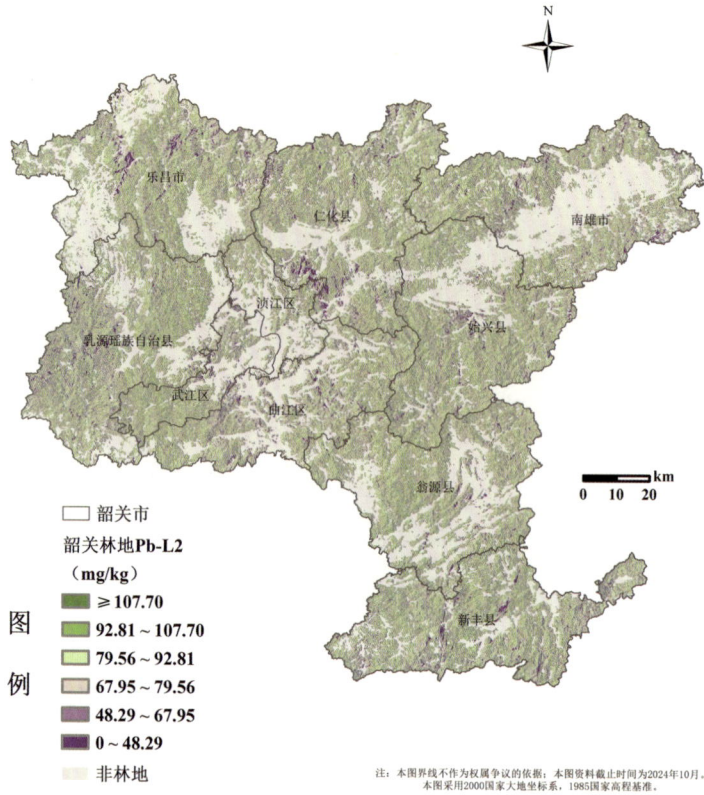

图 5-27　森林土壤铅元素含量 L2 层(20~40 cm) 分布

　　韶关市 40~60 cm 土壤层铅元素含量的空间分布状况如图 5-28 所示，含量范围主要在 25.96~61.42 mg/kg 之间，整体低于农用地土壤铅污染风险筛选值(70 mg/kg) ，不存在铅污染风险。相比于上部两层土壤，该土壤层铅的平均含量较低。这可能是因为人类活动产生的铅经过上部两层土壤过滤或植物根系吸收了一部分铅，从而使该土壤层铅含量降低。从水平格局来看，该土壤层铅元素含量的整体水平低于 46.69 mg/kg，含量高于 46.69 mg/kg 的土壤多集中在韶关市中部、西北部和西部地区。从行政区划来看，南雄市、仁化县、浈江区、曲江区、翁源县的土壤铅含量相比其他区县较低。

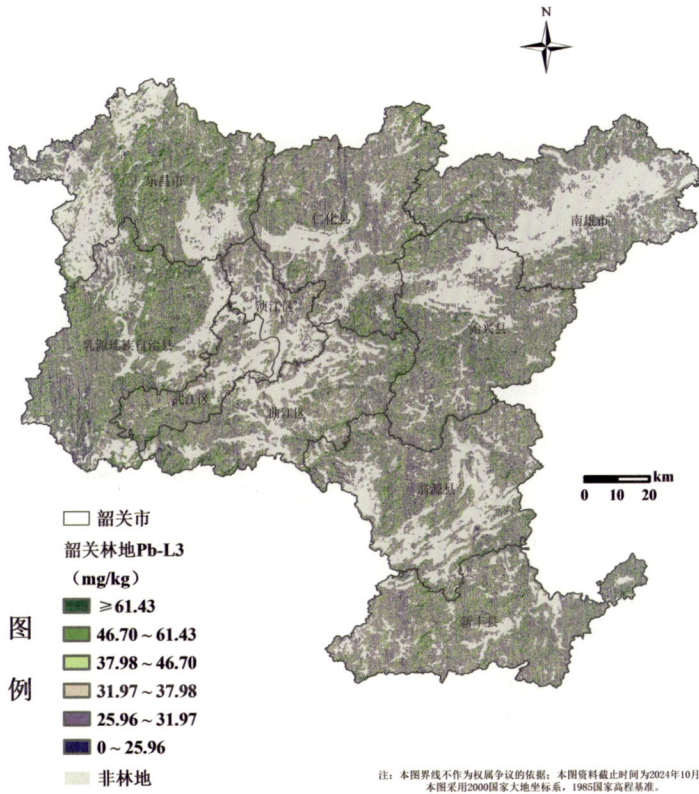

图 5-28　森林土壤铅元素含量 L3 层（40~60 cm）分布

韶关市 60~80 cm 土壤层铅元素含量的空间分布状况如图 5-29 所示，含量范围主要在 27.24~63.23 mg/kg 之间，整体低于农用地土壤铅污染风险筛选值（70 mg/kg），不存在铅污染风险。从水平格局看，该土壤层铅元素含量整体水平低于 63.23 mg/kg，含量高于 63.23 mg/kg 的土壤多集中在西部和东部等高山地区。该土壤层铅元素含量的空间分布格局与海拔具有一定的正相关性，一般海拔越高土壤铅含量也随之越高，海拔越低土壤铅含量也相对降低。这可能是因为低海拔地区更容易受地下水侵蚀影响，高海拔地区受到的影响较小，更有利于土壤铅的积累。从行政区划来看，乐昌市东部、始兴县中部和乳源瑶族自治县东部及西北部的铅含量较高，其他区县的土壤铅含量无显著差异。

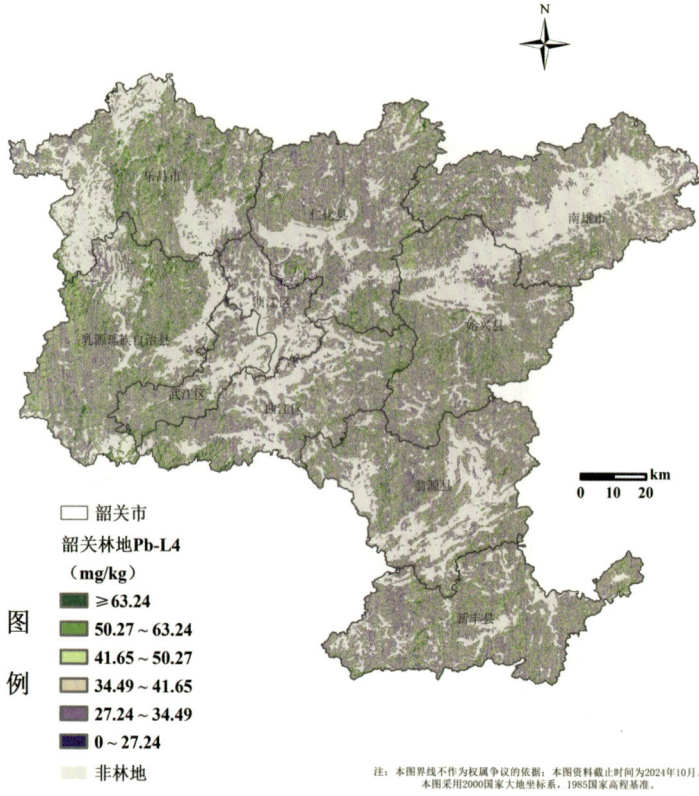

图 5-29　森林土壤铅元素含量 L4 层(60~80 cm)分布

　　韶关市 80~100 cm 土壤层铅元素含量的空间分布状况如图 5-30 所示,含量范围主要在 30.76~70.22 mg/kg 之间,普遍低于农用地土壤铅污染风险筛选值(70 mg/kg)。但仍有部分地区高于农用地土壤铅污染风险筛选值,主要集中在韶关市西部,即乐昌市与乳源瑶族自治县交界处。从水平格局来看,该土壤层铅元素含量整体水平低于 52.90 mg/kg,含量高于 52.90 mg/kg 的土壤多集中在韶关市西部和东部的高山地区。韶关市 80~100 cm 土壤层铅元素含量的空间分布格局与海拔具有一定的正相关性,一般海拔越高土壤铅含量越高,海拔越低土壤铅含量相对降低。

　　整体来看,韶关市 0~100 cm 土壤层的铅元素在上部土壤层(0~40 cm)含量较高,在下部土壤层(40~100 cm)较低。韶关市森林土壤 0~40 cm 深度的铅元素含量存在高于农用地土壤铅污染风险筛选值(70 mg/kg)的情况,建议种植铅的超富集植物(金丝草、羽叶鬼针草、筒麻、荨麻和东南景天等),通过超富集植物吸收和转运土壤中的铅元素。

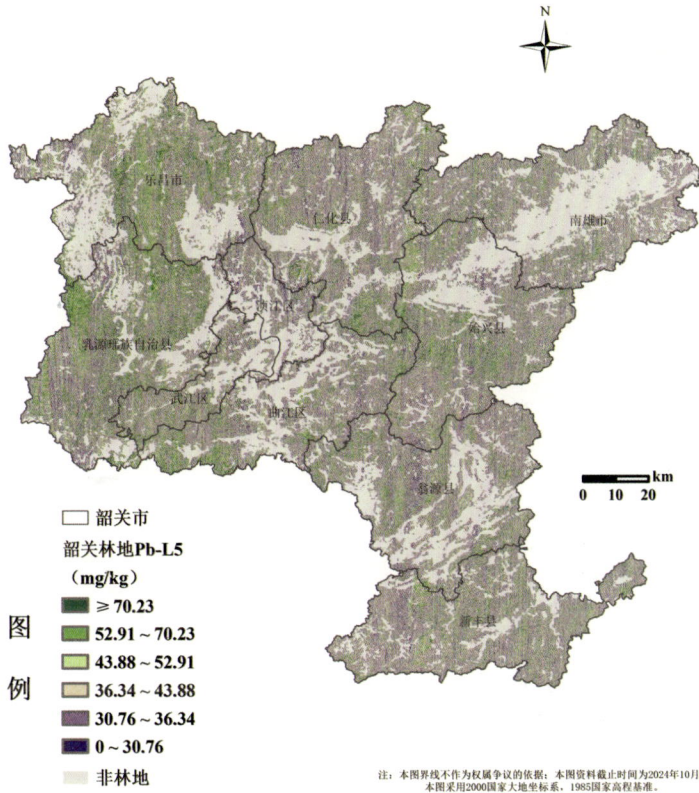

图 5-30　森林土壤铅元素含量 L5 层(80~100 cm)分布

三、森林土壤铬元素含量空间分布特征

铬广泛存在于自然界，主要来源于岩石风化和人为污染，包括工业含铬废气和废水的排放。韶关市 0~20 cm 土壤层铬元素含量的空间分布状况如图 5-31 所示，含量范围主要在 23.45~35.84 mg/kg 之间，低于农用地土壤铬污染风险筛选值(150 mg/kg)，不存在铬污染风险。从水平空间看，该土壤层铬元素含量呈现中部低四周高的特征，与海拔高度的负相关性比较显著，高海拔的土壤铬含量较低，低海拔的土壤铬含量较高。这可能是因为高海拔地区人类活动少，所以土壤铬含量也相对较低；而低海拔地区人类活动较为密集，铬矿和金属冶炼、电镀、制革等工业废水、废气和废渣等因素导致铬累积。

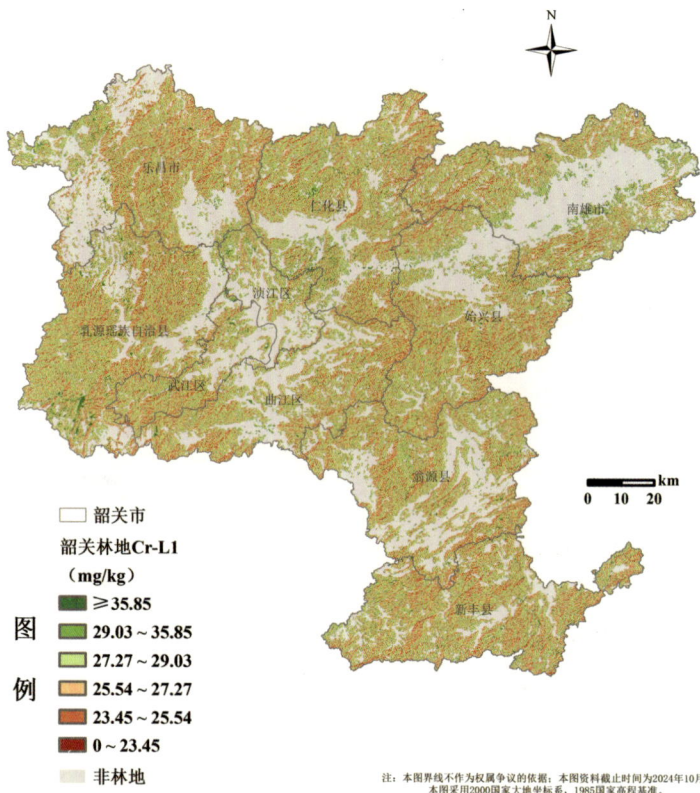

图例

韶关市

韶关林地Cr-L1
（mg/kg）

≥35.85

29.03~35.85

27.27~29.03

25.54~27.27

23.45~25.54

0~23.45

非林地

注：本图界线不作为权属争议的依据；本图资料截止时间为2024年10月。
本图采用2000国家大地坐标系，1985国家高程基准。

图 5-31　森林土壤铬元素含量 L1 层（0~20 cm）分布

　　韶关市 20~40 cm 土壤层铬元素含量的空间分布状况如图 5-32 所示，含量的范围主要在 24.06~37.64 mg/kg 之间，低于农用地土壤铬污染风险筛选值（150 mg/kg），不存在铬污染风险。从水平空间看，该土壤层铬元素含量的空间分布情况与 0~20 cm 土壤层基本相同，但含量比 0~20 cm 土壤层高。这可能是因为 0~20 cm 土壤层的铬元素受淋溶作用影响，向下迁移并累积在下层土壤中。此外，20~40 cm 土壤层铬元素含量与海拔的负相关性较为显著，高海拔的土壤铬含量较低，低海拔的土壤铬含量较高。铬含量高于 30.90 mg/kg 的土壤多集中在韶关市中部、西部和西北部等低海拔区域。

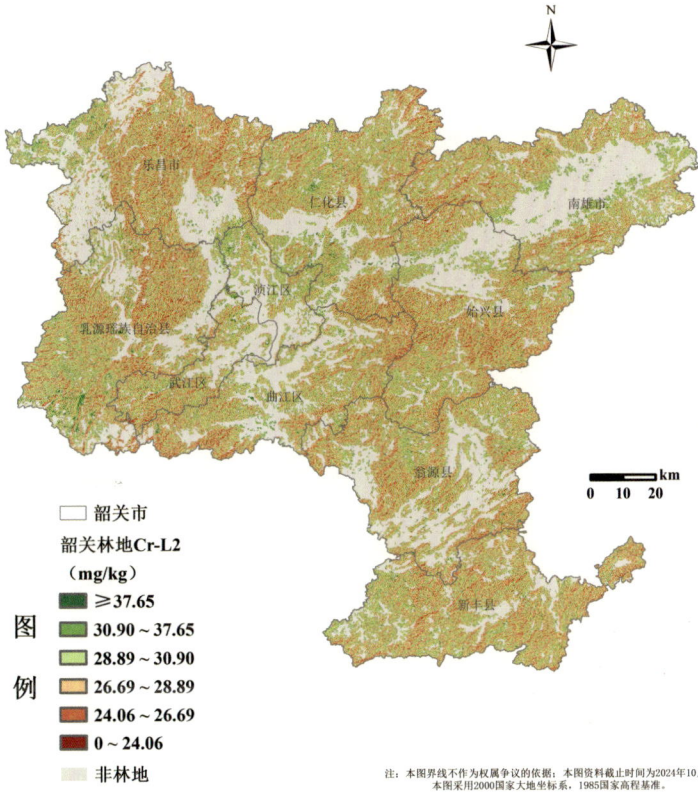

图 5-32　森林土壤铬元素含量 L2 层（20~40 cm）分布

韶关市 40~60 cm 土壤层铬元素含量的空间分布状况如图 5-33 所示，含量范围主要在
25.39~36.74 mg/kg 之间，低于农用地土壤铬污染风险筛选值（150 mg/kg），不存在铬污
染风险。韶关市绝大部分 40~60 cm 土壤层的铬含量低于 30.89 mg/kg，含量高于
30.89 mg/kg 的土壤所占面积比例极小，多集中在乳源瑶族自治县南部。整体来看，40~
60 cm 土壤层铬元素含量与海拔的负相关性较为显著，高海拔山地的铬含量较低，低海拔
区域的铬含量较高。

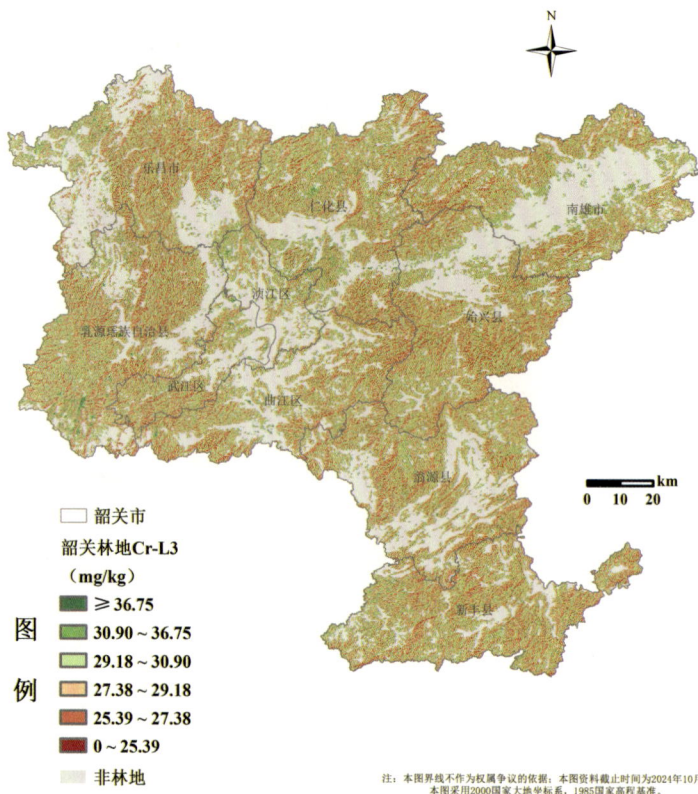

图 5-33　森林土壤铬元素含量 L3 层(40~60 cm)分布

　　韶关市 60~80 cm 土壤层铬元素含量的空间分布状况如图 5-34 所示，含量范围主要在 26.30~37.26 mg/kg 之间，低于农用地土壤铬污染风险筛选值(150 mg/kg)，不存在铬污染风险。从水平格局来看，韶关市绝大部分 60~80 cm 土壤层铬元素含量低于 32.28 mg/kg，含量高于 32.28 mg/kg 的土壤所占面积比例极小，多集中在乳源瑶族自治县南部、仁化县中部以及南部、乐昌市西部。该土壤层铬元素含量的空间分布格局与海拔具有一定的负相关性，海拔越高土壤铬含量越低，海拔越低土壤铬含量越高。这可能是因为在降雨等地表径流作用下，高海拔地区的铬元素随水流向低海拔地区聚集，使得韶关市铬元素含量的空间分布呈山顶低山底高的特点。

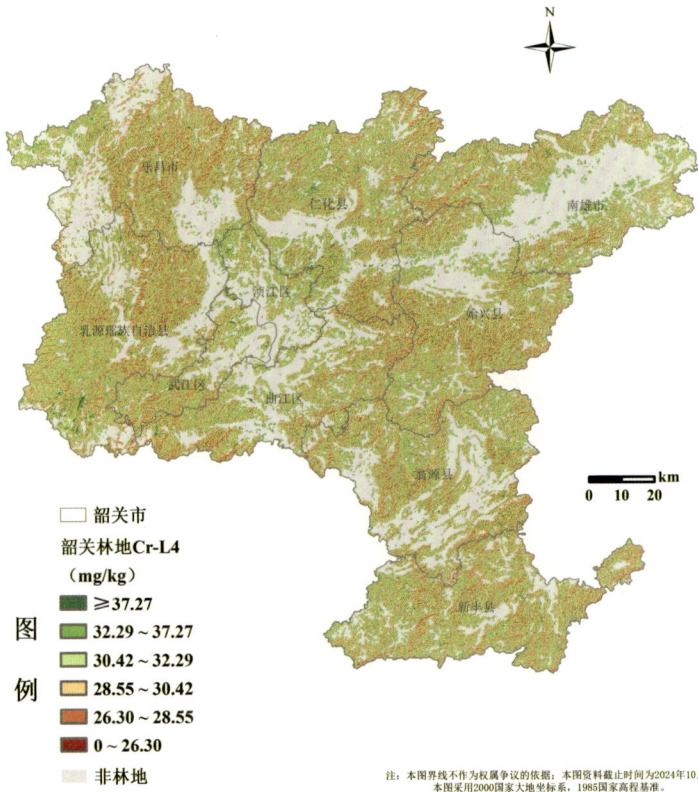

图例

韶关市

韶关林地Cr-L4
（mg/kg）

■ ≥37.27
■ 32.29~37.27
□ 30.42~32.29
□ 28.55~30.42
■ 26.30~28.55
■ 0~26.30
□ 非林地

注：本图界线不作为权属争议的依据；本图资料截止时间为2024年10月。
本图采用2000国家大地坐标系，1985国家高程基准。

图 5-34　森林土壤铬元素含量 L4 层（60~80 cm）分布

　　韶关市 80~100 cm 土壤层铬元素含量的空间分布状况如图 5-35 所示，含量范围主要在 26.13~35.53 mg/kg 之间，低于农用地土壤铬污染风险筛选值（150 mg/kg），不存在铬污染风险。相比于上部四层土壤，该土壤层铬元素的平均含量较低。这可能是因为人类活动产生的铬元素经过上部四层土壤过滤之后，到达深层土壤的铬元素减少。从水平格局来看，韶关市 80~100 cm 土壤层铬元素含量整体水平低于 32.05 mg/kg，含量高于 32.05 mg/kg 的土壤多集中在韶关市中部、西北部和西部地区。从行政区划来看，乳源瑶族自治县南部、仁化县中部以及南部、乐昌市西部的土壤铬元素含量相对较高。

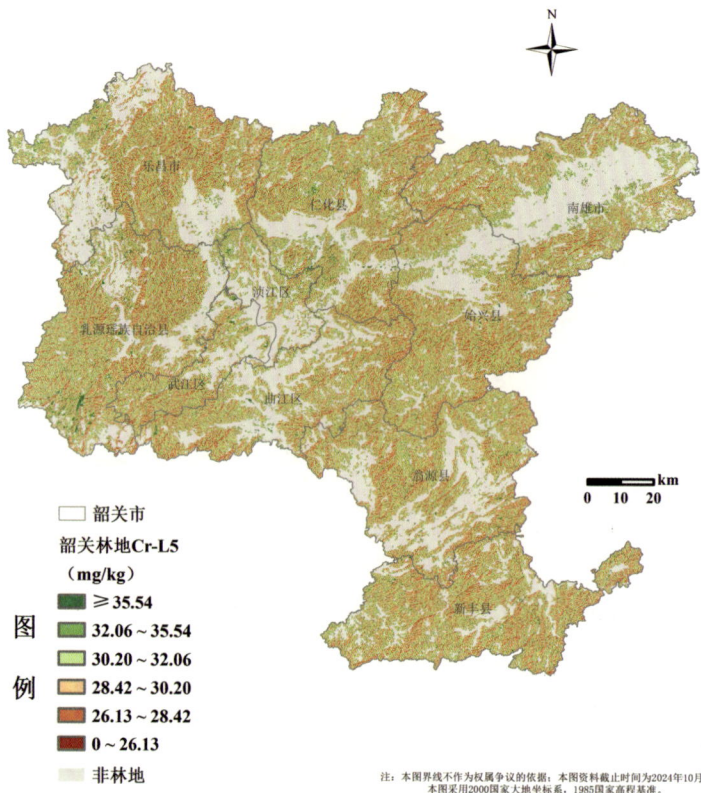

图 5-35　森林土壤铬元素含量 L5 层(80~100 cm)分布

　　韶关市 0~100 cm 土壤层铬元素含量均低于农用地土壤污染风险筛选值(150 mg/kg),不存在铬污染风险。整体来看,五层土壤铬含量的空间分布情况大致相同,与海拔的相关性较为显著。高海拔地区土壤铬含量低,低海拔地区土壤铬含量较高。从行政区划分布来看,韶关市乳源瑶族自治县南部、仁化县中部以及南部、乐昌市西部的土壤铬含量相比其他区县较高。

四、森林土壤镍元素含量空间分布特征

　　世界镍资源储量十分丰富,土壤中的镍主要来源于岩石风化、大气降尘、灌溉用水(包括含镍废水)、农田施肥以及动植物残体腐烂等。韶关市 0~20 cm 土壤层镍元素含量的空间分布状况如图 5-36 所示,含量范围主要在 13.27~20.16 mg/kg 之间,低于农用地土壤镍污染风险筛选值(60 mg/kg),不存在镍污染风险。从水平空间来看,韶关市 0~20 cm 土壤层铬元素含量的空间分布较为均匀,全市绝大多数地区皆处于 15.50~16.31 mg/kg 之间。该土壤层高海拔地区土壤镍含量相对其他区域含量较低,但差异不明显。

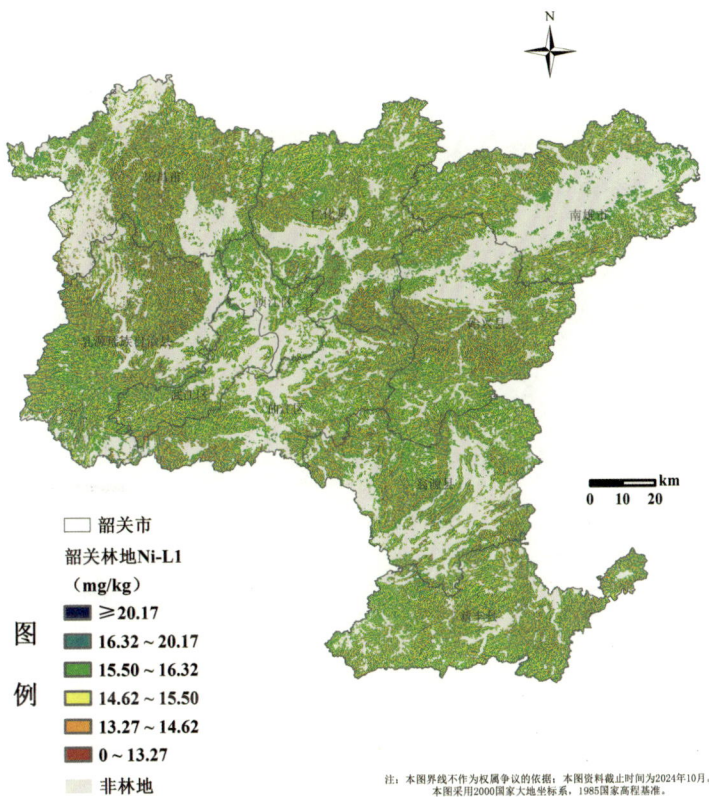

图 5-36 森林土壤镍元素含量 L1 层(0~20 cm)分布

韶关市 20~40 cm 土壤层镍元素含量的空间分布状况如图 5-37 所示，含量范围主要在 12.42~24.36 mg/kg 之间，低于农用地土壤镍污染风险筛选值(60 mg/kg)，不存在镍污染风险。从水平空间看，该土壤层镍含量大多处于 12.42~18.21 mg/kg 之间。镍含量高于 18.21 mg/kg 的土壤所占面积极小，多集中在韶关市中部、西部和西北部。此外，该土壤层镍元素含量与海拔高度具有一定的正相关性，高海拔的土壤镍含量较高，低海拔的土壤镍含量较低。乳源瑶族自治县的南部地区土壤镍含量高，多聚集在低海拔地区。这可能是因为该地区人为活动频繁，污水灌溉和长期施用肥料等行为导致了镍累积。

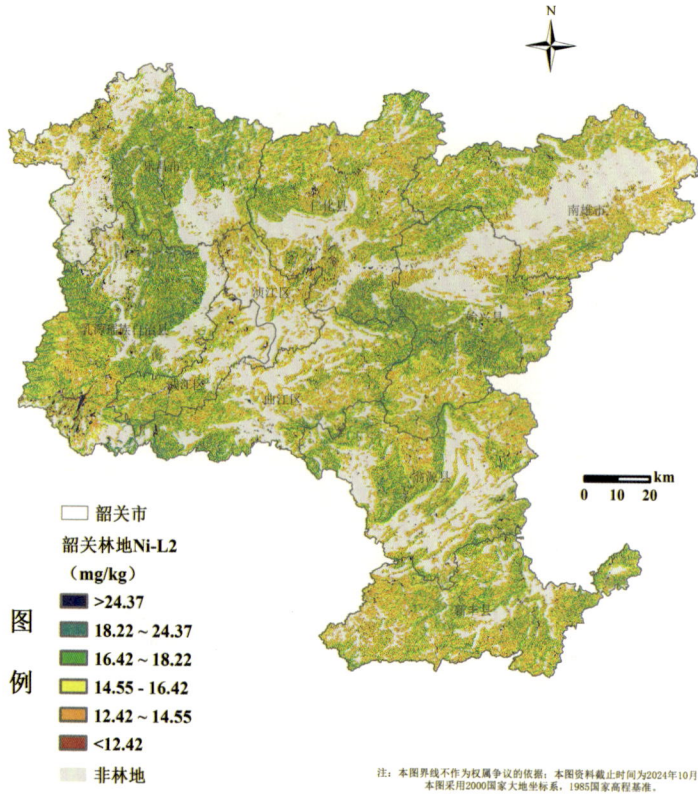

图 5-37　森林土壤镍元素含量 L2 层 (20 ~ 40 cm) 分布

　　韶关市 40 ~ 60 cm 土壤层镍元素含量的空间分布状况如图 5-38 所示，含量范围主要在
11.05 ~ 24.06 mg/kg 之间，低于农用地土壤镍污染风险筛选值 (60 mg/kg) ，不存在镍污染
风险。从水平空间看，该土壤层镍元素含量大多处于 13.15 ~ 24.06 mg/kg 之间。镍含量高
于 24.06 mg/kg 的土壤所占面积极小，多集中在乳源瑶族自治县的南部低海拔地区。此外，
韶关市 40 ~ 60 cm 土壤层镍元素含量与海拔高度存在一定的正相关性，高海拔的土壤镍含
量较高，低海拔的土壤镍含量较低。但乳源瑶族自治县的南部低海拔地区土壤镍含量较
高，可能是因为该地区人为活动频繁，污水灌溉和长期施用肥料等行为导致了镍累积。

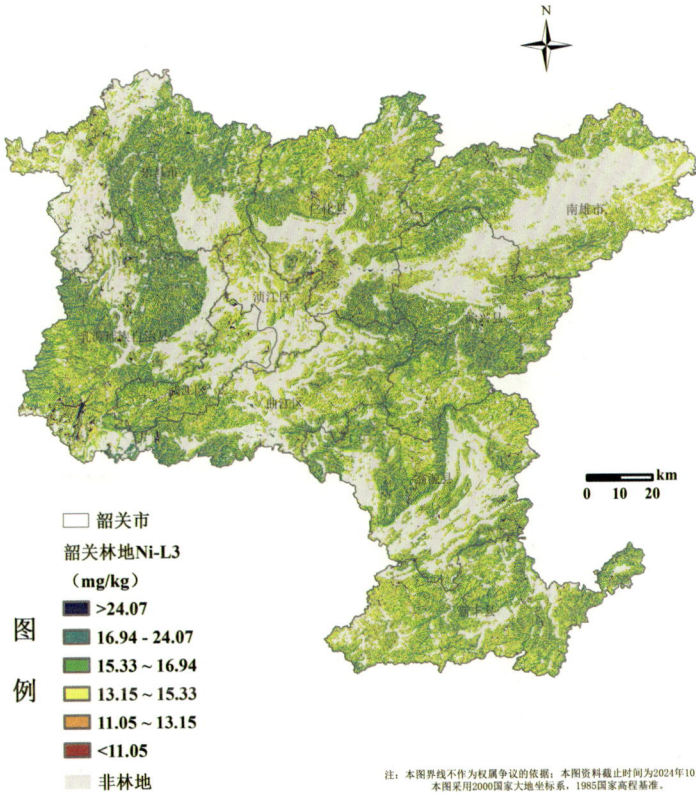

图例

□ 韶关市

韶关林地Ni-L3
（mg/kg）

■ >24.07
■ 16.94 - 24.07
■ 15.33～16.94
□ 13.15～15.33
■ 11.05～13.15
■ <11.05
□ 非林地

注：本图界线不作为权属争议的依据；本图资料截止时间为2024年10月。
本图采用2000国家大地坐标系，1985国家高程基准。

图 5-38　森林土壤镍元素含量 L3 层（40～60 cm）分布

韶关市 60～80 cm 土壤层镍元素含量的空间分布状况如图 5-39 所示，含量范围主要在 13.40～22.54 mg/kg 之间，低于农用地土壤镍污染风险筛选值（60 mg/kg），不存在镍污染风险。从水平空间看，韶关市 60～80 cm 土壤层镍元素含量大多处于 13.40～18.42 mg/kg 之间。该土壤层镍元素含量与海拔高度存在一定的正相关性，高海拔的土壤镍含量较高，低海拔的土壤镍含量较低。但乳源瑶族自治县的南部低海拔地区土壤镍含量较高，可能是因为该地区人为活动频繁，污水灌溉和长期施用肥料等行为导致了镍累积。

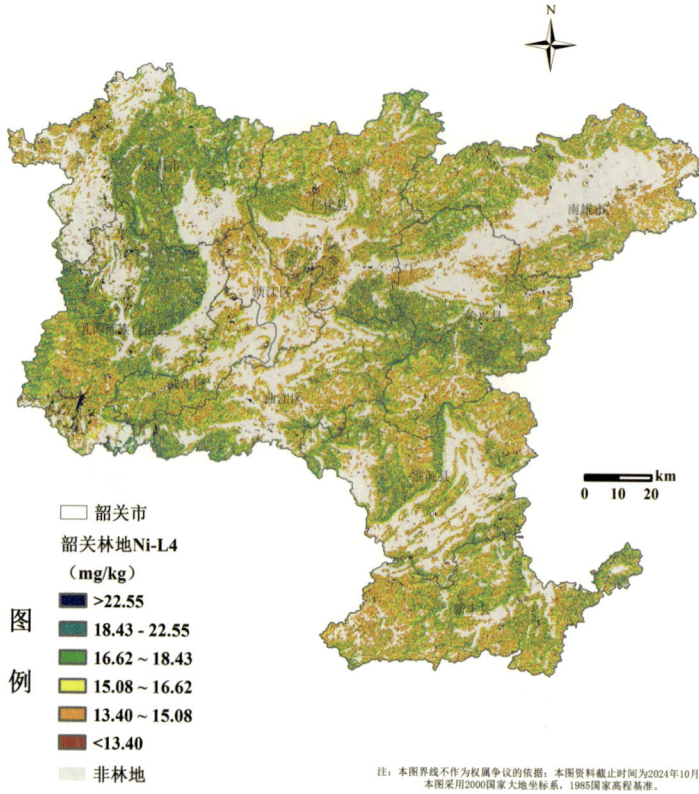

图 5-39　森林土壤镍元素含量 L4 层(60~80 cm)分布

　　韶关市 80~100 cm 土壤层镍元素含量的空间分布状况如图 5-40 所示，含量范围主要在 13.89~23.98 mg/kg 之间，低于农用地土壤镍污染风险筛选值(60 mg/kg)，不存在镍污染风险。相比于上部四层土壤，80~100 cm 土壤层镍元素的平均含量较低。这可能是因为人类活动产生的镍元素经过上部四层土壤过滤之后，能到达深层土壤的含量减少。从水平空间看，韶关市 80~100 cm 土壤层镍元素含量大多处于 13.89~20.50 mg/kg 之间。该土壤层镍元素含量与海拔高度存在一定的正相关性，高海拔的土壤镍含量较高，低海拔的土壤镍含量较低。镍含量在 16.82~20.50 mg/kg 之间的土壤大部分集中在高海拔区域，但也存在相反现象。乳源瑶族自治县的南部低海拔地区土壤镍含量大于 20.51 mg/kg，可能是因为该地区人为活动频繁，污水灌溉和长期施用肥料等行为导致了镍累积。

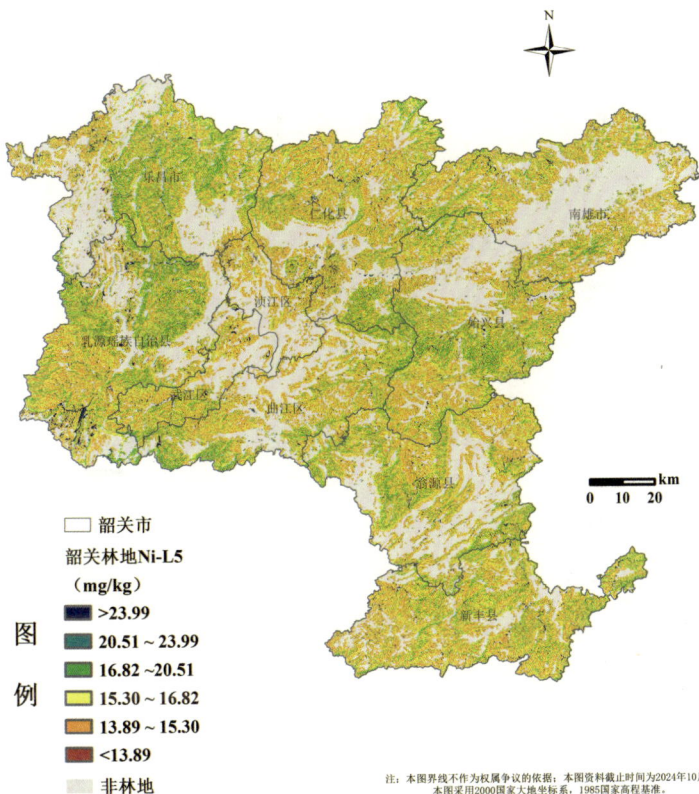

図例

韶关市
韶关林地Ni-L5
（mg/kg）
- >23.99
- 20.51～23.99
- 16.82～20.51
- 15.30～16.82
- 13.89～15.30
- <13.89
- 非林地

注：本图界线不作为权属争议的依据；本图资料截止时间为2024年10月；
本图采用2000国家大地坐标系，1985国家高程基准。

图 5-40　森林土壤镍元素含量 L5 层（80～100 cm）分布

　　韶关市 0～100 cm 土壤层的镍元素含量均低于农用地土壤污染风险筛选值（60 mg/kg），不存在镍污染风险。整体来看，五层土壤中镍元素含量的空间分布情况大致相同，与海拔的相关性较为显著。高海拔地区土壤镍含量高，低海拔地区土壤镍含量较低，但也存在相反情况。韶关市乳源瑶族自治县的南部低海拔地区土壤镍含量大于 20.51 mg/kg，可能是因为该地区人为活动频繁，污水灌溉和长期施用肥料等行为导致了镍累积。

五、森林土壤铜元素含量空间分布特征

　　铜既是生物的微量营养元素，又是环境污染元素。过量的铜会严重影响植物的生长。土壤中铜的主要来源为岩石和矿物、铜矿开采、冶炼厂三废排放以及城市污泥堆肥利用等。韶关市 0～20 cm 土壤层铜元素含量的空间分布状况如图 5-41 所示，含量范围主要在 10.57～25.62 mg/kg 之间，低于农用地土壤铜污染风险筛选值（50 mg/kg），不存在铜污染风险。从水平空间看，韶关市 0～20 cm 土壤层铜元素含量呈现中部低四周高的分布趋势，与海拔高度显著相关，高海拔的土壤铜含量较高，低海拔的土壤铜含量较低。铜元素含量高于 17.16 mg/kg 的土壤多集中在韶关市西部和东部等高海拔区域。这可能是因为低海拔地区更容易受地下水侵蚀影响，高海拔地区受到的影响较小，更有利于土壤铜的积累。

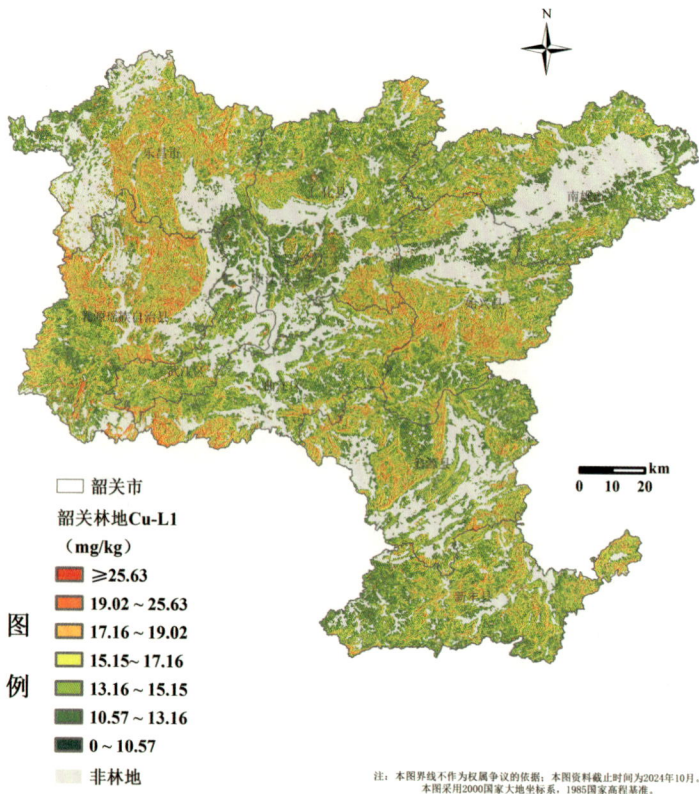

图 5-41　森林土壤铜元素含量 L1 层(0~20 cm)分布

韶关市 20~40 cm 土壤层铜元素含量的空间分布状况如图 5-42 所示，含量范围主要在 10.70~25.59 mg/kg 之间，低于农用地土壤铜污染风险筛选值(50 mg/kg)，不存在铜污染风险。从水平空间看，韶关市 20~40 cm 土壤层铜元素含量的空间分布与 0~20 cm 土壤层大致相同，均呈现中部低四周高的特征，但该土壤层铜元素整体含量均高于 0~20 cm 土壤层。这可能是因为降雨、地表径流等作用，使土壤铜受淋溶作用向下迁移并累积的结果。此外，该土壤层铜含量与海拔高度存在较为显著的正相关性。高海拔的土壤铜含量较高，低海拔的土壤铜含量较低。铜含量高于 19.02 mg/kg 的土壤多集中在韶关市西部和东部等高海拔区域。

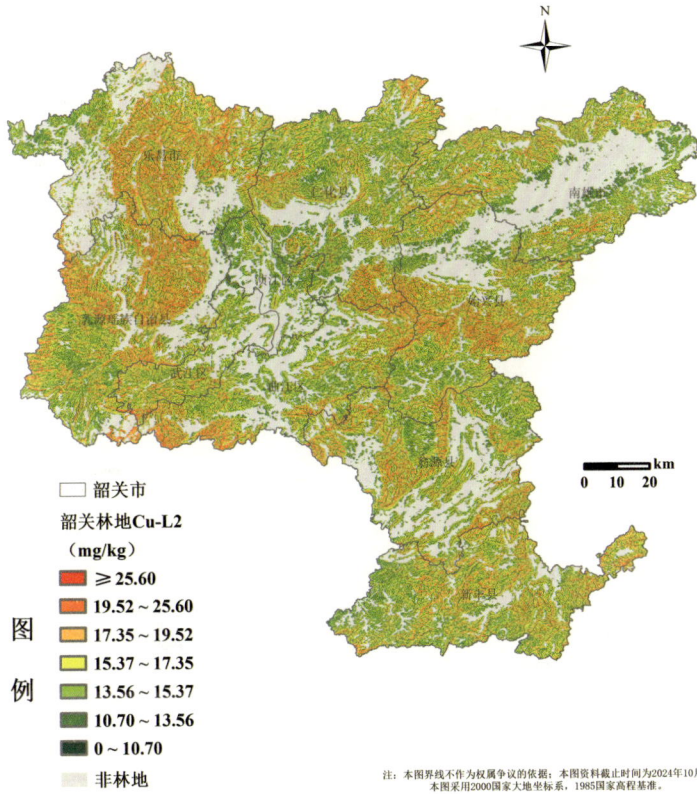

图 5-42　森林土壤铜元素含量 L2 层(20~40 cm)分布

　　韶关市 40~60 cm 土壤层铜元素含量的空间分布状况如图 5-43 所示,含量范围主要在 11.82~21.08 mg/kg 之间,低于农用地土壤铜污染风险筛选值(50 mg/kg),不存在铜污染风险。从水平空间看,韶关市 40~60 cm 土壤层铜元素含量的空间分布呈现中部低四周高的特征,与海拔高度存在较为显著的正相关性。高海拔的土壤铜含量较高,低海拔的土壤铜含量较低。从行政区划来看,土壤铜元素含量的高值区在乐昌市、乳源瑶族自治县和始兴县的高海拔区域。这可能是因为低海拔地区更容易受地下水侵蚀影响,高海拔地区受到的影响较小,更有利于土壤铜的积累。

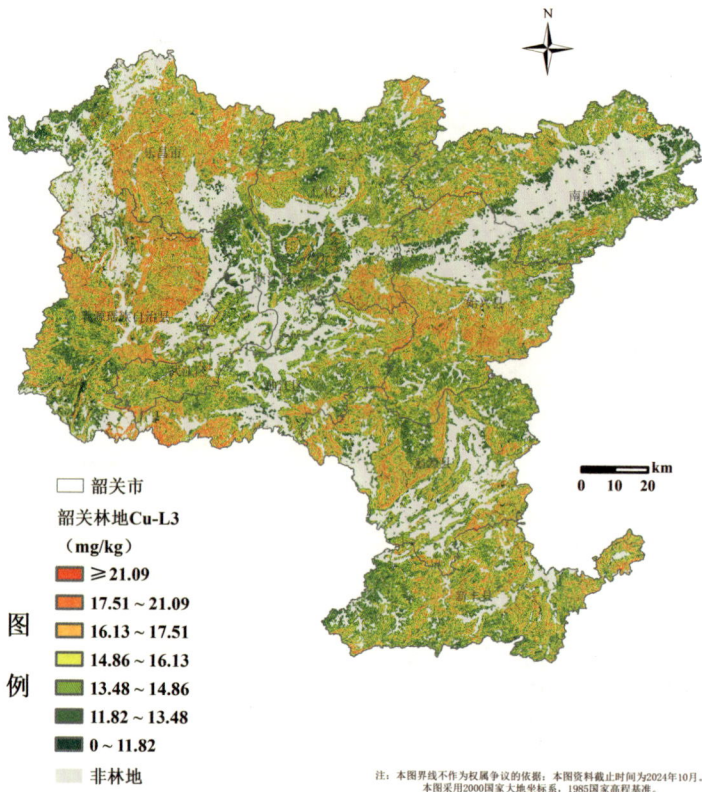

图 5-43　森林土壤铜元素含量 L3 层(40~60 cm)分布

韶关市 60~80 cm 土壤层铜元素含量的空间分布状况如图 5-44 所示，含量范围主要在 11.73~26.31 mg/kg 之间，低于农用地土壤铜污染风险筛选值(50 mg/kg)，不存在铜污染风险。从水平空间看，韶关市 40~60 cm 土壤层铜元素含量的空间分布大致呈现中部低四周高的趋势，与海拔高度的相关性较为显著。高海拔地区的土壤铜含量较高，低海拔地区的土壤铜含量较低。从行政区划来看，铜含量高于 20.70 mg/kg 的土壤多集中在乐昌市东部和中部、乳源瑶族自治县中部及以上区域、始兴县中部等高海拔区域。

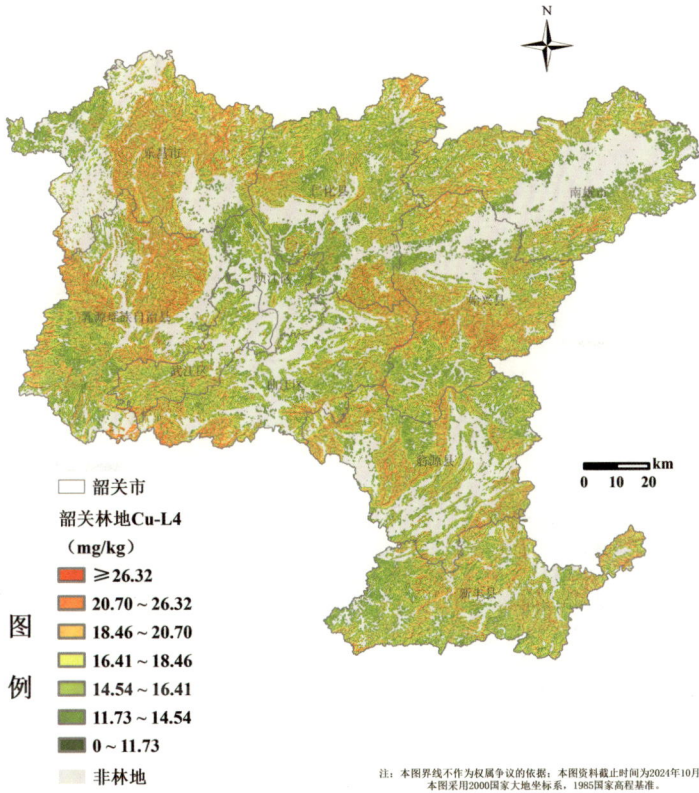

图 5-44　森林土壤铜元素含量 L4 层(60~80 cm)分布

　　韶关市 80~100 cm 土壤层铜元素含量的空间分布状况如图 5-45 所示,含量范围主要在 16.99~26.65 mg/kg 之间,低于农用地土壤铜污染风险筛选值(50 mg/kg),不存在铜污染风险。从垂直空间看,在韶关市 0~100 cm 土壤层中,80~100 cm 土壤层的铜含量最高。从水平空间看,韶关市 80~100 cm 土壤层铜元素的空间分布特点与上部四层土壤截然相反,上部四层土壤铜元素含量与海拔高度呈正相关,而该土壤层铜元素含量与海拔高度存在显著负相关性。该土壤层铜含量在高海拔地区较低,在低海拔地区较高。这可能是因为外界环境的铜元素进入土壤后,经长时间淋溶作用向下迁移,并在深层土壤中累积,导致深层土壤铜含量普遍偏高;此外,由于低海拔地区地形易于铜元素聚集,使得低海拔区域的铜元素含量高于高海拔区域。

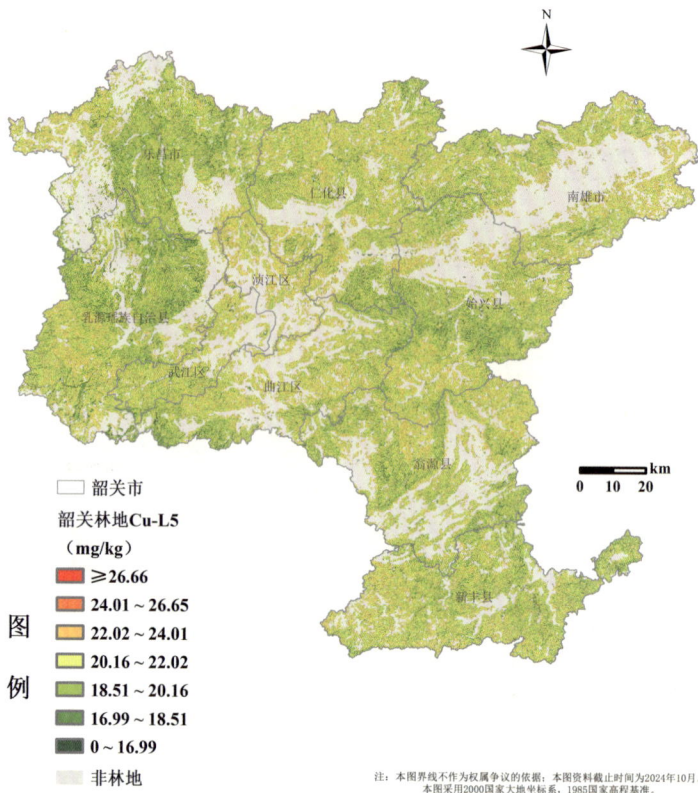

图 5-45　森林土壤铜元素含量 L5 层(80~100 cm)分布

　　整体来看,韶关市 0~100 cm 土壤层铜元素含量较低,均低于农用地土壤铜污染风险筛选值(50 mg/kg),不存在铜污染风险。上部四层土壤(0~80 cm)铜元素含量的空间分布情况大致相同,与海拔的正相关性较为显著,高海拔地区土壤铜含量高,低海拔地区土壤铜含量较低。但第五层土壤(80~100 cm)铜元素含量的空间分布特征与上四层相反,与海拔高度存在负相关性,高海拔地区土壤铜含量低,低海拔地区土壤铜含量较高。

六、森林土壤锌元素含量空间分布特征

　　锌是植物必需的微量营养元素,但过量土壤锌被植物吸收会导致作物减产,严重时造成绝收,失去自然生产力。土壤锌元素的主要来源是成土矿物,同时又受人类活动的影响。锌与许多微量元素具有拮抗作用,施加过量的磷肥会出现磷-锌拮抗作用,抑制土壤锌的储存。另外,人为导致的土壤酸碱度也会影响土壤对锌的吸附能力。韶关市 0~20 cm 土壤层锌元素含量的空间分布状况如图 5-46 所示,含量范围主要在 34.07~88.23 mg/kg 之间,低于农用地土壤锌污染风险筛选值(200 mg/kg),不存在锌污染风险。韶关市的 0~20 cm 土壤层锌元素含量的空间分布大致呈现出西部高东部低的特点,与海拔具有一定的正相关性,高海拔地区的土壤锌含量比低海拔要高。锌含量高于 62.92 mg/

kg 的土壤主要分布在韶关市西部，即乐昌市中部和乳源瑶族自治县。低海拔地区的土壤锌含量普遍在 62.91 mg/kg 以下。

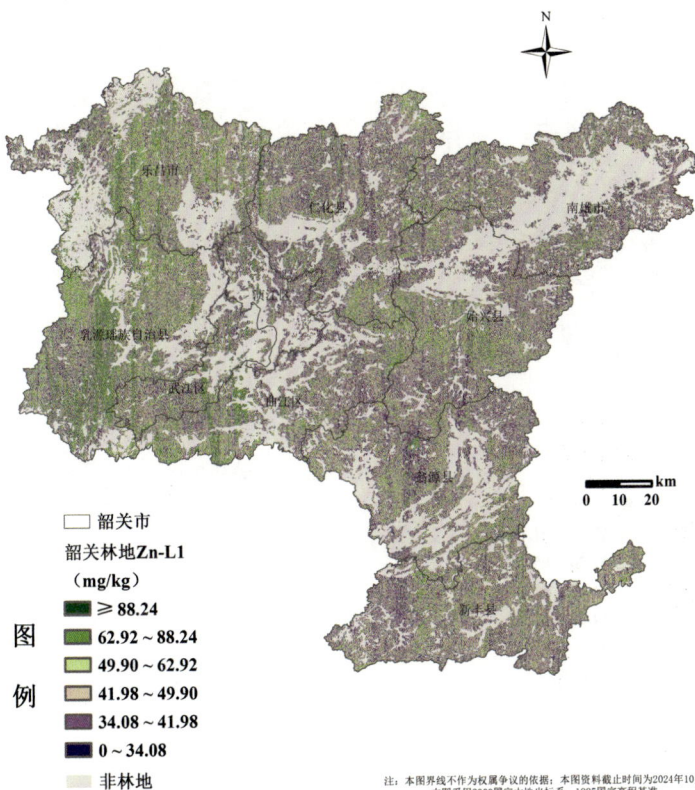

图 5-46　森林土壤锌元素含量 L1 层(0~20 cm)分布

　　韶关市 20~40 cm 土壤层锌元素含量的空间分布状况如图 5-47 所示，含量范围主要在 34.58~91.17 mg/kg 之间，低于农用地土壤锌污染风险筛选值(200 mg/kg)，不存在锌污染风险。韶关市 20~40 cm 土壤层锌元素含量空间分布与 0~20 cm 土壤层无显著差异，呈现西部高东部低的特点，但该土壤层锌含量相较于 0~20 cm 土壤层整体更高。这可能是 0~20 cm 土壤层锌元素向下迁移的结果。锌含量高于 65.33 mg/kg 的土壤主要分布在韶关市西部，即乐昌市中部、乳源瑶族自治县和曲江县南部，占整个韶关市的面积比例相对较小。在韶关市 20~40 cm 的土壤层中，大部分地区的锌元素含量均处在 34.58~65.32 mg/kg 范围之间，相比之下，乐昌市、乳源瑶族自治县和曲江县的土壤锌含量比较高。

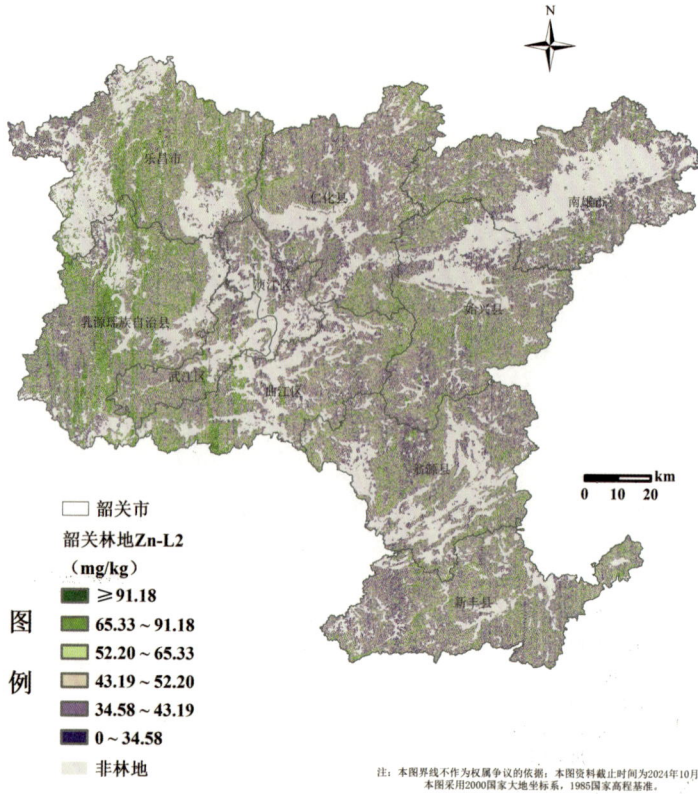

图 5-47　森林土壤锌元素含量 L2 层(20~40 cm)分布

　　韶关市 40~60 cm 土壤层锌元素含量的空间分布状况如图 5-48 所示，含量范围主要在 33.32~93.38 mg/kg 之间，低于农用地土壤锌污染风险筛选值(200 mg/kg)，不存在锌污染风险。韶关市 40~60 cm 土壤层锌元素含量大多集中在 33.32~58.89 mg/kg 之间，相较于上部两层土壤总体较低，但其空间分布与上部两层土壤大致相同，也呈现西部高东部低的特点。锌元素含量高于 58.89 mg/kg 的土壤主要分布在韶关市西部，即乐昌市和乳源瑶族自治县，占整个韶关市的面积比例相对很小。

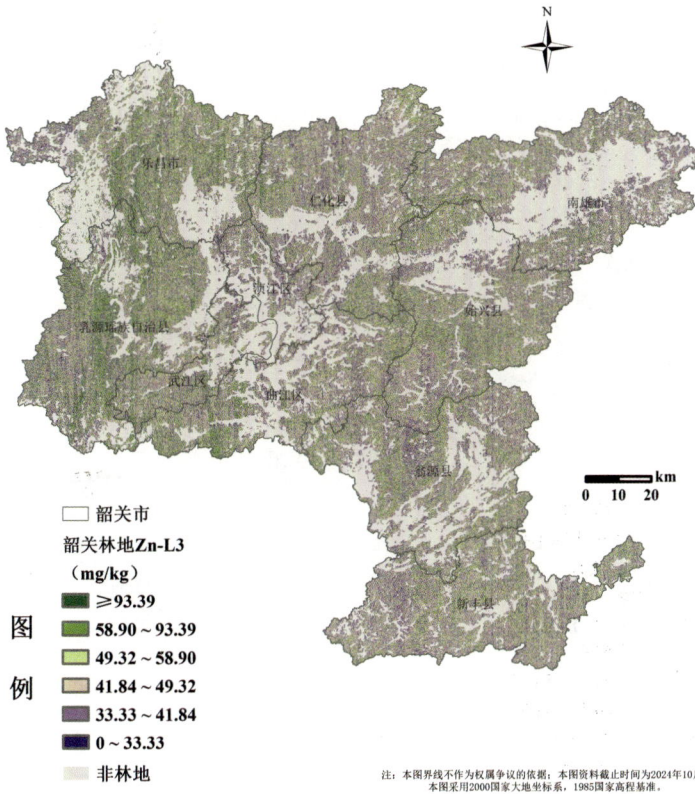

图 5-48　森林土壤锌元素含量 L3 层（40~60 cm）分布

　　韶关市 60~80 cm 土壤层锌元素含量的空间分布状况如图 5-49 所示，含量范围主要在 36.30~85.54 mg/kg 之间，低于农用地土壤锌污染风险筛选值（200 mg/kg），不存在锌污染风险。韶关市 60~80 cm 土壤层锌元素含量的空间分布与上部三层土壤锌的空间分布大致相同，也呈现西部高东部低的特点。该土壤层锌元素含量大多集中在 36.30~64.00 mg/kg 之间，相比上部三层土壤，含量整体偏低。锌含量高于 58.89 mg/kg 的土壤主要分布在韶关市西部，即乐昌市和乳源瑶族自治县占整个韶关市的面积比例相对很小。这可能是因为位于高海拔地区的 60~80 cm 土壤层受到的扰动比较少，为土壤锌的储存创造了有利的条件。

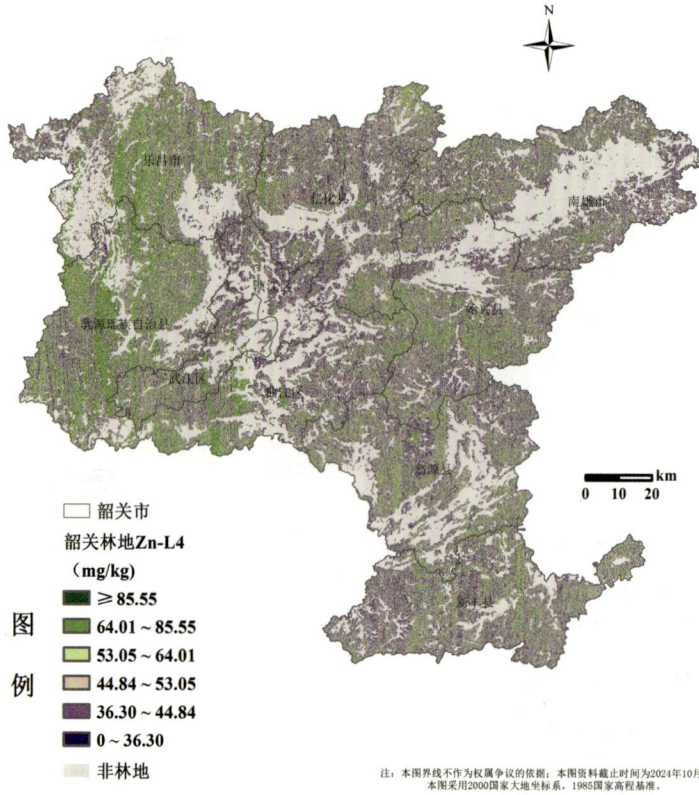

图 5-49　森林土壤锌元素含量 L4 层(60~80 cm)分布

　　韶关市 80~100 cm 土壤层锌元素含量的空间分布状况如图 5-50 所示，含量范围主要在 36.69~92.69 mg/kg 之间，低于农用地土壤锌污染风险筛选值(200 mg/kg)，不存在锌污染风险。相比于上部四层土壤，80~100 cm 土壤层锌的平均含量较低，可能因为人类活动产生的锌经过上部四层土壤过滤之后，到达深层土壤的锌元素含量有所减少。从水平空间看，韶关市 80~100 cm 土壤层锌元素含量大多处于 36.69~70.55 mg/kg 之间，大致呈现西部高东部低的特点。锌元素含量高于 70.55 mg/kg 的土壤主要分布在韶关市西部，即乐昌市、乳源瑶族自治县和曲江区，占整个韶关市的面积比例相对很小。

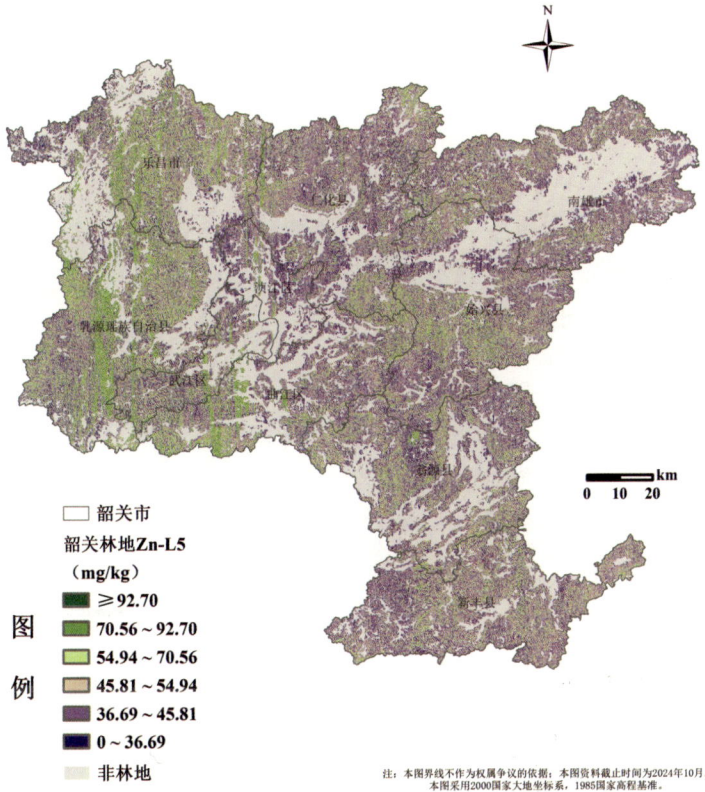

图 5-50　森林土壤锌元素含量 L5 层 (80~100 cm) 分布

　　整体来看，韶关市 0~100 cm 土壤层的锌元素含量均低于农用地土壤污染风险筛选值 (200 mg/kg)，不存在锌污染风险。各土壤层锌元素含量的空间分布情况大致相同，大致呈现西部高东部低的特点，高含量锌的土壤多集中在韶关市西部，即乐昌市和乳源瑶族自治县，占韶关全市面积的很小比例。

七、森林土壤砷元素含量空间分布特征

　　砷是一种高致癌风险的类金属，自然环境中高砷含量可对人类和生态系统构成直接的健康威胁。土壤中砷来源于自然母质与人类活动，特别是由于人类活动，如矿山开采、冶炼、施肥、农药等导致大量的砷进入土壤环境。韶关市 0~20 cm 土壤层砷元素含量的空间分布状况如图 5-51 所示，含量范围主要在 56.94~147.51 mg/kg 之间。从水平空间看，韶关市 0~20 cm 土壤层砷元素含量呈现中部低四周高的分布特点。土壤砷含量与海拔高度具有一定的正相关性，海拔可以通过影响局部地区水热条件从而改变砷的累积情况。在海拔较低的地区土壤砷含量较低，普遍低于 90.62 mg/kg；在海拔较高的地区土壤砷含量较高，普遍高于 90.62 mg/kg。整体来看，韶关市 0~20 cm 土壤层砷元素含量大多集中在 56.94~111.48 mg/kg 之间，而含量高于 111.48 mg/kg 的土壤在韶关市各区 (县) 均有分布，主要

分布在乐昌市东部、乳源瑶族自治县东北部、始兴县南部等地区。土壤砷的主要来源为人类工农业活动和自然岩石风化,但自然来源贡献较小,相较之下,韶关市土壤砷含量普遍偏高更可能是来源于人类活动中的工业污染。

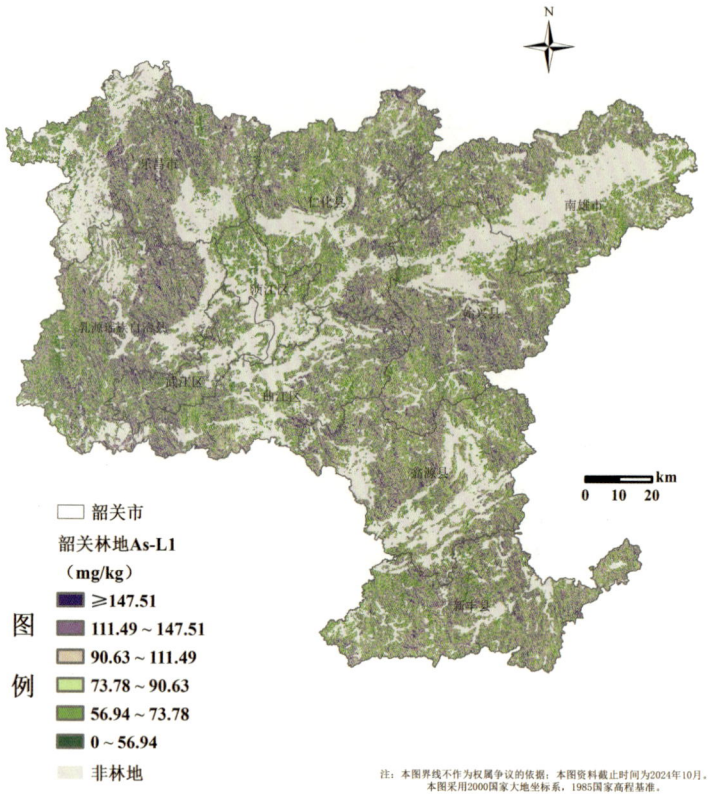

图 例

韶关市

韶关林地As-L1
(mg/kg)

≥147.51

111.49 ~ 147.51

90.63 ~ 111.49

73.78 ~ 90.63

56.94 ~ 73.78

0 ~ 56.94

非林地

注:本图界线不作为权属争议的依据;本图资料截止时间为2024年10月。
本图采用2000国家大地坐标系,1985国家高程基准。

图 5-51　森林土壤砷元素含量 L1 层(0~20 cm)分布

韶关市 20~40 cm 土壤层砷元素含量的空间分布状况如图 5-52 所示,含量范围主要在 68.40~184.25 mg/kg 之间。从水平空间看,韶关市 20~40 cm 土壤层砷元素含量的空间分布较为复杂,且与 0~20 cm 土壤层相比含量总体更高。这可能是因为砷元素进入土壤后,受淋溶作用影响向下迁移并累积。该土壤层砷元素含量大多集中在 113.94 ~ 184.25 mg/kg 之间,而含量低于 113.94 mg/kg 的土壤在韶关市各区(县)均有分布,主要分布在乐昌市西部、乳源瑶族自治县西部。

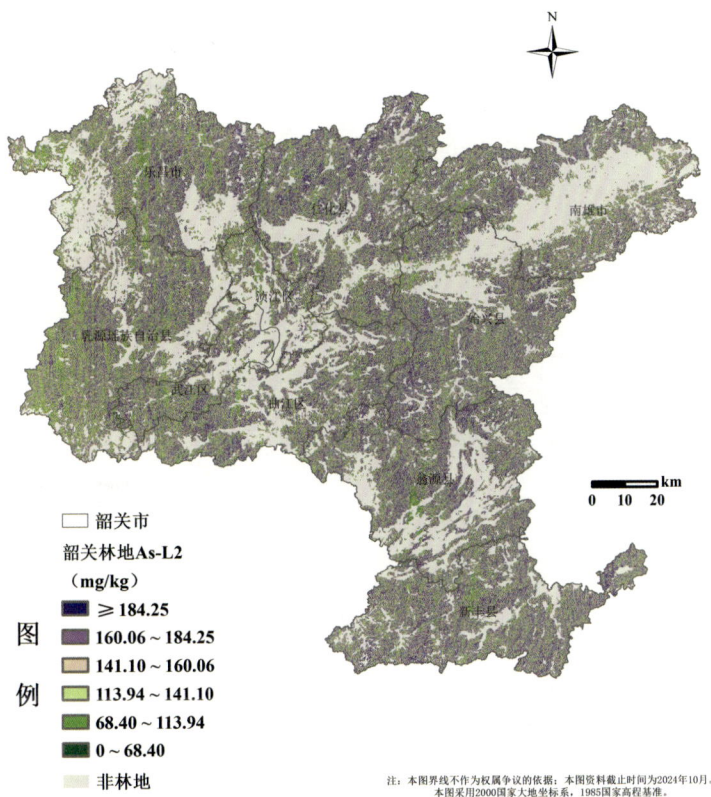

图 5-52　森林土壤砷元素含量 L2 层(20~40 cm) 分布

　　韶关市 40~60 cm 土壤层砷元素含量的空间分布状况如图 5-53 所示，含量范围主要在 61. 29~144. 03 mg/kg 之间。从水平空间看，韶关市 40~60 cm 土壤层砷元素含量呈现中部低四周高的分布特征。土壤砷含量与海拔高度具有一定的正相关性，在海拔较低的地区砷含量较低，普遍低于 119. 81 mg/kg；在海拔较高的地区砷含量较高，普遍高于 119. 81 mg/kg。整体来看，韶关市 40~60 cm 土壤层砷大多处在 61. 29~119. 81 mg/kg 之间。从行政区划来看，土壤砷元素含量的高值区在乐昌市和乳源瑶族自治县内的瑶山地区、始兴县中部的滑石山地区。

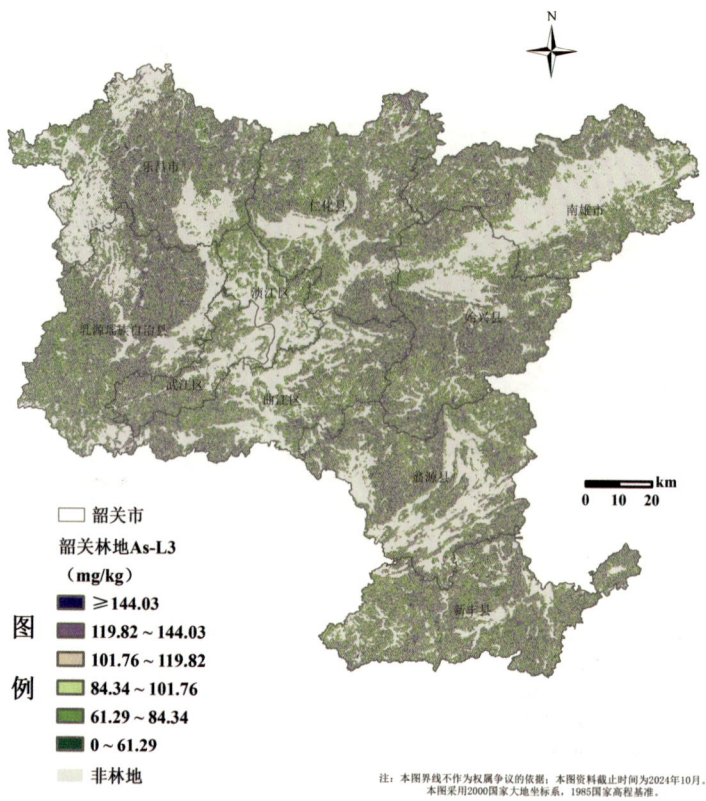

图 5-53　森林土壤砷元素含量 L3 层(40~60 cm)分布

　　韶关市 60~80 cm 土壤层砷元素含量的空间分布状况如图 5-54 所示，含量范围主要在 56.88~136.17 mg/kg 之间。从水平空间看，韶关市 60~80 cm 土壤层砷元素含量呈现中部低四周高的分布特征。土壤砷含量与海拔高度具有一定的正相关性。在海拔较低的地区砷含量较低，普遍低于 90.39 mg/kg；在海拔较高的地区砷含量较高，普遍高于 90.39 mg/kg。整体来看，韶关市 60~80 cm 土壤层砷元素含量大多集中在 56.88~107.36 mg/kg 之间；含量高于 107.36 mg/kg 的土壤在韶关市各区(县)均有分布。从行政区划来看，土壤砷元素含量的高值区多集中在乐昌市和乳源瑶族自治县内的瑶山地区、始兴县中部的滑石山地区。

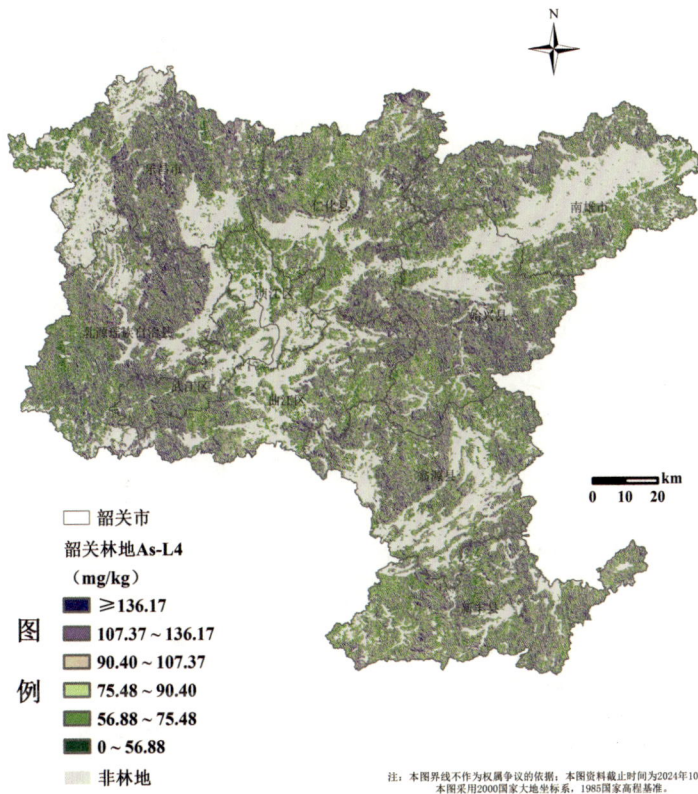

图 5-54　森林土壤砷元素含量 L4 层（60~80 cm）分布

韶关市 80~100 cm 土壤层砷元素含量的空间分布状况如图 5-55 所示，含量范围主要在 55.44~135.06 mg/kg 之间。相比于上部四层土壤，80~100 cm 土壤层砷元素的平均含量最低。这可能是因为人类活动产生的砷经过上部四层土壤过滤之后，到达深层土壤的砷元素含量有所减少。从水平空间看，韶关市 60~80 cm 土壤层砷元素含量呈现中部低四周高的分布特征。土壤砷含量与海拔高度具有一定的正相关性。在海拔较低的地区砷含量较低，普遍低于 87.66 mg/kg；在海拔较高的地区砷含量较高，普遍高于 87.66 mg/kg。整体来看，韶关市 80~100 cm 土壤层砷元素含量大多集中在 55.44~108.36 mg/kg 之间；含量高于 108.36 mg/kg 的土壤在韶关市各区（县）均有分布。从行政区划来看，土壤砷元素含量的高值区多集中在乐昌市和乳源瑶族自治县内的瑶山地区、始兴县中部的滑石山地区。

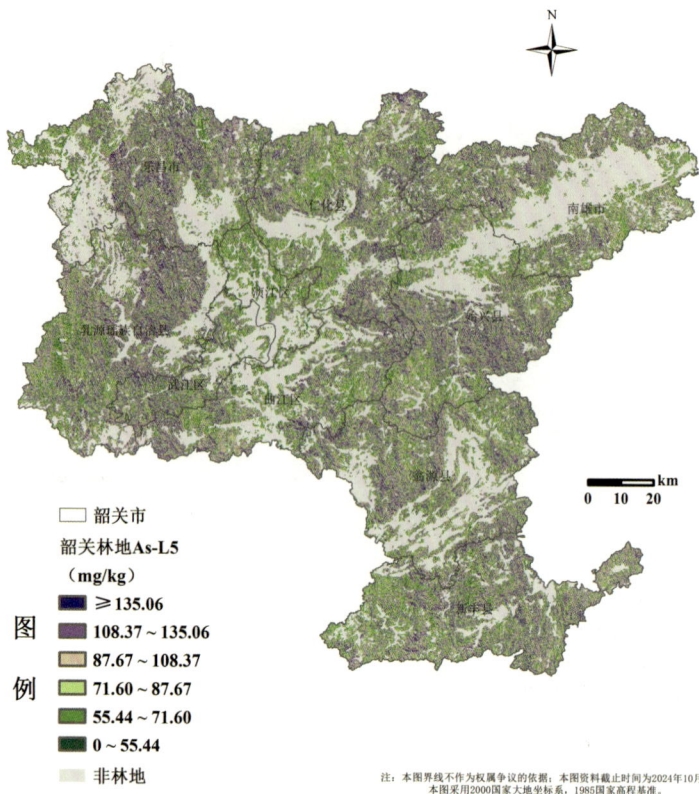

图 5-55　森林土壤砷元素含量 L5 层(80~100 cm)分布

整体来看,韶关市 0~100 cm 土壤层的砷元素含量差异显著,随着土壤深度增加土壤砷含量有降低趋势。砷元素主要来源于人类工农业活动,受人类活动影响大,因此建议在韶关市多种植砷的超富集植物(蜈蚣草等),通过超富集植物吸收和转运土壤中的砷元素。

八、森林土壤汞元素含量空间分布特征

在自然界中汞与硫结合成硫化汞,广泛分布在地壳表层。汞会造成土壤污染,食用被汞污染的食品后会引起慢性中毒。土壤中汞主要来自于两个方面,一个是自然来源:火山喷发和地下水中的汞元素等;一个是人为来源:矿山、化工厂、废水处理厂、医疗垃圾等工业活动,以及农业活动中使用的农药和肥料等。韶关市 0~20 cm 土壤层汞元素含量的空间分布状况如图 5-56 所示,含量范围主要在 0.11~0.13 mg/kg 之间,低于农用地土壤汞污染风险筛选值(1.3 mg/kg),不存在汞污染风险。从水平空间看,韶关市 0~20 cm 土壤层汞元素含量呈现中部高四周低的分布特征。土壤汞含量与海拔高度具有一定的负相关性。在海拔较低的地区汞含量较高,普遍高于 0.12 mg/kg;在海拔较高的地区汞含量较低,普遍低于 0.11 mg/kg。整体来看,韶关市 0~20 cm 土壤汞元素含量大多集中在 0.11~0.12 mg/kg 之间,而含量高于 0.12 mg/kg 的土壤主要分布在乳源瑶族自治县南部低海拔

区域、仁化县中部及南部低海拔地区等。这可能是因为乳源瑶族自治县和仁化县海拔较低，受人类活动干扰最为强烈和频繁，产生的汞易在此地土壤汇集累积。

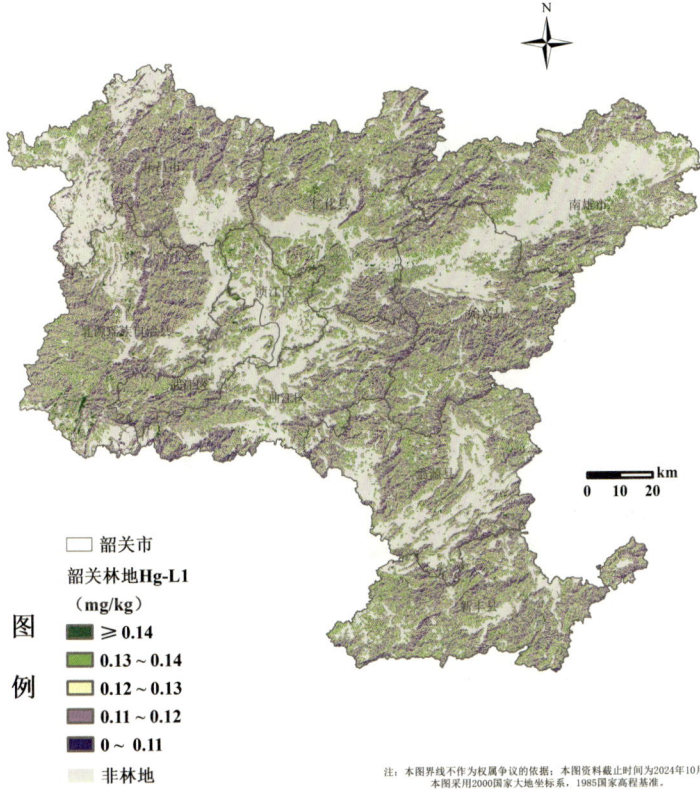

图 5-56　森林土壤汞元素含量 L1 层(0~20 cm)分布

　　韶关市 20~40 cm 土壤层汞元素含量的空间分布状况如图 5-57 所示，含量范围主要在 0.09~0.17 mg/kg 之间，低于农用地土壤汞污染风险筛选值(1.3 mg/kg)，不存在汞污染风险。整体来看，韶关市 20~40 cm 土壤层汞元素含量大多集中在 0.13~0.17 mg/kg 之间，空间分布较为均匀。该土壤层高海拔地区土壤汞含量相对其他区域含量较低，但无显著差异。

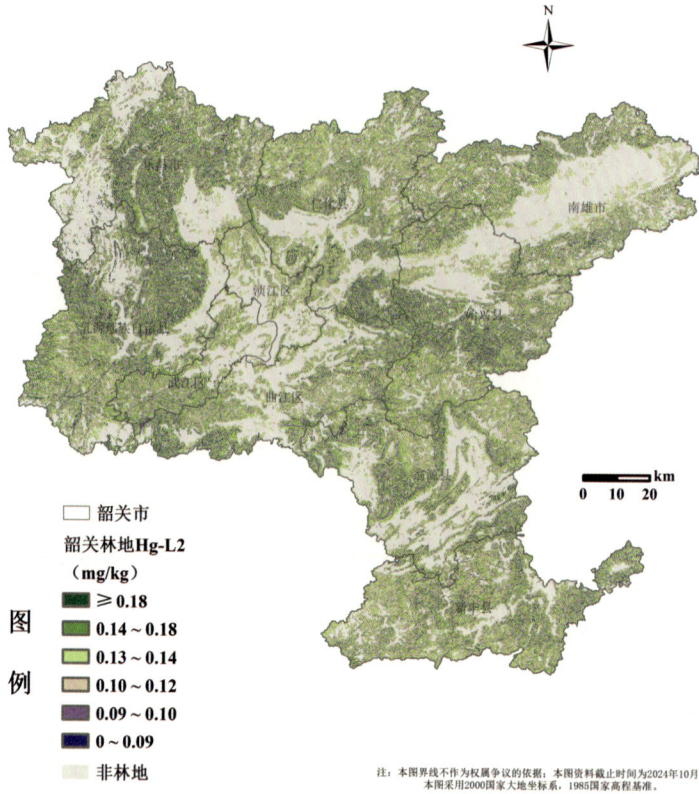

图 5-57　森林土壤汞元素含量 L2 层(20~40 cm)分布

　　韶关市 40~60 cm 土壤层汞元素含量的空间分布状况如图 5-58 所示，含量范围主要在 0.12~0.17 mg/kg 之间，低于农用地土壤汞污染风险筛选值(1.3 mg/kg)，不存在汞污染风险。整体来看，韶关市 40~60 cm 土壤层汞元素含量大多集中在 0.12~0.13 mg/kg 之间，而含量高于 0.14 mg/kg 的土壤主要分布在乳源瑶族自治县南部低海拔区域。这可能是因为乳源瑶族自治县和仁化县海拔较低，受人类活动干扰最为强烈和频繁，产生的汞易在此土壤汇集累积。

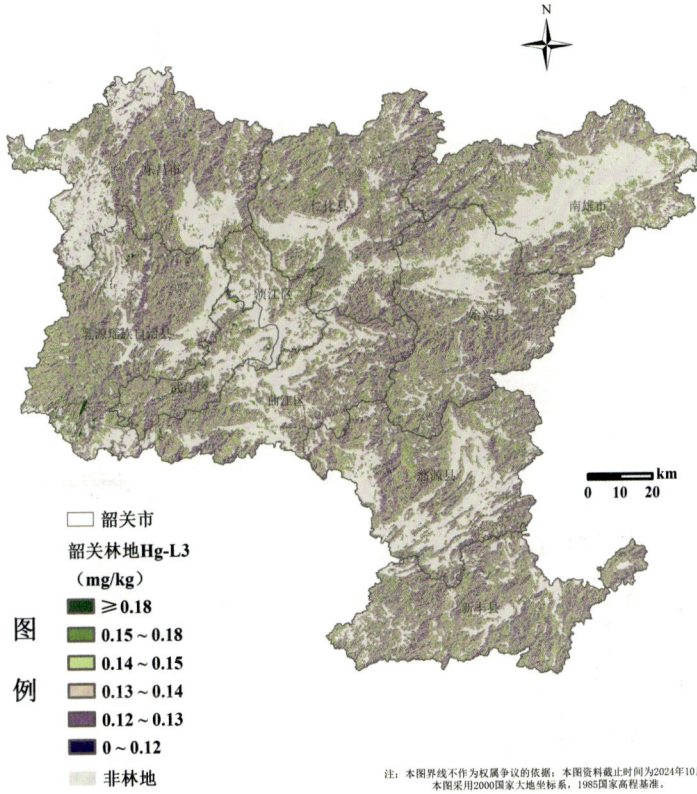

图 5-58　森林土壤汞元素含量 L3 层（40~60 cm）分布

　　韶关市 60~80 cm 土壤汞元素含量的空间分布状况如图 5-59 所示，含量范围主要在 0.11~0.15 mg/kg 之间，低于农用地土壤汞污染风险筛选值（1.3 mg/kg），不存在汞污染风险。整体来看，韶关市 60~80 cm 土壤层汞元素含量大多集中在 0.11~0.15 mg/kg 之间，空间分布较为均匀。该土壤层高海拔地区土壤汞含量相对其他区域含量较低，但无显著差异。

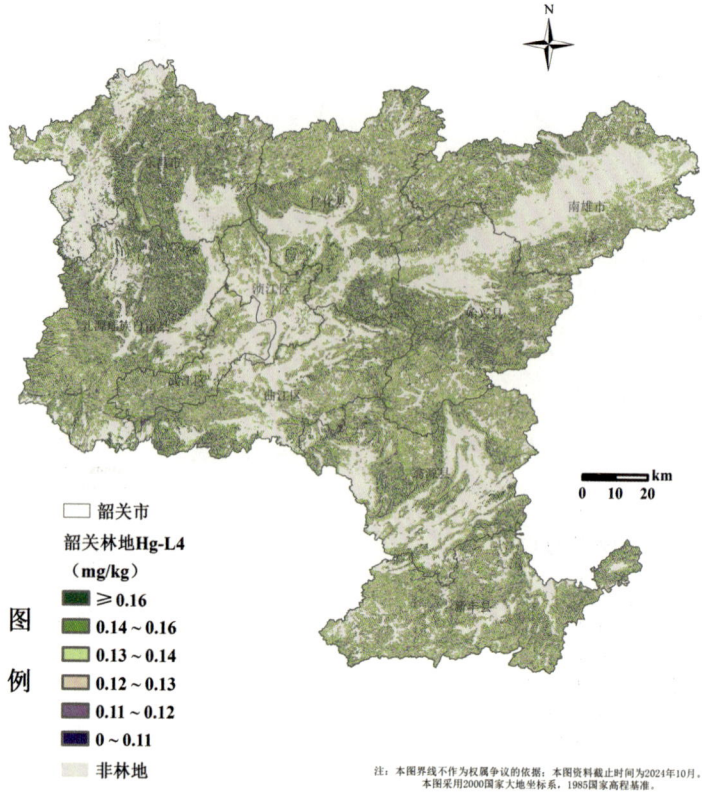

图 5-59　森林土壤汞元素含量 L4 层(60~80 cm)分布

韶关市 80~100 cm 土壤层汞元素含量的空间分布状况如图 5-60 所示，含量范围主要在 0.11~0.15 mg/kg 之间，低于农用地土壤汞污染风险筛选值(1.3 mg/kg)，不存在汞污染风险。从水平空间看，韶关市 80~100 cm 土壤层汞元素含量呈现中部高四周低的分布特征。土壤汞含量与海拔高度具有一定的负相关性。在海拔较低的地区土壤汞含量较高，普遍高于 0.13 mg/kg；在海拔较高的地区土壤汞含量较低，普遍低于 0.12 mg/kg。整体来看，韶关市 80~100 cm 土壤层汞元素含量大多集中在 0.11~0.13 mg/kg 之间。

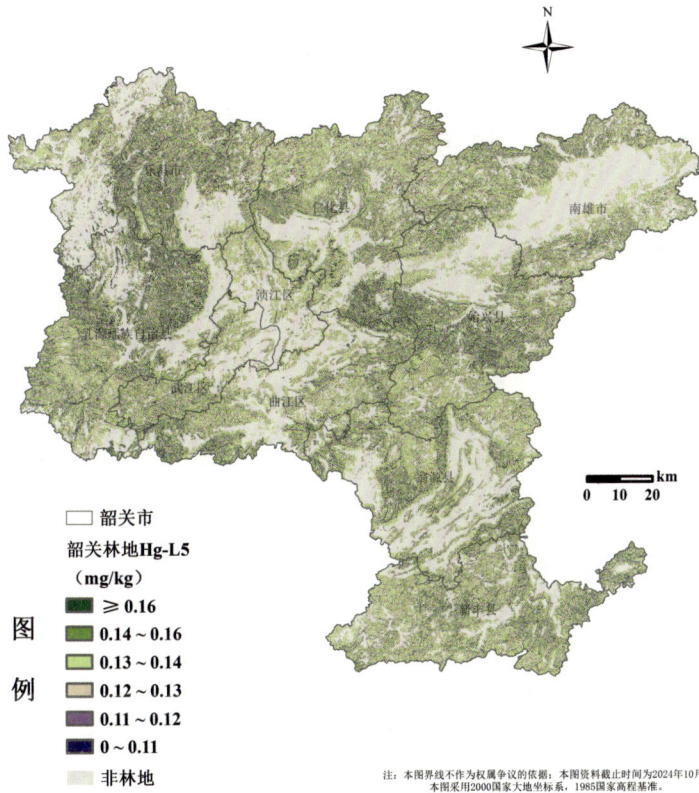

图 5-60　森林土壤汞元素含量 L5 层（80~100 cm）分布

　　韶关市 0~100 cm 土壤层的汞元素含量均低于农用地土壤汞污染风险筛选值（1.3 mg/kg），不存在汞污染风险。整体来看，韶关市五个土壤层的汞元素含量空间分布情况大体一致，皆呈现中部高四周低的特点，汞含量高的土壤多集中在乳源瑶族自治县，占整个韶关市的面积比例很小。

主要参考文献

邓植仪. 广东土壤提要(初集)[Z]. 广东土壤调查所, 1934.

龚子同, 等. 中国土壤系统分类———理论·方法·实践[M]. 北京: 科学出版社. 1999.

龚子同, 张甘霖, 陈志诚, 等. 土壤发生与系统分类[M]. 北京: 科学出版社, 2007.

广东省科学院丘陵山区综合科学考察队. 广东山区植被[M]. 广东: 广东科技出版社, 1991.

全国自然科学名词审定委员会. 土壤学名词[M]. 北京: 科学出版社, 1988.

广东省人民政府地方志办公室. 广东年鉴(2022)[M]. 广州: 广东年鉴社, 2022.

广东省土壤普查办公室. 广东土壤[M]. 北京: 科学出版社, 1993.

广东省土壤普查办公室. 广东土种志[M]. 北京: 科学出版社, 1996.

广东省土壤普查鉴定、土地利用规划委员会. 广东农业土壤志[Z]. 1962.

韶关年鉴编纂委员会. 韶关年鉴(2022)[M]. 北京: 北京燕山出版社, 2023.

张甘霖. 土系研究与制图表达[M]. 合肥: 中国科技大学出版社, 2001.

中国科学院南京土壤研究所土壤系统分类课题组, 中国土壤系统分类课题研究协作组. 中国土壤系统分类[M]. 北京: 中国农业科技出版社, 1995.

韶关市统计局, 国家统计局韶关调查队. 韶关统计年鉴[Z]. 2022.

吴启堂. 环境土壤学[M]. 北京: 中国农业出版社, 2011.

关连珠. 普通土壤学[M]. 北京: 中国农业大学出版社, 2016.

胡慧蓉, 贝荣塔, 王艳霞. 森林土壤学[M]. 北京: 中国林业出版社, 2019.

李四光. 中国地质学[M]. 广州: 正风出版社, 1952.

河海大学《水利大辞典》修订委员会. 水利大辞典[M]. 上海: 上海辞书出版社, 2015.

地质部地质辞典办公室. 地质辞典(二, 矿物, 岩石, 地球化学分册)[M]. 北京: 地质出版社, 1981.

乐昌硕. 岩石学[M]. 北京: 地质出版社, 1984.

朱江. 岩石与地貌[M]. 重庆: 重庆大学出版社, 2014.

吴兴民. 地质学基础[M]. 天津: 南开大学出版社, 2014.

周明枞. 第四纪红粘土发育的红壤基层分类及土壤组合型式[J]. 土壤学报, 1985, 22(4): 365-376.